油气生产信息化建设培训系列教材

集输站库数据采集与工况监控

《集输站库数据采集与工况监控》编写组　编

石油工业出版社

内容提要

本书主要介绍油气集输工艺及监控要求，油气集输自动化及测控仪表的使用、操作与维护，信息化条件下油气集输站库工况监控系统的组成及应用。

本书可作为油气集输系统管理及技术干部、岗位操作员工的培训教材，也可作为高职高专、成人教育学校石油开采、油气储运等专业的教学参考用书。

图书在版编目(CIP)数据

集输站库数据采集与工况监控/《集输站库数据采集与工况监控》编写组编. — 北京：石油工业出版社，2017.4

油气生产信息化建设培训系列教材

ISBN 978-7-5183-1876-6

Ⅰ.①集… Ⅱ.①集… Ⅲ.①油气集输—油库—数据采集—技术培训—教材②油气集输—油库—工况—监视控制—技术培训—教材 Ⅳ.①TE972

中国版本图书馆 CIP 数据核字(2017)第 077902 号

出版发行：石油工业出版社

（北京市朝阳区安华里2区1号楼　100011）

网　　址：www.petropub.com

编辑部：(010)64256770　图书营销中心：(010)64523633

经　　销：全国新华书店

排　　版：北京苏冀博达科技有限公司

印　　刷：北京中石油彩色印刷有限责任公司

2017年4月第1版　2017年4月第1次印刷

787毫米×1092毫米　开本：1/16　印张：14.75

字数：371千字

定价：48.00元

（如发现印装质量问题，我社图书营销中心负责调换）

版权所有，翻印必究

《油气生产信息化建设培训系列教材》
编 委 会

主　　任：陈锡坤

副 主 任：郭万松　张玉珍　耿延久

成　　员：鲁玉庆　段鸿杰　郫邵强　李兴国　张国春

　　　　　王吉坡　孙树强　孙卫娟　蔡　权　时　敏

　　　　　匡　波

审 核 人：王克华　段鸿杰

《集输站库数据采集与工况监控》
编 写 组

主　　编：王克华

副 主 编：王吉坡　孙卫娟

编写人员：孙　翔　刘　磊

统 稿 人：王克华　孙　翔

序

当今世界,信息化浪潮席卷全球,互联网、大数据、云计算等现代信息技术迅猛发展,引发经济社会深刻变革;信息技术日新月异的更新发展给人们的日常生活、工农业生产带来重大影响的同时,引发智能制造的新一轮产业变革。

"没有信息化就没有现代化",国家站在时代和历史的高度,准确把握新一轮科技革命和产业革命趋势,相继出台了"中国制造2025""互联网+"行动、"大数据发展行动""国家信息化发展战略"等重要战略工作部署和安排,目的在于发挥我国制造业大国和互联网大国的优势,推动产业升级,促进经济保持稳定可持续发展。

信息技术发展突飞猛进,给传统产业提升带来了契机,信息化与工业化"两化融合"已势不可挡。纵观国内外石油石化行业,国际石油公司都非常重视信息化建设,把信息化作为提升企业生产经营管理水平、提高国际竞争能力的重要手段和战略举措。世界近90%的石油天然气企业实施了ERP系统,一些企业已经初步实现协同电子商务。国际石油企业每天有超过50万的各级管理人员通过全面集成的管理信息系统,实现企业的战略、勘探、开发、炼化、营销及人财物等全面管理。埃克森美孚、壳牌、BP、雪佛龙德士古、瓦莱罗等国际石油公司通过信息系统建设,使企业资源得以充分利用,每个环节都高效运作,企业竞争力不断提高。国际石油公司信息化建设表明,信息化建设不仅促进了管理流程的优化,管理效率和水平的提升,拓宽了业务发展,而且给企业带来巨大经济效益,提升了核心竞争力。

中国石化作为处于重要行业和关键领域的国有重要骨干企业,贯彻落实党中央的决策部署,加快推进"两化"深度融合,推动我国石油石化产业升级,是义不容辞的责任。同时,中国石化油田板块一直面临着老油田成本快速上升、盈利能力下降的生存问题,特别是在国际油价断崖式下跌的新形势下,要求我们创新变革、转型发展,应对低油价、适应新常态。

"谁在'两化'深度融合上占据制高点,谁就能掌握先机、赢得优势、赢得未来"。中国石化着眼于"新常态要有新动力",审时度势,高瞻远瞩,顺应时代发展需求,作出"以价值创造为导向,推动全产业链、全过程、全方位融合,着力打造集约化、一体化经营管控新模式，着力打造数字化、网络化、智能化生产运营新模式，着力打造'互联网＋'商业新业态,加快推进'两化'深度融合,着力打造产业竞争新优势"的战略部署,全力推进油田企业油气生产信息化建设。

油气生产信息化建设是油田企业转方式调结构、提质增效的重要举措,是油田企业改革的重要技术支撑,是老油田实现可持续发展的必然选择。按照《油气生产信息化建设指导意见》要求,到"十三五"末全面实现油气生产动态实时感知、油气生产全流程监控、运行指挥精准高效,全面提高油气生产管理水平,促进油田管理效率和经济效益的提升。油田板块油气生产信息化建设工作,就是在对油田板块信息化示范建设总结提高的基础上,依靠成熟的信息技术,根据不同的油气田生产建设实际,明确建设标准与效果,整体部署可视化、自动化、智能化建设方案,为油田板块提质增效、深化改革和转型发展提供强有力的支撑。生产信息化建设的内容就是围绕老区生产可视化、新区自动化、海上及高硫化氢油区智能化,确定分类建设模板,建成覆盖油区的视频监控系统,建成满足生产管理要求的数据自动采集系统,建成稳定高效的生产网络,建成统一生产指挥平台,打造油气田开发管理新模式。

近几年来,国内长庆油田、新疆油田、胜利油田等各大油田在信息化建设方面做出有益的尝试和探索,取得显著效益。胜利油田自2012年6月始,开展了以"标准化设计、模块化建设、标准化采购、信息化提升"为核心的油气生产信息化建设工作部署,取得了很好效果,积累了宝贵经验,为信息化建设全面推广奠定了基础。生产信息化示范建设的实践表明,油气生产信息化是提高劳动生产率,减轻员工劳动强度,减少用工总量的有效手段;是提高精细化管理,提升安全生产运行水平的重要支撑;对于油田企业转方式调结构,推进体制机制建设,打造高效运行、精准管理、专业决策的现代石油企业具有重要的指导作用。

"功以才成,业以才行",没有一支业务精、技术强、技能拔尖的信息化人才队伍,没有信息化人才的创造力迸发,技术创新,油气生产信息化建设就难以取得成效。加强信息化技术人才队伍建设,培养造就一批信息技术高端人才和技能拔尖人才,全力开展和加强职工信息技术培训,事关油气生产信息化建设成败大局。因此,加大加快信息化人才培养培训力度,畅通信息化人才成长通道,是当务之急,时不我待。

世界潮流,浩浩荡荡。信息技术方兴未艾,加快推进石油石化工业和信息化深度融合,全面加强油气生产信息化建设工作,打造石油石化工业发展的新趋势、新业态、新模式，提升中国石化的核心竞争力，是时代赋予我们的义不容辞的责任。让我们团结在以习近平同志为核心的党中央周围，以更加积极进取的精神状态、更加扎实有为的工作作风，抓住历史机遇，深化"两化"融合，为油田板块提质增效、转型发展作出积极贡献。

2017年2月

前　言

中国石油化工集团公司（以下简称中国石化）为打造一流大型国际化石油石化企业，实现提升企业生产效率、优化全球运营的目标，确立"建设世界一流能源化工公司"的战略发展目标，大力实施资源战略、市场战略、一体化战略、国际化战略、差异化战略、绿色低碳战略，着力推进科技创新、管理创新的目标，提出了用信息化支撑传统产业升级转型、绿色低碳、节能减排，推进"智能油田""智能炼厂"乃至"智能中国石化"的建设。

油气生产信息化是中国石化贯彻落实国家信息化与工业化"两化融合"战略的重要举措，是油田板块提升管理水平、变革传统生产组织模式、推进油公司体制机制建设的重要支撑。

信息技术发展突飞猛进，给传统产业提升带来了契机。"两化融合"已势不可挡。中国石化油田板块一直面临着老油田成本快速上升、盈利能力下降的生存问题，特别是在国际油价断崖式下跌的新形势下，要求我们创新变革、转型发展，应对低油价、适应新常态。因此，加快油气生产前端信息化应用力度、变革传统生产组织模式、推动企业创新增效是中国石化油田板块持续发展的必然选择。

生产信息化示范建设的实践表明，生产信息化是提高劳动生产率、减轻员工劳动强度、减少用工总量的有效手段，是提高精细化管理水平、提升安全生产运行水平、推进油公司体制机制建设、压扁管理层级、推行专业化管理的重要支撑。

油气生产管理信息化就是通过对油气生产过程选择性的实施可视化、自动化和智能化，为井站装上"大脑"和"眼睛"，实现生产管理"零时限"，全面提升油气生产管理手段，打造"井站一体、电子巡护、远程监控、智能管理"的油气田开发管理新模式。

油田板块油气生产信息化建设工作，就是在对油田板块信息化示范建设总结提高的基础上，依靠成熟的信息技术，根据不同的油气田生产建设实际，明确建设标准与效果，整体部署可视化、自动化、智能化建设方案，为油田板块提质增效、深化改革和转型发展提供强有力的支撑。

生产信息化建设的内容就是围绕老区生产可视化、新区自动化、海上及高硫化氢油区智能化，确定分类建设模板，建成覆盖油区的视频监控系统，建成满足生产管理要求的数据自动采集系统，建成稳定高效的生产网络，建成统一生产指挥平台,打造油气田开发管理新模式。

近十几年来,中国石化胜利、西北、中原、华北、河南、东北、华东等分公司开展了生产信息化试点建设,取得了很好效果,积累了宝贵经验,为下步全面推广奠定了基础。

根据中国石化油气生产信息化建设工作部署,要贯彻落实国家"以信息化带动工业化,两化深度融合"的信息化发展战略,与油公司体制机制建设相结合,通过对油气生产管理分类实施可视化改造、自动化升级、智能化建设,为提高生产效率和管理水平提供支撑。按照《油气生产信息化建设指导意见》要求,到"十三五"末全面实现油气生产动态实时感知、油气生产全流程监控、运行指挥精准高效,全面提高油气生产管理水平,促进油田管理效率和经济效益的提升。

与迅速发展的油气生产信息化建设快速推进不相适应的是,各单位对于生产信息化建设方案论证、规划设计了解不足,对于油气生产信息化建设工程施工组织、数字化设备配置、安装运维缺少实践经验。因此各基层单位迫切希望通过培训学习集团公司油气生产信息化建设的标准要求及规范,学习兄弟油田油气生产信息化建设的经验,提高操作维护技术水平。

《油气生产信息化建设培训系列教材》就是在这样背景下由中国石化油田事业部油气生产信息化建设领导小组指导编写的。对于今后油气生产信息化建设的培训具有十分重要的作用。

本系列教材编写的目的,就是通过对油气生产信息化建设标准规范、系统架构、数字化设备的梳理介绍,通过对相关学员的培训,实现以下培训目标:

(1)明确油气生产信息化建设的任务、目标和要求,更新理念,转变观念,增进工作责任意识和质量意识,推进油气生产信息化建设。

(2)掌握油气信息化建设方案设计、施工方案编制、信息化建设标准制定、项目管理等业务流程,提升信息化建设工程质量。

(3)熟悉油气井场、集输站库监控要求、数据采集、通信与控制特点,视频监控系统和网络传输架构设计、管理区生产指挥系统构建、功能开发与数据应用等,为信息化建设方案编制提供技术支持。

(4)了解油田 SCADA 系统架构和生产指挥平台搭建、软件系统应用与故障处理,生产指挥平台功能操作、报警处置和预警分析、生产数据应用。

(5)熟悉 SCADA 系统数字化设备安装规范及调试要求,了解数字化设备的特点、运行和维护。

本系列教材内容根据各分公司油气生产信息化建设的实际,结合各油气田信息化现状、建设方案和学员的专业知识水平,从生产信息化建设的方案设计,施工组织管理,数字化设备安装配置、运行维护三个方面进行组织。内容编排尽量保证培训内容的系统性、完整性,本着从易到难、循序渐进、从实际出发、解决实际问题的指导思想,强调实用性和可用性,尽量做到通俗易懂、详略得当,并侧重于技能的培养和训练。

本系列教材适用于各分公司、采油厂、管理区负责油气生产信息化系统建设实施、应用、运维的技术人员、现场操作维护人员与基层管理人员的培训。

《集输站库数据采集与工况监控》主要介绍油气集输工艺及监控要求,油气集输自动化及测控仪表的使用、操作与维护,信息化条件下油气集输站库工况监控系统的组成及应用。本书主要面向油气集输系统管理及技术干部、岗位操作员工,目的在于提升员工信息化与自动化知识水平,增强自动化设备的操作技能,为油气田实现油气生产信息化保驾护航,确保油田自动化仪表、数字化设备长期稳定运行。

本书在中国石化油田事业部油气生产信息化建设领导小组的指导下,由山东胜利职业学院牵头组织编写。王克华教授为主编,王吉坡副教授、孙卫娟副教授为副主编。其中第一章、第二章、第三章由王克华编写,第四章由王吉坡、孙卫娟、孙翔编写,各章天然气田监控内容由中国石化西南油气分公司刘磊编写,王克华负责全书统稿及插图设计。编写过程中得到了中国石化胜利、西北、中原、华北分公司,胜利油田"四化"建设项目部等单位的大力协助,在此一并表示感谢。

由于编者水平有限,书中难免有不妥之处,恳请读者和专家批评指正。

编者
2016 年 8 月

目　　录

第一章　油气集输与自动化 …………………………………………………………… 1
　第一节　油气集输的意义及任务 ……………………………………………………… 1
　第二节　油气集输流程 ………………………………………………………………… 5
　第三节　油气集输系统监控要求 ……………………………………………………… 12
　第四节　油气集输自动控制基础知识 ………………………………………………… 35
第二章　油气集输测控仪表 …………………………………………………………… 66
　第一节　测控仪表概述 ………………………………………………………………… 66
　第二节　压力检测仪表 ………………………………………………………………… 70
　第三节　物位检测仪表 ………………………………………………………………… 81
　第四节　流量检测仪表 ………………………………………………………………… 93
　第五节　温度检测仪表 ………………………………………………………………… 119
　第六节　含水分析仪 …………………………………………………………………… 125
　第七节　有害气体报警器 ……………………………………………………………… 130
　第八节　调节阀 ………………………………………………………………………… 137
第三章　油气集输站库监控方案 ……………………………………………………… 153
　第一节　增压/接转站监控 …………………………………………………………… 153
　第二节　联合站监控 …………………………………………………………………… 157
　第三节　污水处理及注水站监控 ……………………………………………………… 168
第四章　油气集输站库工况监控系统 ………………………………………………… 173
　第一节　概述 …………………………………………………………………………… 173
　第二节　PCS 系统在油气集输系统中的应用 ………………………………………… 177
　第三节　天然气田集输监控系统 ……………………………………………………… 196
　第四节　集输站库现场监控 …………………………………………………………… 203
参考文献 …………………………………………………………………………………… 219

第一章　油气集输与自动化

　　油气集输系统担负着石油和天然气的收集、计量、初加工、输送的任务,包括原油及天然气净化系统(油气水分离、脱水、脱硫、稳定)、污水处理系统、天然气及轻烃处理系统、注水系统。油气集输系统的特点是生产连续,多道工序相互关联、紧密衔接。各种不同的工艺都有相应配套设备和装置,因此系统中设备类型多,工艺流程复杂。

　　油气集输系统自动化是指在油气集输过程中,对油气集输、处理过程实现参数检测、控制的自动化,包括井场设备、接转站、集气站、增压站、集输联合站、轻烃处理站、注水站的自动化。随着我国自动化水平的提高,油气集输过程实施自动化监控已经迫在眉睫。

　　油气田各集输场站等生产单位,对生产工艺中的物位、流量、压力、温度和含水率等过程参数都需要进行不断地检测与控制。若是人工操作,误差较大,也不能保证多参数之间的协调与优化,会严重影响生产效率及处理质量。为了节能增效,提高产品质量和安全性,对生产工艺和设备实施自动控制是非常必要的。由仪表控制装置代替人工操作,完成生产运行参数的采集、显示、记录、调节和异常报警,并通过系统自动控制调节到最佳状态,操作人员只需通过监测系统就可及时了解和掌握生产装置的运行状态。

第一节　油气集输的意义及任务

一、油气集输

　　油气集输是指油气田矿场原油和天然气的收集、处理和运输生产过程。其主要任务是把分散的各油井的油、气、水混合产出物集中起来,经过一定的工艺处理过程,使之成为符合外销标准的原油、天然气、轻烃产品以及符合外排或地层回注标准的污水,经过计量后外输至用户。

　　概括地说,从油、气井产出物到油气田初级产成品之间所有的油气生产过程,均属油气集输范畴。

　　1. 油田集输工艺

　　油田油气集输生产过程见图 1-1。油气集输过程中,油气井的产出物经单井管线到计量站进行单井计量后,经混输管线输送到接转站或油气集输联合站(集中处理站)进行分队计量。在联合站内首先进行油、气、水三相分离,分离后得到的含水原油,进一步进行原油脱水。脱水后的原油再进行稳定处理,脱去易挥发的石油气,稳定后的原油输至油库,经长输管道外输。在稳定过程中得到的石油气送至轻烃回收装置进一步处理。从气液分离过程中得到的采出气进行脱水干燥、脱硫净化等处理后,得到的天然气再进行轻烃回收处理,将其分割为含甲烷

90%以上的干天然气和液化石油气、轻质油等轻烃产品,其中的干气输至天然气输气站外输,液烃产品可直接外销。从油水混合物中脱出的含油污水及泥砂等,进行除油、脱氧、防腐等处理,外输至注水系统回注地层或外排。

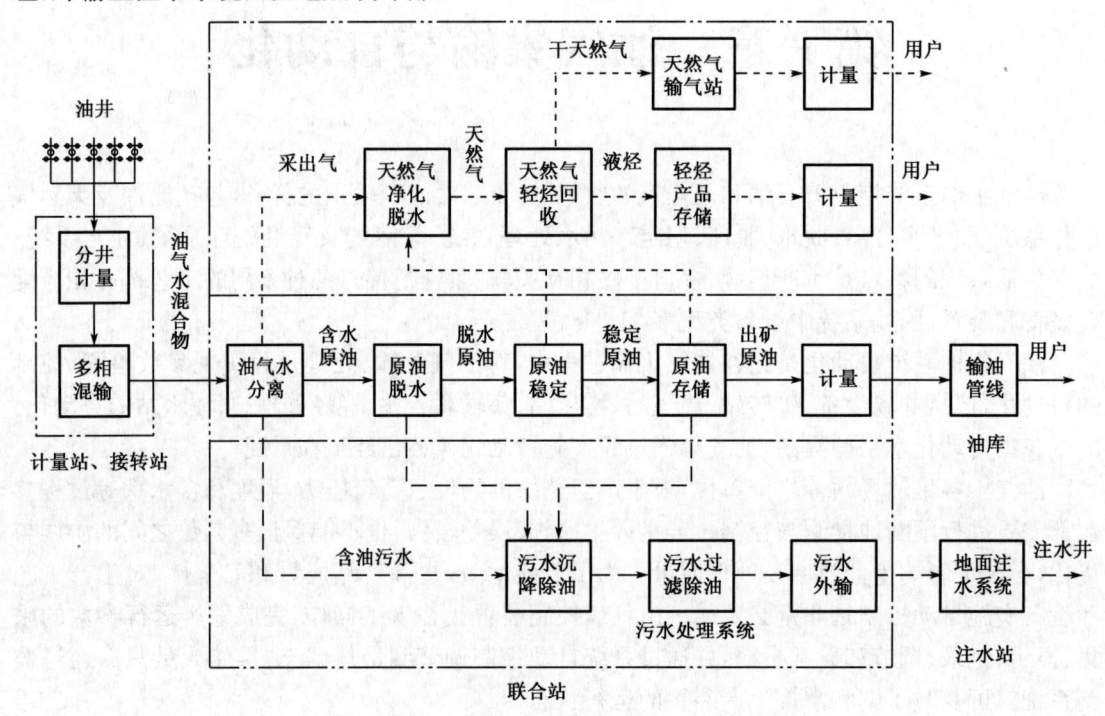

图 1-1 油田油气集输生产流程框图

2. 天然气田集输工艺

如图 1-2 所示,天然气从气井采出,经过调压并经过分离器除尘除液处理之后,再由集气支线汇聚到集气站,实现进一步的脱水、脱烃处理。各集气站通过集气干线输送至天然气处理厂或长输管道首站。当天然气中含有硫化氢、水时,需经过天然气处理厂(站)进行脱硫、脱水处理,然后输至长输管道首站。

天然气集输工艺一般包括分离、计量、水合物抑制、气液混输、增压和脱水等工艺,有的高含硫气田还包括站场小规模的脱硫工艺,凝析气田还包括凝析油处理工艺。

二、油气集输系统的工作内容

油气田油气集输的工作内容主要包括:油气计量、集油集气、油气水分离、原油脱水、原油稳定、原油储存外输、天然气净化、轻烃回收、污水处理和油气水的存储输送等工艺环节。

1. 油气计量

在生产过程中根据管理内容不同的需要,计量分为三级。

三级计量是油井油气产量计量,主要用于油藏动态分析,由计量站完成。目前,因受油气分离程度的限制,不可能达到高精度。油田内部含水原油的生产计量精度控制在5%以内,油气田内部生活用气计量精度控制在7%以内。

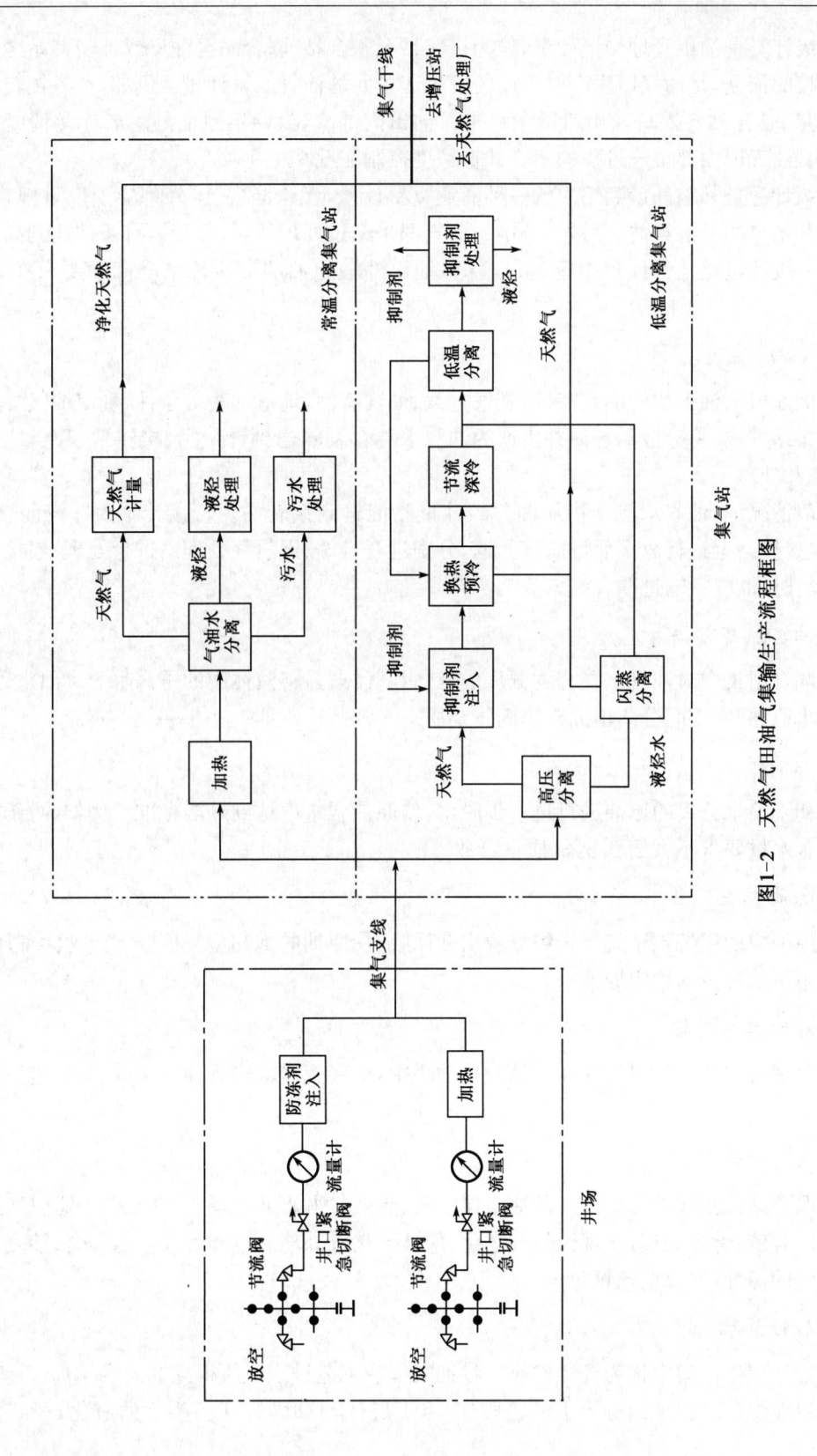

图1-2 天然气田油气集输生产流程框图

二级计量是油田管理交接计量,作为接转站至联合站、联合站至油库或外输首站之间在管理上交接的依据,是油气田生产管理用的各生产单元的油气产量计量。例如,在各接转站出口流量计量、联合站各入口及出口流量计量。油田内部净化、稳定原油的生产计量精度控制在1%以内,油气田内部集气过程的生产计量精度控制在5%以内。

一级计量是外输外运到用户的一种商业贸易计量,无论国内、国外都应予以重视,它涉及油气田和用户的经济利益。另外,外销的油气都是经过处理的合格产品,有条件达到高精度的计量。一级计量是油气计量中精度最高的,油田外输原油的交接计量准确度要求在0.35%以内。

2. 集油、集气

根据油田采油区块的油藏特性、开发方案、油气特性、地形地貌等条件,确定油气集输工艺流程和布站方式,将分散的各油井生产的油气水混合物输送到计量站、接转站、联合站进行计量、分离和处理。

一般情况下,油气水混合物从油井经计量站混输到接转站。若接转站为非密闭接转时,油、气在接转站上进行分离后,油、气分输,分别进联合站、天然气处理站进行处理;当接转站为密闭接转时,油气混输进联合站。

3. 油、气、水分离

在联合站集中对油气水混合物分离成液体和气体,并将液体中的游离水分离出来,原油成为低含水原油,必要时分离出油砂等固体杂质。

4. 原油脱水

经初步油水分离的原油进行进一步脱水,使原油含水率达到外输标准。例如,对于石蜡基原油其含水量要求不大于0.5%(质量分数)。

5. 原油稳定

将原油中的甲烷至丁烷等轻组分脱出并回收,使原油的饱和蒸气压低于当地大气压,成为在常压下不易挥发的稳定原油。

6. 原油储存外输

将处理后的原油暂时储存在本站净化油罐中,或者直接输送到油库、外输首站进行储存或外输。

7. 天然气净化

在联合站或接转站分离出来的油田伴生气、天然气井产出气输送到天然气处理站进行脱水、脱盐、脱硫、除尘处理,实现天然气净化,保证天然气外输质量和管线输送安全,使之达到商品天然气的标准后外输、销售。

8. 轻烃处理

轻烃处理生产通常称为轻烃回收。将油气集输工艺过程中所得到的天然气,进一步加工,分割为以戊烷(C_5)以上组分为主的轻质油、以丁烷(C_4)和丙烷(C_3)为主的液化石油气、以甲烷(C_1)和乙烷(C_2)为主的天然气干气,分别外输与销售。

9. 输油、输气

将原油、天然气、液化石油气等达到外销标准的产品经计量后外输给用户。

10. 污水处理及注水

将油气水分离、原油脱水、原油存储及天然气净化过程中脱出的污水,进入污水处理站进行沉降、过滤除油、脱氧、防腐等一系列处理,使之达到油田地层回注或外排质量标准,根据需要回注地层或外排。

第二节　油气集输流程

油气集输流程是完成油气集输任务的工艺处理过程,根据油田的开采方式不同、油气性质不同,采用的流程也不同。

一、油气集输流程分类

1. 油田集输流程

油田的油气集输流程按加热方法分为:不加热集输流程、掺热水集输流程、伴热集输流程、井场加热集输流程。

集输流程按密闭程度分为:油气密闭集输流程、油气开式集输流程。

集输流程按油气集输系统布站方式分为:三级布站流程(设置有计量站、接转站和联合站);二级布站流程(设置有计量站和联合站);一级布站流程(油井直接进联合站)。

集输流程按从井口到计量站或到接转站集油管线的根数分为:单管集输流程、双管集输流程、三管集输流程。

目前,我国各油田开发初期大部分是采用加热输送的集输方式。通常是将加热后的油井产物以树状管网收集到计量站,计量出油、气、水量后,再混输到联合站进行处理。整个过程利用井口的压力所提供的能量,无须设置加压设备。如果油井产物所具有的能量不能直接进入联合站时,在计量站和联合站间增设接转站,增加混输泵加压输送。油田开发中后期,油井采出液中含水,温度较高,黏度较小,输送阻力减小,一般采用井口不加热集输流程。

2. 天然气田集输流程

天然气田的油气集输流程分为井场流程和集气站流程。井场流程分为单井集输流程和多井集输流程。按天然气分离时的温度条件,集输流程可分为常温分离工艺流程和低温分离工艺流程。

由于天然气井产出压力较高,而且气体中所饱和的水分经节流降压后,易形成水合物,造成冰堵。针对水合物造成冰堵的问题,或者是采用加热方法,提高天然气的温度,使节流后不形成水合物;或者是预先注入防冻剂,脱出水分,以防止形成水合物。这样就有常温分离和低温分离两种流程。

根据气井中采出天然气的性质以及矿场集输的要求,采气流程可分为单井(常温)采气流程、多井(常温)集气流程、低温回收凝析油采气流程等,部分采气流程中还加入天然气脱水工艺。

以下介绍我国各油气田常用的几种典型流程,通过流程的学习,掌握油气集输过程各环节监控自动化的一般要求。

二、典型油田集输流程

1. 井场加热集输流程

井场加热集输流程如图1-3所示。油井产物经井口加热炉加热后,进计量站分离计量,再经计量站加热炉加热后,混输至接转站或联合站。

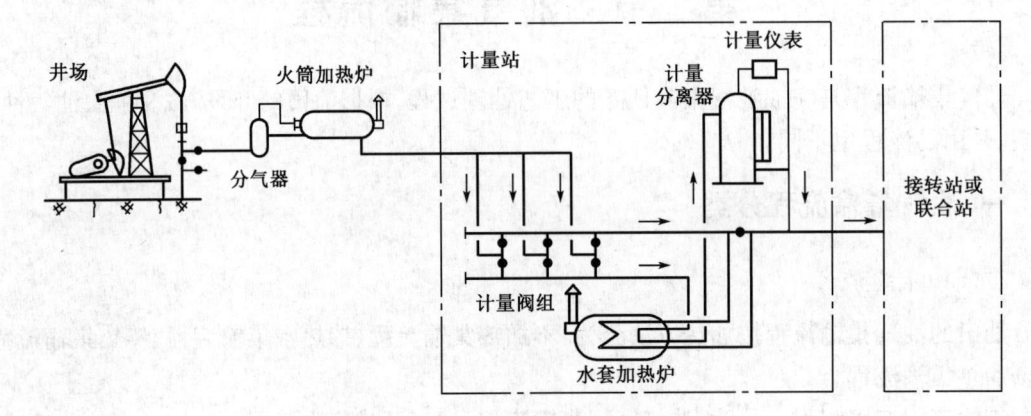

图1-3 井场加热集输流程示意图

2. 伴热集输流程

伴热集输流程是一种用热介质对集输管线进行伴热的集输流程。常用的伴热介质有蒸汽和热水。图1-4所示为热水伴热集输流程,通过设在接转站内的加热炉对循环水进行加热。去油井的热水管线单独保温,对井口装置进行伴热。回水管线与油井的出油管线共同保温在一起,对油管线进行伴热。

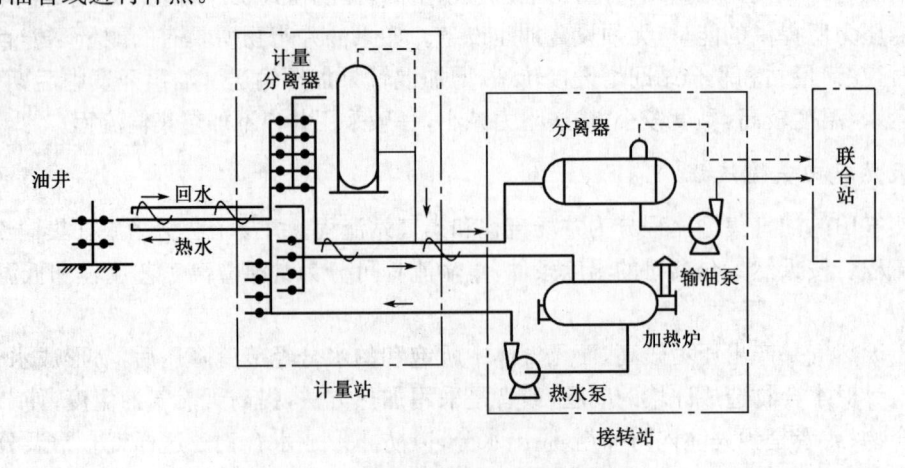

图1-4 热水伴热集输流程示意图

3. 掺合集输流程

掺合集输流程是将具有降黏作用的介质掺入井口出油管线中,以达到降低油品黏度,实现安全输送的目的。常用作降黏介质的有蒸汽、热稀油、热水和活性水等。

图1-5所示为掺热活性水集输流程。通过一条专用管线将热活性水从井口掺入油井的出油管线中,使原油形成水包油型的乳状液,以达到降低油品黏度的目的。该流程适用于高黏度原油的集输,但流程复杂,管线、设备易结垢,后端需要增加破乳、脱水等设施。

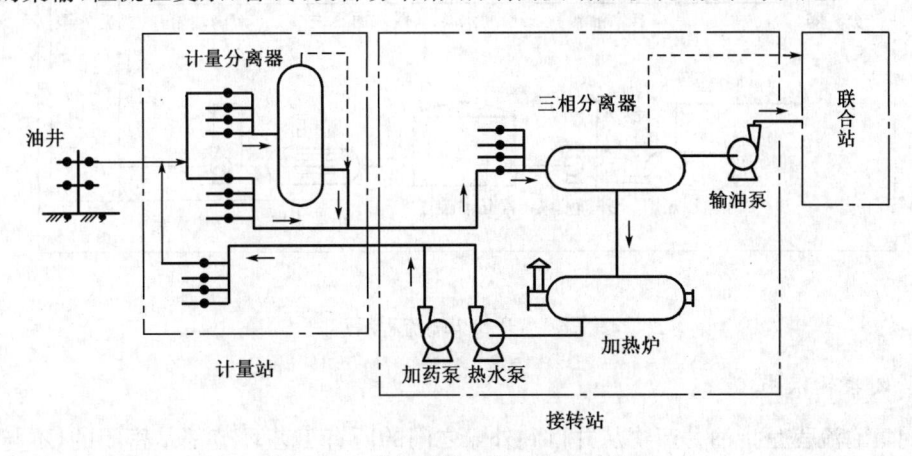

图1-5 掺热活性水集输流程示意图

4. 不加热集输流程

图1-6所示的井口不加热集输流程,是随着油田开采进入中、后期,由于油井产液中含水量的增加,使采出液的温度有所提高,采出液可能形成水包油型乳状液,从而使得输送阻力大为减小,为井口不加热、油井产物在井口温度和压力下直接混输至计量站创造了条件。

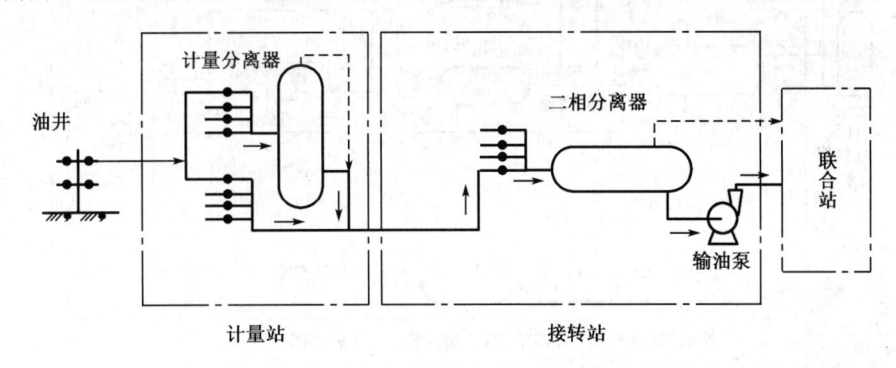

图1-6 井口不加热集输流程示意图

5. 开式集输流程

开式集输流程是指油井产物从井口到外输之间的所有工艺环节当中,在储油罐处是与大气相通的,如图1-7所示。这种流程运行管理的自动化水平要求不高,参数容易调节,但油气的蒸发损耗大,能耗大。

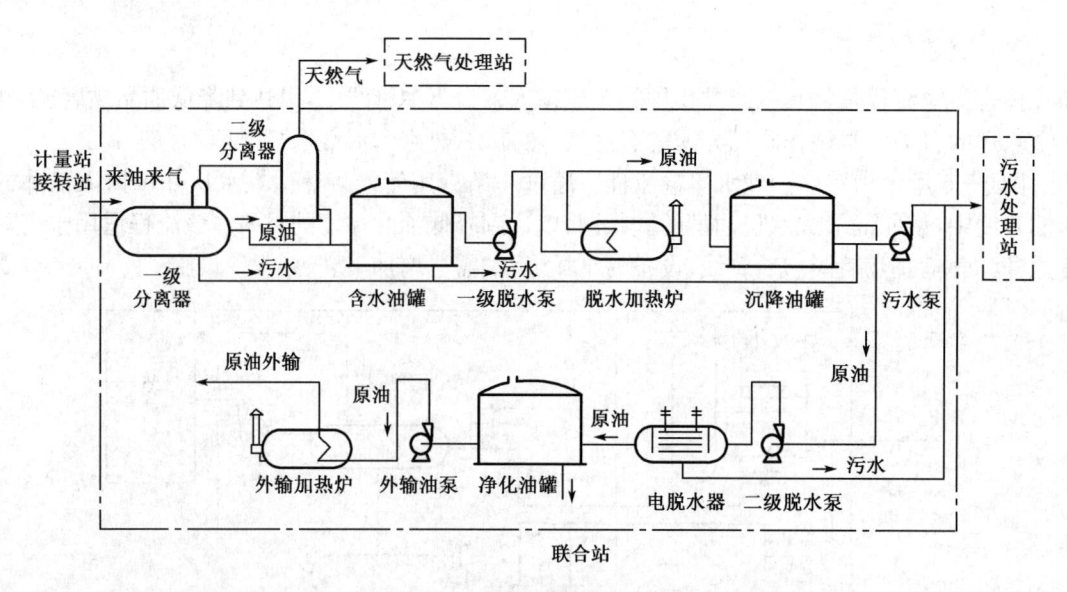

图 1-7 开式集输流程示意图

6. 密闭集输流程

密闭集输流程是指油井产物从井口到外输之间的所有工艺环节都是密闭的,不与大气接触,如图 1-8 所示。这种流程减少了油气的蒸发损耗,降低了能耗,但由于整个系统是密闭的,若局部出现参数波动,会影响到整个系统,要求运行管理的自动化水平较高。

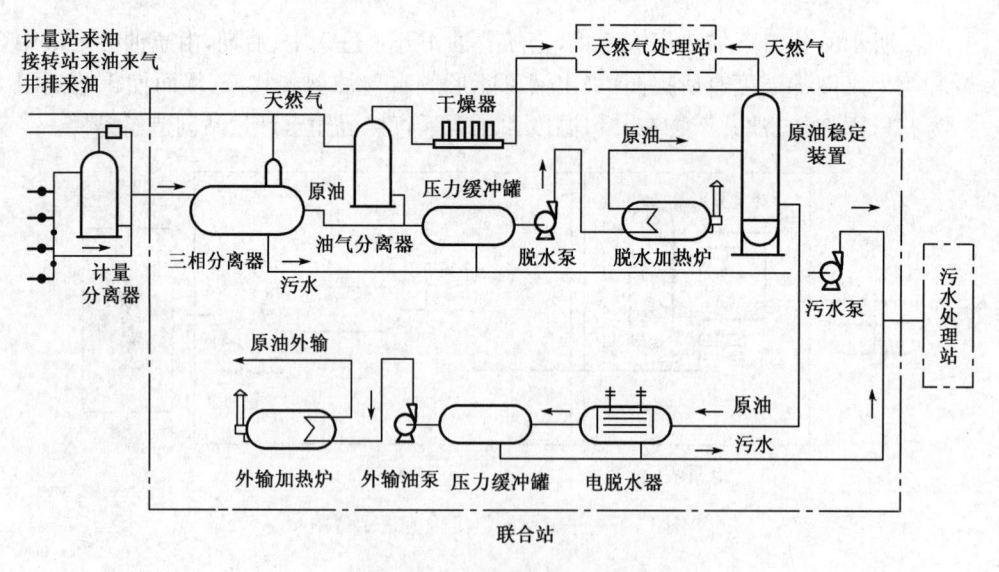

图 1-8 密闭集输流程示意图

7. 海上油气田集输流程

根据海上油气田开发的特点,目前海上油气生产和集输系统主要有半海半陆式和全海式两种集输流程。

1)半海半陆式集输流程

半海半陆式油气生产与集输系统由海上平台、海底管线和陆上终端等部分组成,如图1-9所示。海上平台包括井口平台和生产平台。油井产物在井口平台上进行油气计量后,通过海底集输管线输往生产平台进行分离、计量、脱水、净化等处理。达到质量标准的原油、污水和天然气经海底输油管线送往陆上终端。原油由储罐储存或直接装船外销;净化处理后的天然气,用于海上平台的发电、加热炉以及生产人员的生活用气,剩余天然气输往陆上终端进行轻烃回收等进一步处理。若剩余量较小时在平台火炬上燃放。

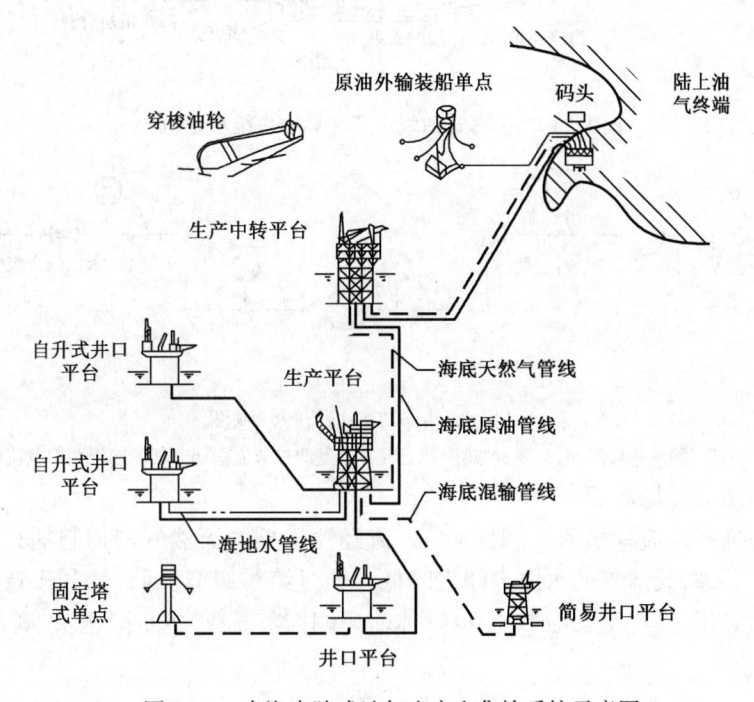

图1-9 半海半陆式油气生产和集输系统示意图

2)全海式集输流程

在图1-10所示的全海式油气生产和集输流程中,油气的生产、集输、处理、储存等环节均是在海上进行,处理后的原油也在海上直接装船外运。这样可以避免敷设长距离的海底管线,并可省去陆上终端,可以较大幅度地降低开发建设成本,提高经济效益,减小海底管线维护费用,但海底装置及海上生产平台、输油装置建设费用高,管理难度大。

三、典型天然气田集输流程

1. 井场流程

1)加热防冻井场流程

如图1-11所示,天然气从采气井口针形阀出来后,首先通过加热炉3进行加热升温,然后经过第一级节流阀(气井产量调控节流阀)4进行气量调控和降压,天然气再次通过加热炉5进行加热升温,和第二级节流阀(气体输压调控节流阀)6进行降压,以满足采气管线起点压力的要求。

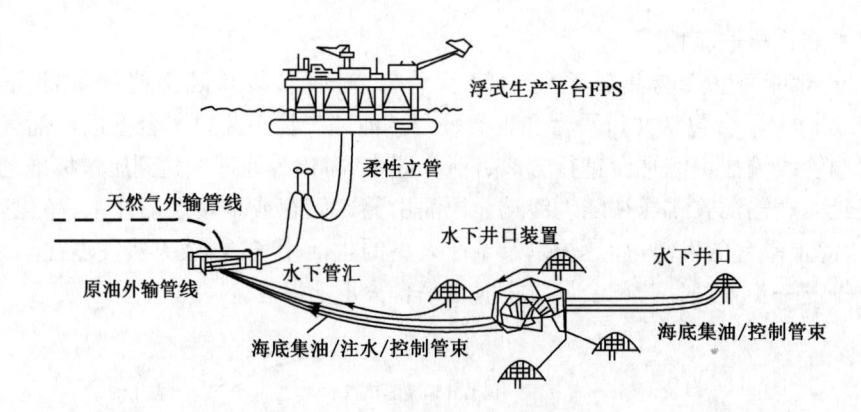

图1-10 全海式油气生产和集输系统示意图

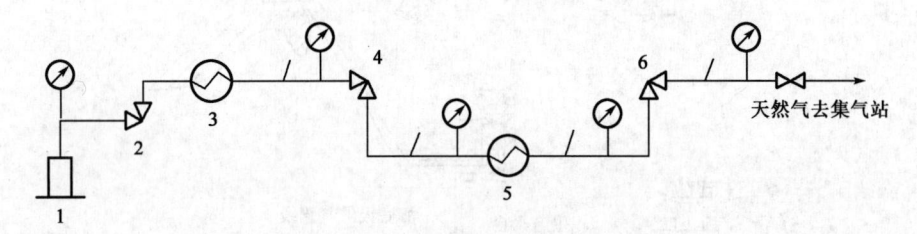

图1-11 加热防冻井场流程示意图
1—气井；2—采气树针形阀；3,5—加热炉；4—气井产量调控节流阀；6—气体输压调控节流阀

2)注抑制剂防冻井场流程

注抑制剂防冻井场流程如图1-12所示。流经注入器的天然气与抑制剂相混合，一部分饱和水汽被吸收下来，天然气的水露点随之降低。经过第一级节流阀（气井产量调控节流阀）进行气量控制和降压，再经第二级节流阀（气体输压调控节流阀）进行降压，以满足采气管线起点压力的要求。

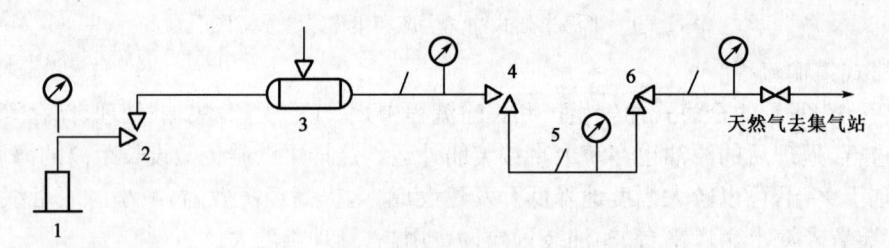

图1-12 注抑制剂防冻井场流程示意图
1—气井；2—采气树针形阀；3—抑制剂注入器；4—气井产量调控节流阀；5—温度压力表；6—气体输压调控节流阀

2.集气站流程

1)常温分离集气站流程

常温分离集气站的功能是对收集的天然气在站内进行气液分离处理，并进行压力控制，使之满足集气管线输压要求。流程如图1-13所示。

常温分离集气站将井场来气经过加热炉3加热之后，通过节流阀4节流降温，进入三相/两相分离器5分离天然气中的液烃或水，分离器由轻烃液位和油水界面控制阀自动调节。分离出的轻烃和水根据量的多少,采用车运或管输方式,送至液烃加工厂或气田水处理厂进行统一处理。

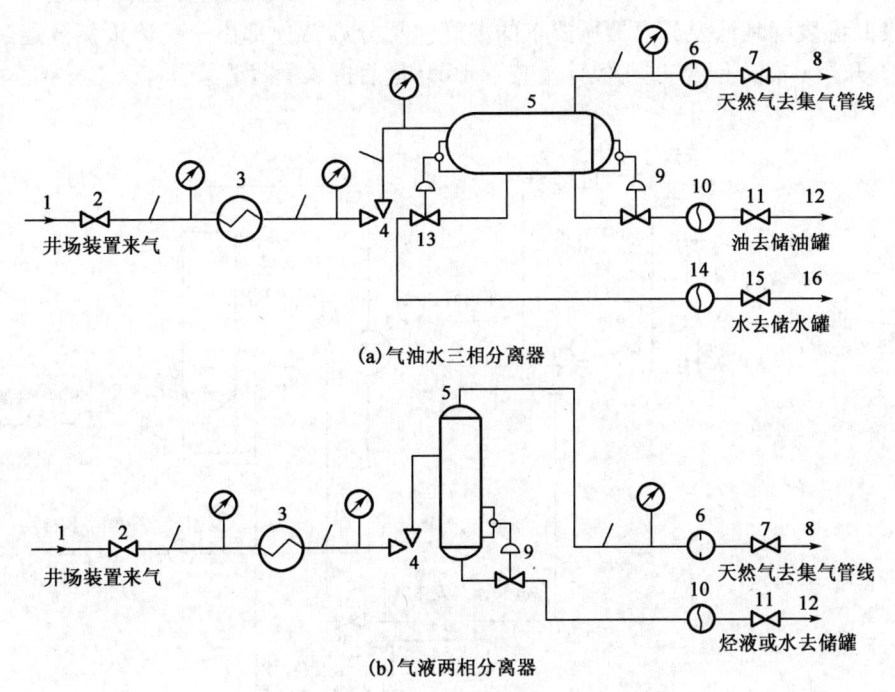

(a) 气油水三相分离器

(b) 气液两相分离器

图 1-13 常温分离集气站流程示意图

1—从井场装置来的采气管线;2—天然气进站截断阀;3—天然气加热炉;4—分离器压力调控节流阀;5—气油水三相分离器或气液两相分离器;6—天然气孔板计量装置;7—天然气出站截断阀;8—集气管线;9—液烃(或水)液位控制自动放液阀;10—液烃(或水)的流量计;11—液烃(或水)出站截断阀;12—放液烃管线;13—水液位控制自动放液阀;14—水流量计;15—水出站截断阀;16—放水管线

图 1-13(a)、(b)两种流程不同之处在于分离设备的选型不同,前者为气油水三相分离器,后者为气液两相分离器,因此其使用条件不相同。前者适用于天然气中液烃和水含量均较高的气井,后者适用于天然气中只含水或液烃较多和微量水的气井。

常温分离单井集气站通常是设置在气井井场。多井集气站的井数取决于气田井网布置的密度,一般采气管线的长度不超过 5km,井数不受限制。以集气站为中心,5km 为半径的面积内,所有气井的天然气处理均可集于集气站内。

2) 低温分离集气站流程

所谓低温分离,即分离器的操作温度在 0℃ 以下,通常为 -20~-4℃。天然气通过低温分离可回收更多的液烃。

为了取得分离器的低温操作条件,同时又要防止在大差压节流降压过程中天然气生成水合物,因此不能采用加热防冻法,而必须采用注抑制剂防冻法以防止生成水合物。

天然气在进入抑制剂注入器之前,先使其通过一个脱液分离器(因在高压条件下操作,又称高压分离器),使存在于天然气中的游离水先行分离出去。一种低温分离集气站流程如图 1-14 所示。

井场装置通过采气管线 1 输来气体经过节流阀 3 进行压力调节,以符合高压分离器 4 的操作压力要求。脱除液体的天然气经过计量装置 5 进行计量后进入汇气管。各气井的天然气

— 11 —

汇集后进入抑制剂注入器7,与注入的雾状抑制剂相混合,部分水汽被吸收,使天然气水露点降低,然后进入气—气换热器8使天然气预冷。降温后的天然气通过节流阀18进行大差压节流降压,使其温度降到低温分离器所要求的温度。从分离器顶部出来的冷天然气通过换热器8后温度上升至0℃以上,经过孔板计量装置10计量后进入集气管线。

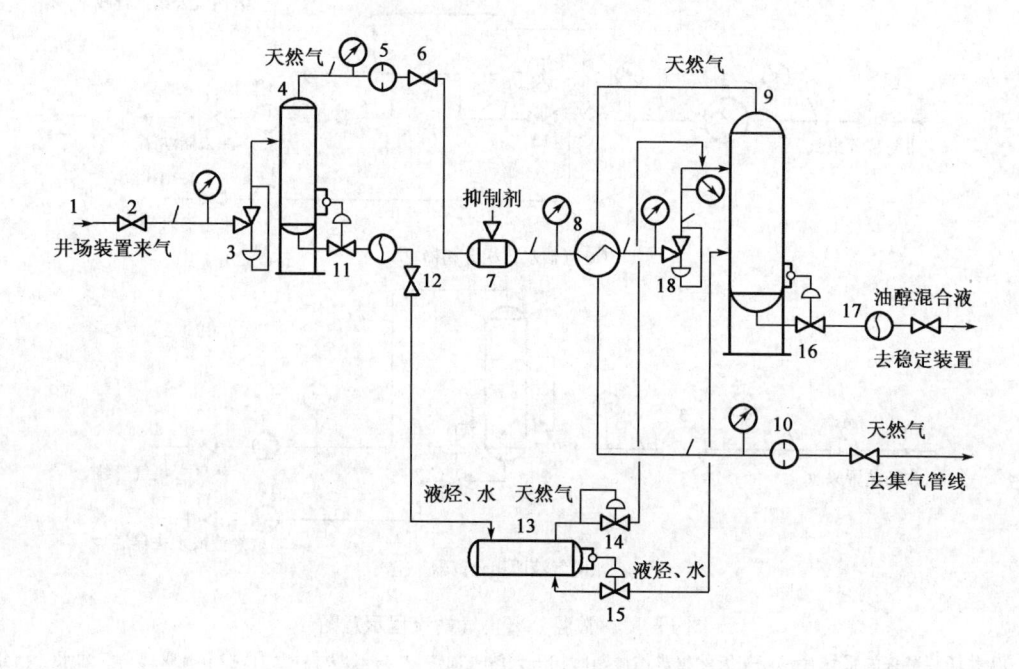

图1-14 低温分离集气站流程示意图

1—采气管线;2—进站截断阀;3,18—节流阀;4—高压分离器;5,10—孔板计量装置;6,12—装置截断阀;7—抑制剂注入器;8—气—气换热器;9—低温分离器;11—液位调节阀;13—闪蒸分离器;14—压力调节阀;15,16—液位控制阀;17—流量计

第三节 油气集输系统监控要求

一、计量站监控要求

油气集输过程中,计量站的任务是对所辖范围内的油气井集油、集气,并对各油气井产出的油、气、水产量进行计量。油气水实时计量数据,对于了解地层油气含量及产能的变化,进行油藏动态分析、优化生产参数、提高采收率具有重要的作用。

目前比较成熟的计量方法仍然是分离计量方法。分离法计量过程需要计量站设置计量分离装置(计量分离器、旋流分离器等),将气、液初步分离出来,再分别计量气、液的产量。油产量的计量可通过人工化验采出液含水率计算得到,也可通过含水分析仪测量含水率。

每座计量站汇集多口油井来油,通过选井阀组或自动选井装置选择其中的一口油井,被选中的油井来油至计量分离器进行气液分离并分别进行油、气、水计量。计量站流程如图1-15所示。

计量站自动化的主要包括以下内容:

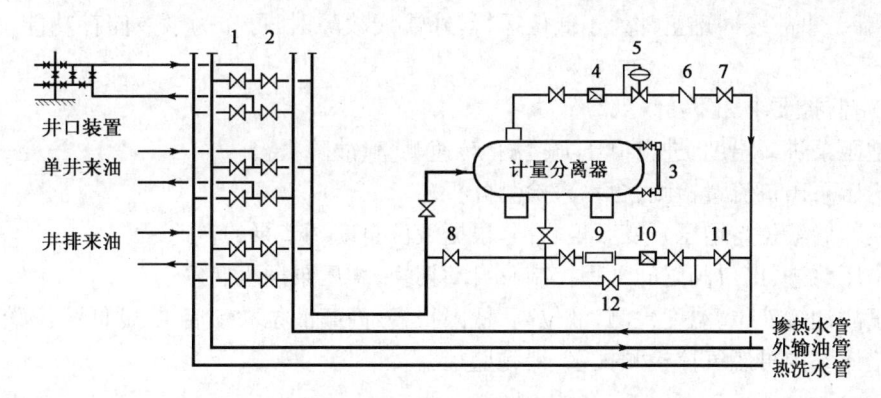

图 1-15　计量站工艺流程图
1,2,8—流程切换阀；3—玻璃管量油装置；4—天然气计量仪表；5—压力调节器；6—止回阀；7—气平衡阀；
9—含水分析仪；10—液量流量计；11—液平衡阀；12—旁通阀组

(1)油井计量：包括选井装置的自动控制选井，油井的气、液产量计量，含水率测量，油、水产量计算。

(2)油井计量数据的远程数据采集与选井状态的监控。

(3)辅助系统监控：辅助设备，如加热流程、伴热流程、掺合流程中加热炉、泵状态及参数的测控。

二、增压/接转站监控要求

1. 增压站监控要求

增压站主要功能是负责部分含气量较低油井的增压输送任务，具有增压、事故储存等功能。增压站工艺流程如图 1-16 所示。

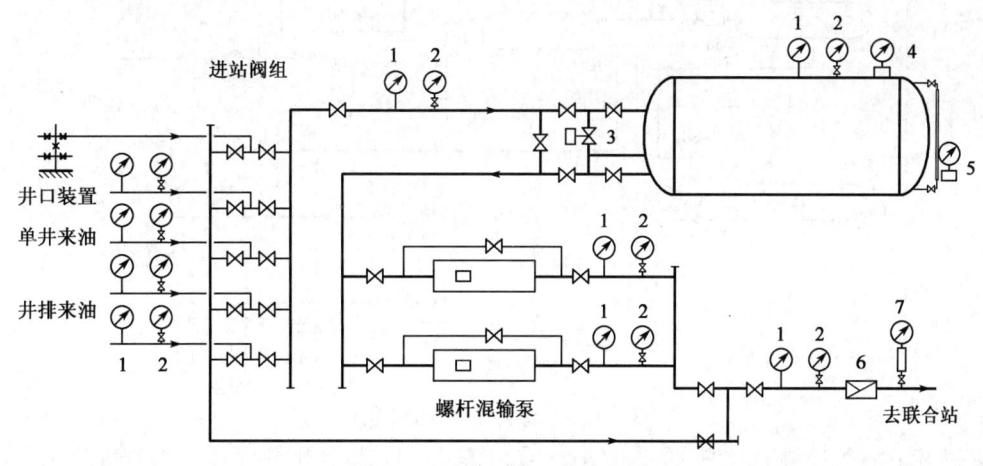

图 1-16　增压站工艺流程图
1—温度变送器；2—压力变送器；3—流程切换阀；4—雷达液位计；5—法兰液位变送器；6—质量流量计；7—含水分析仪

增压泵主要是为流体提供能量，满足增压站内液量增压的需求。增压站由于对井站来油气不进行分离处理，因此均采用螺杆式增压泵，实现油气增压混输。增压站内通常设 2 台增压泵并联方式运行，一用一备。增压站管辖油井较多，一旦外输线故障，需较大面积停井，为此设事故缓冲罐。事故缓冲罐正常处于低位运行,外输线故障时,可作为事故储存功能,事故储存时间为4.5h左右。

增压站监控要求如下:
(1)增压泵进口温度、进出口压力检测、转速测量、故障报警。
(2)增压泵出口流量检测、含水率检测分析。
(3)缓冲罐液位与增压泵变频柜联锁,根据液位自动调节泵的转速。
(4)增压泵进、出口阀门的远程控制及自动切换;增压泵远程启停。
(5)事故油罐液位、温度检测,液位高、低限报警,高高液位联锁启泵、低低液位联锁停泵。
(6)增压站内可燃气体检测报警,视频监控。

2. 接转站监控要求

接转站也称转油站,它所承担的任务、规模一般是根据整个采油区块生产能力、生产集输水平、集输经济指标情况综合确定。

具有掺热水加热工艺的接转站流程如图1-17所示。来自单井、计量站的来液进入三相分离器,对油、气、水进行分离。分离后的油进行升压、计量后外输到联合站。分离出的天然气进入天然气除油器除油,计量后外输到天然气处理站或本站自用加热。分离出的水进入加热炉进行加热,然后分别通过掺水泵和热洗泵升压并计量后用于油井的掺水和热洗。

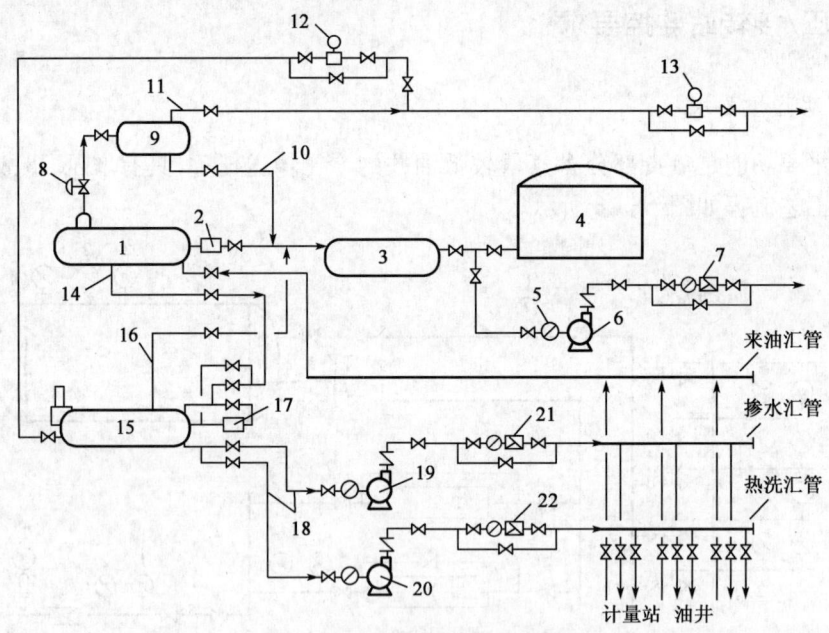

图1-17 接转站工艺流程图

1—油气水三相分离器;2—浮子油位调节器;3—缓冲罐;4—事故罐;5—过滤器;6—外输油泵;7—外输油流量计;8—压力调节阀;9—天然气除油器;10—凝析油管线;11—天然气管线;12—自用气流量计;13—外输气流量计;14—放水管线;15—加热炉;16—出油管线;17—油水界位调节器;18—热水管;19—掺水泵;20—热洗泵;21—掺水流量计;22—热洗流量计

为保证外输至联合站的原油温度不至于过低,有的接转站需要设置加热炉。而有的接转站设有原油事故储罐,用作外输系统发生故障或本站停电时使用。当本站停电时,来油进入事故储罐,保证油井正常生产。

接转站自动化的主要包括以下内容：

(1)参数监控：各计量站来油进站压力及温度、缓冲罐及事故储油罐液位、外输原油出站温度与压力、泵电动机电压及电流的测量及越限报警。

(2)气液计量：分离器分离出来的天然气、油、水流量计量。为了计算天然气标准状态下的流量，还需要对其温度与压力进行测量，以便做校正计算。

(3)自控系统：主要有分离器液位控制、油水界面控制、天然气压力控制和加热炉自控系统。分离器液位控制系统是保证密闭输送的关键。

(4)辅助设备：视具体情况确定。

三、联合站监控要求

联合站通常称为集中处理站，担负着各油区的油气汇集、油气水分离净化处理及外输任务。通常一块完整的油气区设置一个联合站，随着油气田所处地理环境、产量规模、油井数量、分散程度、油气性质、工艺措施等因素的不同，联合站的任务和工艺流程各不相同。

联合站流程参见图1-7、图1-8。总体说来，联合站的任务是对来自接转站、计量站或附近油井的油气经过进站阀组分队进行计量，然后通过分离器进行油气分离、沉降脱水，再通过电脱水器进行电脱水及化学脱水，确保原油含水率达到0.5%以下。通过原油稳定系统生产出合格的稳定原油，经计量后加热、加压外输至油库或长输首站。

分离脱水装置排出的污水至污水处理系统，经沉降、过滤、除油等措施，使之达到水质标准后输往注水站或外排。

站内分离出的天然气和原油稳定装置抽出的石油气经脱水处理后，由天然气处理装置采取升压、冷凝的方法将其中轻烃组分加工成液化石油气及轻油产品，干天然气通过压气站密闭输送至用户。

联合站内具备一定的原油储存能力。有的联合站将污水处理系统、天然气处理系统、原油稳定与轻烃处理系统独立出来分别建站。

联合站内的主要监控设备包括来油分队计量装置、分离器、沉降油罐、净化油罐、除油罐、压力缓冲罐、加热炉、锅炉、电脱水器、泵组(脱水泵、外输水泵、外输油泵等)与变频器等。

联合站生产装置比较集中，监控要求高，适于采用大规模自动化装置，如集散控制系统(DCS)或计算机数据采集及监控系统(SCADA)进行控制和管理。

集输联合站自动化监控要求主要包括以下内容：

(1)油、气、水分队计量产量。

(2)分离器监测及控制：分离器液位、天然气压力测量控制。

(3)破乳剂加药量控制：根据来油含水率，自动调节加药泵加药量。

(4)沉降罐、缓冲罐监控：沉降罐油水界面检测及控制；缓冲罐液位检测与控制。

(5)加热炉监控：加热炉原油出口温度自动控制，加热炉烟道含氧量与温度监测。

(6)脱水器监控：脱水器压力、油水界面测量与控制。

(7)外输计量：外输流量精密计量，储油罐液位检测，实现自动盘库计量。

(8)轻烃与天然气处理系统、原油稳定系统、污水处理系统监控要求下文详述。

1. 油气分离系统

油井产物是油、气、水、砂等多形态物质的混合物,为了得到合格的石油产品,油气集输的首要任务就是进行气液分离。由于水和砂等物质均不溶于油,所以气液分离主要是原油天然气分离,通常称为油气分离。

油气分离工艺一般采用多级分离措施。油井混合物在保持接触的条件下,随着压力的逐渐降低,气体不断逸出,通过多级分离,直至系统的压力降为常压,天然气排除干净,剩下的液相进入储液罐。

根据油气分离机理的不同,常用的分离方法有重力分离、碰撞分离和离心分离等。

目前,应用于油气集输过程中的分离器按其功能不同,可分为气、液两相分离器和油、气、水三相分离器;按其形状不同,可分为卧式分离器、立式分离器、球形分离器等;按其作用不同,可分为计量分离器和生产分离器等。

卧式三相分离器是目前应用最广泛的一种分离器,结构如图1-18所示。为了满足加热缓冲的需要,有的分离器组合了加热炉功能。

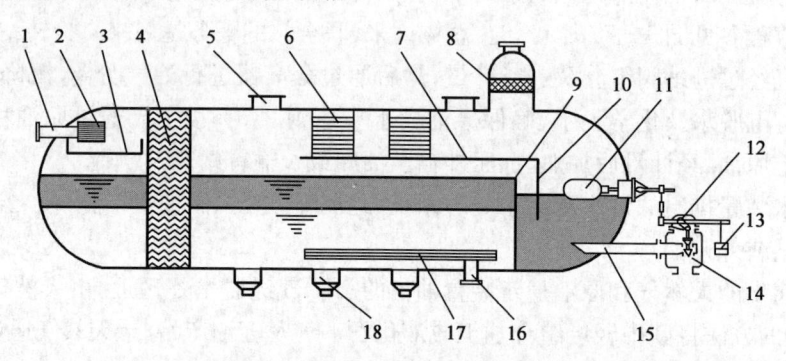

图1-18 卧式三相分离器示意图
1—油气水混合物进口;2—进口分流器;3—水平分离板;4—稳流装置;5—人孔;6—平行捕雾器;7—气液隔板;
8—天然气包;9—溢流板;10—隔板;11—液位控制器浮球;12—杠杆;13—平衡锤;14—阀芯阀座;15—出油口;
16—污水出口;17—防涡罩;18—除砂器

气液混合物由入口分流器2进入分离器,其流向、流速和压力都有突然的变化,在离心分离和重力分离的双重作用下,气液得以初步分离。经初步分离后的气相进入分离器上部空间,其携带的液滴依靠重力沉降,细小液滴粘在捕雾器6上,油滴经汇集进入液相。气相经气包8进一步除油后通过天然气出口进入集气管线。

液相在重力作用下由稳流装置4引至分离器主体集液部分。由于集液部分有较大的体积,使得液相在分离器内有一定的停留时间,以便被原油携带的气泡上升至液面,进入气相。液相中的游离水因密度差沉降至底部形成水层,原油和含有较小水滴的乳状油处于上层。分离后的上层原油从溢流板9上面溢出到汇油腔,经液面控制器11控制的出油阀流出分离器,分离出的水从分离器底部的污水出口排出。

卧式分离器中的气液界面面积较大,且气体流动的方向与液滴沉降的方向相互垂直,使得集液部分原油中所含的气泡易于上升至气相空间,且气相中的液滴更易于从气流中分离出来。

从油井采出的液体介质中往往含有细砂。在三相分离器内分离过程中沉降至罐底,须定期冲砂。

分离器的自动化主要包括以下内容：

(1)天然气压力测控：用于使三相分离器内部维持一定压力。

(2)油水界面控制：实现油水界面测量控制，稳定调节与超限报警。

(3)油气液位控制：用于维持一定的液位，液位超高和液位超低报警保护。

(4)油、气、水流量计量。

(5)自动冲砂控制。

2. 原油脱水系统

原油含水，不但直接影响原油的质量，而且增加了后续处理工艺和输送过程中的动力、热力消耗，引起金属管路和设备的腐蚀。因此，含水率是出矿原油的重要技术指标。经过气液分离得到的油水混合物，必须进行脱水、脱盐、脱机械杂质的净化处理。由于原油中所含的盐类和机械杂质大部分溶解或悬浮于水中，所以原油的脱水过程实际上也是脱盐、脱机械杂质的过程。

根据水分在原油中存在的形式不同，原油中的含水可分为游离水和乳化水两种。游离水在常温下用简单的沉降方法在较短的时间内就可以从油中分离出来。乳化水与油形成了一定结构的乳状液，很难用简单的沉降法直接从油中分离出来，通常需要通过化学、电场破乳后，再进行沉降脱水。

目前常用的原油脱水方法有：重力沉降脱水、化学破乳脱水、离心力脱水、粗粒化脱水和电脱水等。

1)原油脱水流程

如图1-19所示脱水流程中，来自接转站、计量站的含水原油经过游离水脱除器，脱出大部分游离水，使原油含水率降到30%以下。沉降分离后的低含水原油加入化学破乳剂，通过加热炉升温到55～65℃，然后进入电脱水器破乳、沉降，实现油水分离。脱水后的净化油进入净化油缓冲罐，计量后泵送到原油稳定系统。

游离水脱除器和电脱水器分离出的含油污水进入立式污水沉降罐。立式污水沉降罐起缓冲和收油的双重作用。立式污水沉降罐收油槽里的油，用收油泵输送到站内游离水脱除器的进口重新脱水处理，含油污水用外输污水泵输送到含油污水处理站。

2)电脱水器

电脱水对许多原油，特别是重质、高黏原油脱水是一种有效方法。电脱水法将原油乳状液置于高压直流或交流电场中，由于电场对水滴的作用，削弱了水滴界面膜的强度，促进水滴的碰撞，使小水滴聚结成直径较大的水滴，在原油中沉降分离出来。

卧式电脱水器如图1-20所示。含水原油经加热后从进口7进入电脱水器底部，经过油水界面之下的进液分配头6均匀流出。进入的含水油经过水层水洗，除去原油中游离水。原油自下而上均匀地通过电极间的高压电场，乳化原油中水珠逐渐聚结，沉降至脱水器底部。分离出的水自底部排出口8放出。净化油自顶部出口4流出。在油层与水层之间约有50～100mm厚的油水过渡层。

电脱水器内水平电极5用绝缘体悬挂在外壳上。电极呈偶数，根据脱水要求设有二、四、六层，电极之间距离下长上短，因此电场强度是上强下弱，以适应越向上含水率越小的要求。

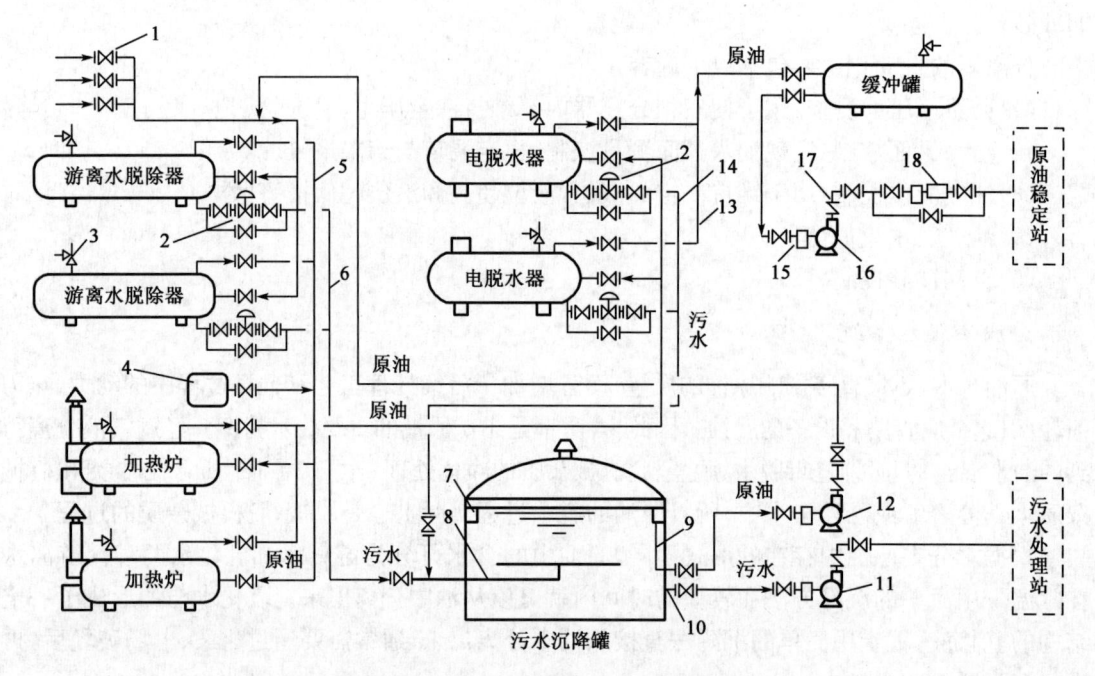

图 1-19 原油脱水工艺流程示意图

1—来油阀组;2—调节阀;3—安全阀;4—破乳剂加药装置;5—原油汇管;6—污水汇管;7—收油槽;8—进水管;9—收油管;10—出水管;11—外输污水泵;12—收油泵;13—净化油汇管;14—电脱污水汇管;15—过滤器;16—外输油泵;17—止回阀;18—流量计

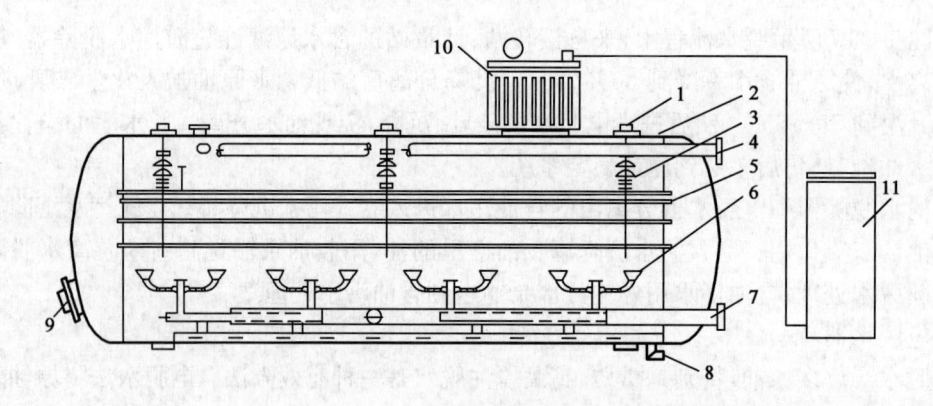

图 1-20 卧式电脱水器结构示意图

1—进线绝缘棒;2—脱水器壳体;3—悬挂绝缘子;4—净化油出口;5—电极;6—进液分配头;7—含水原油进口;8—污水出口;9—人孔;10—整流电抗器;11—控制器

电脱水器工作电压范围一般在 11~40kV,电场强度为 0.8~3.3kV/cm。

电脱水器供电装置的适应性、可靠性和安全性对保证原油电脱水质量具有很重要的作用。常用的 YTDT-1 型原油电脱水调压补偿供电设备,由电源控制、升压和整流三部分组成。其容量为 50kVA,额定电压 380V,电流 131.6A,升压后交流电压为 20kV,整流后高压 28kV、电流 2.5A,并具有电量测量与保护、报警等功能。由于该设备采用了高压电容调压、补偿技术,使脱水装置在原油含水率大于 50%、出现水淹电极时仍能连续工作。自动调压能避免过电压击穿绝缘棒的危险。

3)原油脱水系统监控要求

原油脱水系统自动控制要求：

(1)脱水器监控：检测脱水器原油温度、压力、油水界面高度，自动控制放水阀开度，实现自动放水，保持油水面稳定。

(2)压力沉降罐监控：控制沉降罐油水界面，实现自动放水，保证油水分离的效果。

(3)破乳剂加药量控制：根据来油含水率，自动调节加药泵加药量。

(4)加热炉监控：监测加热炉烟道含氧量与温度，实施风量调节，使燃料燃烧充分；自动控制被加热原油的出口温度，保证脱水及外输工作需要；对加热炉燃油的计量。

(5)净化原油计量：外输流量精密计量，为原油外输提供数据。

(6)缓冲罐监控：检测缓冲罐液位，通过改变输油泵变频器频率，实现缓冲罐液位自动控制。

(7)泵机组状态及电动机参数测量。

3. 原油稳定系统

在油气集输过程中，对油气的加热、降压、储存处理为原油中轻烃挥发提供了良好的条件。对于未做到密闭集输流程来说，原油在敞口储罐中的蒸发损耗很大，约占总损失的40%左右。

原油稳定是为了降低油气集输过程中原油蒸发损耗而采取的一种有效措施。通过原油稳定工艺，把原油中挥发性强的轻烃脱除出来，降低原油在常温常压下的蒸气压。脱出的轻烃经过加工制成液化石油气和轻质油，可以作石油化工的重要原料，也可作民用的洁净燃料。

实现原油稳定有多种方法，如负压闪蒸稳定法、加热闪蒸稳定法、多级分离闪蒸法和分馏稳定法。本文仅介绍我国应用较多的负压闪蒸稳定法。

负压闪蒸稳定法是在负压条件下尽可能实现一次性平衡汽化，如图1-21所示。经过电脱水器后的低含水原油进入稳定塔，经压缩机抽气将稳定塔压力降低，形成负压状态($-0.03\sim0.04$MPa)，为进料原油闪蒸脱气创造条件。原油中的轻组分，尤其是$C_1\sim C_5$组分从原油中蒸发出来，从塔顶抽出，经压缩机加压后冷凝成液体，经过分离器分离出来。稳定后的原油聚集塔底，经外输油泵送至油罐储存。

经压缩机压缩后的高温气体，还要分离出气、轻烃与水。为进一步分离创造条件，必须由水冷凝器对高温气体进行冷却降温。三相分离器分离出的天然气送至天然气处理站进行二次加工。

三相分离器的作用是保护压缩机，防止压缩机进液产生水击而损坏。在气态烃进入三相分离器时已经得到冷凝器冷却，由于流速急剧下降，使其中所含的液体分离出来，并聚集在分离器底部。这部分液体分为水和轻烃凝析液两相。轻烃由外输泵输至轻烃储罐。放出的水至污水处理系统。

负压闪蒸分离效果取决于蒸发面积和闪蒸时间，为此必须保持进料均匀。负压稳定塔采用筛板塔，塔内设多层筛板，增加闪蒸面积，延长闪蒸时间。使原油均匀喷洒下来，提高了原油的分散度，利于脱气。

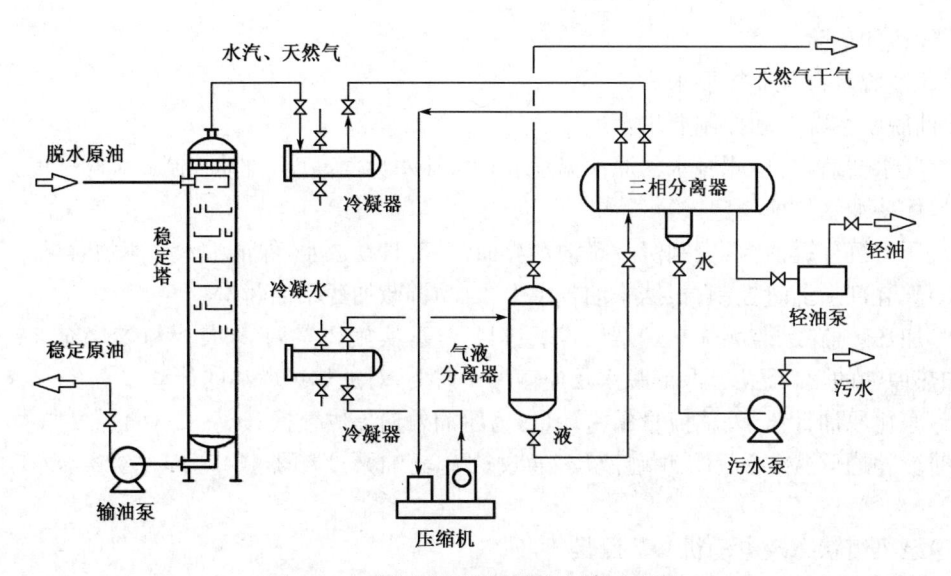

图1-21 原油负压闪蒸稳定原理流程图

由于条件限制或经济上的原因,在不宜采用上述稳定方法时,为了减少油品的蒸发损耗,回收部分易挥发的轻烃,可以采用如图1-22所示的储油罐密闭抽气法回收烃蒸气流程,使储存原油达到一定程度的稳定。

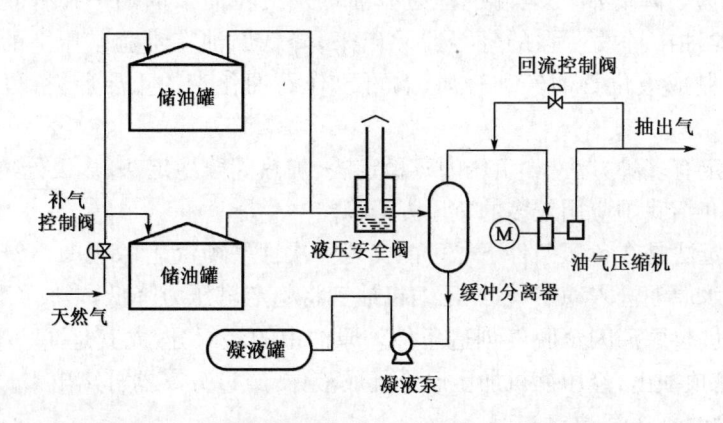

图1-22 储油罐密闭抽气法原油稳定原理图

通过抽气压缩机将储油罐中自然蒸发的油气抽出,使油罐维持较低的压力,抽出的油气经缓冲分离罐进行油气分离,气体经压缩机压缩后送往天然气处理站,分离出液体通过凝液泵打回到储油罐或轻烃储罐。

常用的立式钢质储油罐是一种微压容器,其承压能力一般在 $-500\sim 2000Pa$ 之间。储油罐抽气稳定工艺中,关键是通过回流控制阀,调节压缩机的抽气量,控制合适的罐内压力。罐内正常工作压力控制在 $100\sim 200Pa$ 之间,回流阀的动作压力一般为 $100Pa$,自动停机压力控制在 $100Pa$ 左右,补气阀动作压力通常为 $50Pa$。

为了确保抽气过程中储罐的安全,流程中设有安全阀、紧急放空阀,抽气压缩机能按给定的压力自动启动、自动停机。其中,安全阀的动作压力一般比储油罐的试验压力的正压力低

500Pa,比其负压力高200~300Pa;紧急放空阀的给定压力一般比安全阀的正压动作压力低200~500Pa。另外,储罐与储罐之间的抽气管线应连通,抽气管线的敷设坡度应不小于0.3%,并应有可靠的防冻堵和排液措施。

原油稳定系统自动控制要求:
(1)由脱水站来的原油经流量调节系统控制进入稳定塔,以保证负荷稳定。
(2)塔顶负压调节,维持闪蒸负压力。
(3)压缩机进出口压力及温度检测,压缩机组的超限报警与超危险限自动停车,压缩机防喘振控制。
(4)塔底液位控制系统,保持塔底液位高度一定。
(5)稳定塔进料原油温度与压力、塔顶温度与负压力、泵出口原油温度与压力参数采集,塔底液位上限及下限报警,液位超高、超低 ESD 保护。
(6)三相分离器天然气压力调节;轻烃界面、水界面调节。

4. 轻烃处理系统

油田的轻烃生产,是将油气集输工艺过程中的油气分离和原油稳定等环节所得到的油田伴生气,进一步加工,分割为以戊烷(C_5)以上组分为主的轻质油、以丁烷和丙烷(C_4 和 C_3)为主的液化石油气、以甲烷和乙烷(C_1 和 C_2)为主的干气。

我国各油气田的轻烃回收装置大多采用冷凝分离,这种方法具有适应性强、投资低、效率高、操作方便等优点。

冷凝分离法是利用原料气中各组分冷凝温度不同的特点,在逐步降温过程中,将沸点较高的烃类冷凝分离出来。然后通过一定的精馏方法,将凝液稳定、切割成所要求的产品。

按冷凝深度不同,冷凝分离法分为浅冷(-20℃左右)和深冷(-100℃)两种;按冷凝分离提供冷源方式的不同,分为外加冷源法、自制冷法和混合制冷法。

冷凝分离法轻烃回收流程一般由六个单元组成,如图1-23所示。

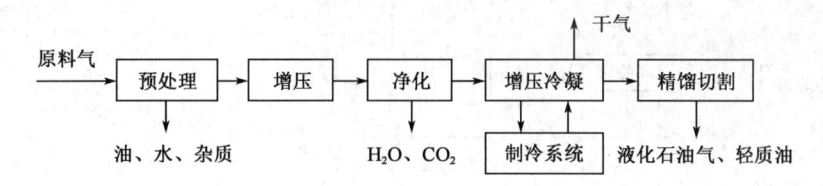

图1-23 冷凝分离法轻烃回收工艺原理

冷凝分离工艺过程主要有以下六个步骤:
(1)原料预处理:除去原料气中夹带的油、游离水和泥砂等杂物。
(2)原料气增压:实现冷凝分离,必须首先进行增压,在一定压力下将气体逐渐降温,使其中沸点较高的重组分先冷凝出来。
(3)净化:目的在于脱去气态 H_2O 和 CO_2 等成分,防止冷凝过程中,由于温度过低在管道或设备中出现冰堵。
(4)冷凝分离:净化后的气体在换热设备中降温,其中的重组分冷凝出来,也会夹带一部分轻组分。经冷凝后物料分成两路:一路是以甲烷 C_1、乙烷 C_2 为主的干气;另一路是分离回收的轻烃,其中包含一定数量的丙烷 C_3、丁烷 C_4。

(5)制冷:制冷系统为冷凝分离提供冷源。对于采用外加冷源的浅冷回收装置,由单独的制冷系统提供冷量;对于采用膨胀机自制冷的回收装置,制冷系统与冷凝分离流程相结合。

(6)凝液稳定、切割:脱去 C_1 和 C_2 后,凝液中还含有 C_3 和 C_4。因 C_3 和 C_4 的沸点较低,它们的存在会使轻油不稳定,对储存和使用不利,需将轻油进一步稳定,脱去 C_3 和 C_4。稳定操作一般在精馏塔内进行,塔顶产品是液化石油气(C_3 和 C_4),塔底为稳定轻油。

冷凝分离的关键是制冷和换热。根据制冷原理的不同,常用的有蒸发制冷和膨胀制冷两种形式。

(1)蒸发制冷。

蒸发制冷是利用制冷剂的蒸发吸热效应,使原料气冷却。目前,轻烃生产中常用的制冷剂是氨。氨具有沸腾温度低,单位容积制冷量大,导热系数大,汽化潜热大,节流损失小,来源广,价格低,发生漏气现象时易发现等优点。但氨有刺激味道,具有一定的毒性,与空气混合成一定比例后有发生爆炸的危险。

根据氨制冷剂蒸发方式的不同,蒸发制冷又可分为压缩制冷和吸收制冷两种形式。

利用氨压缩制冷的轻烃生产工艺流程如图 1-24 所示。

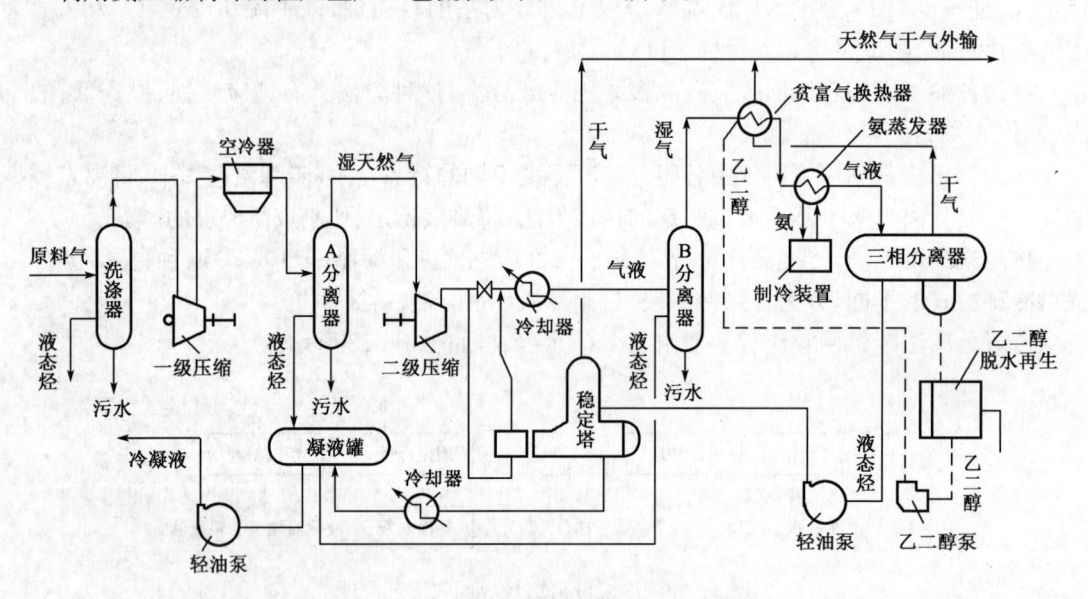

图 1-24 氨压缩制冷轻烃生产工艺流程图

该流程属于浅冷流程,原料气的冷却温度一般可达 -25℃,能从原料气中回收 60% 左右的 C_3 组分。

原料天然气经洗涤器初步分离部分液烃及水后,经过压缩机一级压缩—空气冷却—一级分离—二级压缩后,天然气温度较高,经稳定塔换热及水冷器冷却后,天然气、液经过二级分离器分离出部分液烃。分离后的湿气先在贫富气换热器中与冷干气换热降温后,再进入氨蒸发器中进一步冷却至 -25℃。为了避免湿气凝结,需要在换热前的天然气管内注入浓度为 80% 的乙二醇溶液。从蒸发器出来的由天然气、轻烃凝液和乙二醇溶液组成的混合流体,进入三相分离器分离。分离出的气体经贫富气换热器与富气换热后外输,乙二醇溶液去再生系统再生重复使用,轻烃凝液进稳定塔稳定后打入凝液罐。

(2)膨胀制冷。

单级膨胀制冷轻烃生产工艺流程如图1-25所示。

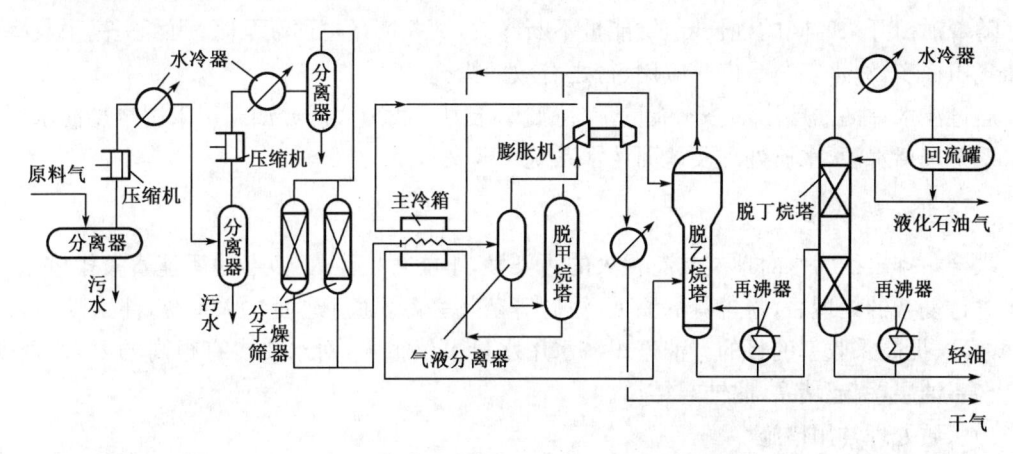

图1-25 单机膨胀制冷轻烃生产工艺流程图

工作时,经过两级压缩、冷却、气液分离、干燥后的净化原料气,在主冷箱内与从脱甲烷塔、脱乙烷塔顶部出来的贫气和脱甲烷塔底部出来的液烃进行热交换,被冷却到-23℃后进分离器;在分离器中分离出来的液烃作为脱甲烷塔的进料,气体进膨胀机膨胀并推动膨胀叶轮—增压叶轮高速旋转。膨胀后的气体压力急剧下降、温度迅速降低实现制冷。脱甲烷塔底部的液烃经主冷箱换热后作为脱乙烷塔的底部进料;从脱甲烷塔和脱乙烷塔顶部出来的气体,经主冷箱换热后进膨胀机增压端,经水冷器换热后外输。从脱乙烷塔底部出来的液烃进脱丁烷塔分割为液化石油气和轻质油。

膨胀制冷是一种无外冷源的自制冷方式,其制冷量的大小受到系统的操作压力和膨胀设备效率的制约。为了达到需要的制冷量,而采用两种或两种以上的制冷方式联合制冷的工艺称为复合制冷。目前,常用的有丙烷—乙烷重叠式制冷、丙烷蒸发预冷与膨胀机膨胀联合制冷等工艺。

轻烃处理系统自动控制要求:

(1)油气分离器液位调节,保证液体不进入压缩机;出口天然气流量检测,分离器出口压力及温度检测。

(2)压缩机监测:压缩机入口压力及出口压力、温度检测,入口压力过低保护、出口与入口之间差压低报警、压力过低保护,润滑油过滤器差压高报警等。压缩机驱动电动机定子温度检测与报警。离心式压缩机防喘振控制。

(3)空气冷却器出口温度调节。

(4)分离器液位控制;上部气体压力控制。凝析液面、轻烃液与冷凝水界面调节系统,维持一定的轻烃与水界面。

(5)稳定塔、脱甲烷塔、脱乙烷塔控制系统:脱出气体的稳压控制;塔底液位控制;再沸器温度控制。

(6)氨压缩制冷部分测控系统:原料气制冷温度调节,节能器液位调节;氨蒸发器的液位调节,维持一定液位,保证蒸发液面积恒定。

四、污水处理系统与地面注水系统监控要求

随着油田开采时间的延长,地层能量不断释放,油井产量也逐渐下降,为了提高采收率,保持油气田稳产,注水工艺是广泛应用、行之有效的措施。

通过注水井向油层注水补充能量,保持油层压力。我国大部分油气田采用早期注水开发。注水系统包括水源、水质处理及地面注水系统。

1. 污水处理系统

联合站排出的污水对地层具有很大的污染性,不能直接注入地层,也不能直接排放。一般需要进行复杂的处理后,将含有的原油、泥砂等杂物去除,通过地面注水系统,注入地下,起到驱动油藏、提高采收率的目的。油气田注水用水量不仅很大,对水质也有很高的要求,否则注水会伤害油层,引起堵塞、腐蚀与结垢。

1)水质处理常用措施

含油污水处理的目的主要是除去油及悬浮物,处理过程一般包括沉淀、撇油、凝絮、浮选、过滤,加抑垢、防腐、杀菌剂等化学药剂。

沉淀:在沉淀池、罐中用较长的时间沉淀,使机械杂质凝聚并下沉之底部。为加速沉淀常常加入聚凝剂,如硫酸铝、硫酸铁、三氯化铁、偏铝酸钠等,当水的pH值为一定值时絮凝效果好。

过滤:采用压力过滤器除去水源中少量很细的悬浮物和细菌。

杀菌:地面水源常含有藻类、铁细菌及硫酸盐还原菌。为防止堵塞油层、腐蚀管柱,常用氯或其他化合物杀菌。除杀菌剂外还加防腐剂、表面活性剂、破乳剂。

脱氧:氧是造成系统腐蚀的主要因素,常用化学脱氧剂如亚硫酸钠、二氧化硫、联氨等去氧;利用天然气对水进行逆流冲刷除氧。

曝晒:通过曝晒使水源中大量的过饱和碳酸盐沉淀。

2)污水处理流程

污水处理常用流程有重力式、压力式、浮选式流程,分别如图1-26、图1-27、图1-28所示。其区别是前期除油工艺不同,后期污水过滤、反冲洗工艺基本相同。

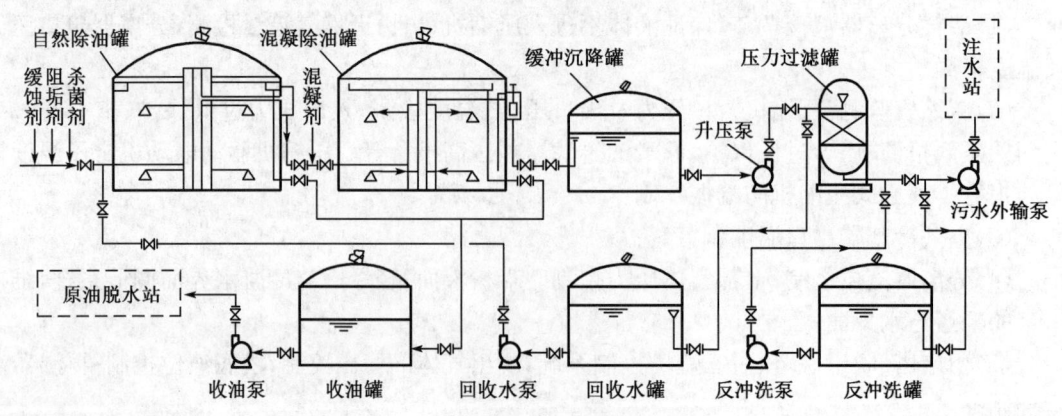

图1-26 重力式含油污水处理站流程

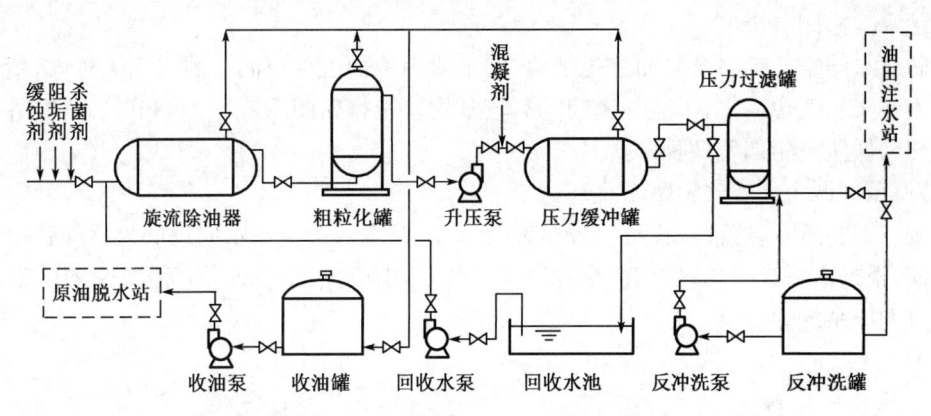

图 1-27　压力式含油污水处理站流程

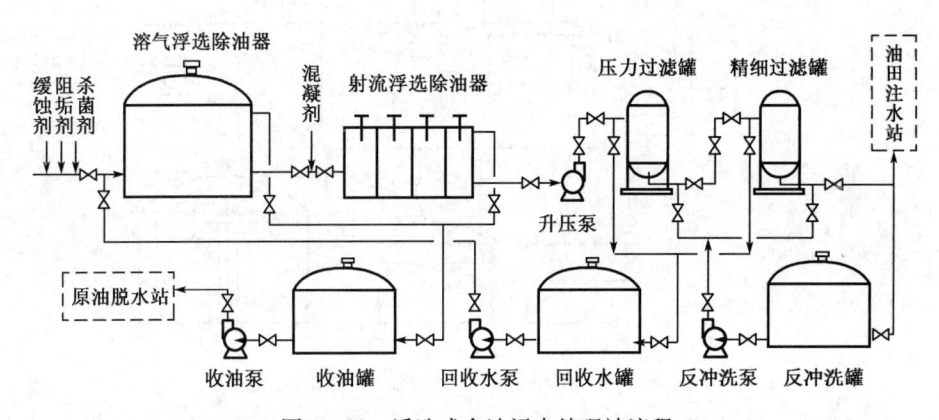

图 1-28　浮选式含油污水处理站流程

(1)重力式含油污水处理流程。

分离、脱水装置送来的含油污水进入自然除油罐,污水中的原油经沉降分离,浮至罐上部由集油槽收集,浮油流入收油罐,用收油泵送至脱水装置与原油一起脱水。

除油后污水加入混凝剂溶液后将较大直径的机械杂质沉淀至罐底,沉降后污水经缓冲、升压泵升压,打到压力过滤罐,经过滤料层(核桃壳、纤维球、陶粒等)、支撑介质(砾石垫料层),过滤后的污水杂质含量小于 2mg/L,经过外输水泵打到注水站作为注水用水。

经过一段时间的过滤,过滤层阻力加大,必须按一定时间周期对压力过滤罐进行反冲洗处理。反冲洗时,将反冲洗罐存储的洁净水通过反冲洗泵由下向上通过压力过滤罐,将滤层上的杂质、油滴从压力过滤罐中冲洗出来,进入回收水罐沉淀出来。过滤后的水通过回收水泵打回到自然储油罐重新处理。

(2)压力式含油污水处理流程。

脱水装置送来的含油污水,具有较高压力,直接进入旋流除油器除油。为了提高沉降净化效果,在压力沉降之前增加一级聚结(亦称粗粒化)过滤器,使油珠粒径变大,易于沉降分离。

(3)浮选式含油污水处理流程。

采用溶气浮选除油,采用射流浮选取代混凝沉降设施,通过由下而上的细微空气泡将污水中的油珠带到液面上来与污水分离。

3)污水罐密闭氧措施

为防止水与空气接触含氧而滋生细菌,污水罐内液面上部空间一般采用天然气、惰性气体气封。由于天然气源易得,天然气密闭隔氧较常用。根据密闭系统压力调节方式的不同,有调压阀调压和低压气柜调压两种形式。

(1)调压阀调压天然气密闭系统。

如图 1-29 所示,这种流程可实现单罐调压,即在进入每座污水储罐的天然气管道上设补气调压阀,根据需要进行单罐补气;也可以实现统一调压,对污水站所有需要密闭的设备集中设置补气调压系统。

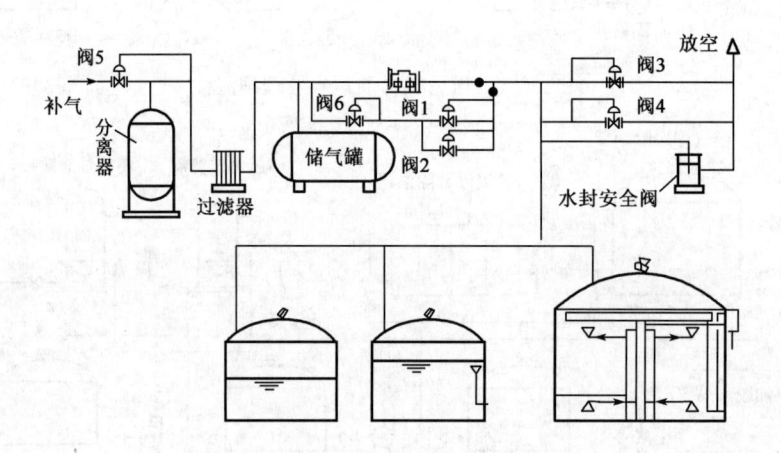

图 1-29 调压阀调压天然气密闭系统流程

天然气源经过滤,调压阀 5、阀 6 稳压,在封气压力降低时打开补气阀 1、阀 2,关闭排气阀 3、阀 4 进行补气;当封气压力过高时关闭补气阀 1、阀 2,打开排气阀 3、阀 4 放气。当调压系统失效、压力超出安全控制压力时,水封安全阀起作用,克服水封压力进行紧急补气、放气。

合理确定密闭系统的补气压力、补气量和排气压力、排气量等参数,是保证密闭系统正常有效工作的前提。

补气压力是指调压系统开始补气时的最低压力,其大小由被密闭设备的承压能力和调压器的性能确定。为了避免出现频繁补气与排气的现象,补气压力和排气压力要有一定的差值,补气压力一般为 0.5kPa,排气压力通常定为 1.5kPa。

(2)低压气柜调压天然气密闭系统。

低压气柜调压天然气密闭系统流程如图 1-30 所示。

系统将浮顶的储气柜与需密闭的污水罐上部空间连通,形成一个密闭的系统。靠气柜浮顶的升降实现天然气补气、放气,稳定封气压力,这种密闭运行中一般不排气。

低压气柜密闭系统的操作压力由气柜浮顶重量、天然气排出管的压力损失、被密闭容器的承压能力等参数确定,一般不超过 2kPa。气柜的有效容积应能保证在补气量最大的情况下有足够的天然气供给。

4)污水处理系统监控要求

污水处理系统的自动化主要包括以下内容:

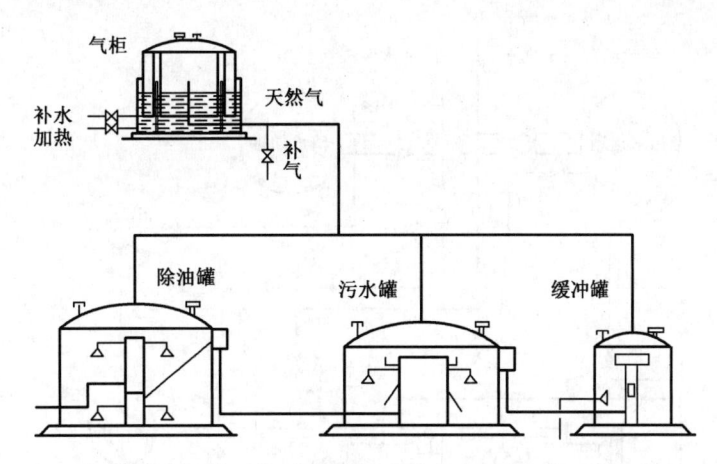

图 1-30　低压气柜调压天然气密闭系统流程

(1)参数检测:各水罐的液位与压力、泵进出口压力、压力过滤器进出口差压测量;水质参数测量。

(2)超限报警及保护:各水罐的液位超限报警、压力过滤器的差压过高报警,各种水罐液位超高及超低自动保护。

(3)参数控制:罐内液面上部气封天然气压力调节,储水罐液位调节,滤罐周期性自动切换,旋流分离器进出口差压比值调节等。

2.注水站

地面注水系统由注水站、配水间和注水井组成。水源水经处理达到注水水质标准后,被送到注水站。

注水站的主要作用是将来水升压,满足注水井的压力要求。站内流程主要考虑满足注水水质、计量、操作管理要求。

1)注水站内工艺流程

注水站内工艺流程以注水泵为中心,主要考虑满足注水水质、计量、操作管理及分层注水等方面的要求。

储水罐为注水泵储备一定水量,防止因故停水、供水管网压力不稳,影响注水泵正常工作。储水罐还可以起到沉降固体颗粒物质、分离污水中油的作用。

利用储水罐水位高差或经供水泵加压后,进入注水泵升压。为测试注水泵性能和外输水量,一般都在泵进口前设置流量计量仪表,泵出口设置止回阀和控制阀。为测试注水泵性能和平稳启动注水泵,控制阀前设有回流管道,控制阀后设有高压阀组,如图 1-31 所示。经升压后的水由高压阀组分配到各条注水干线或配水间。

在注水系统中,从注水站至每口注水井之间设置配水间,通过配水间将高压水分配至每口注水井,并对每口注水井的水量与压力进行测量。注水压力与流量也是油藏动态分析的重要参数。

2)注水站组成

(1)供水系统:包括储水罐、供水管网、泵机组、进口过滤器、低压水表、加压泵、高压水管网及阀组。

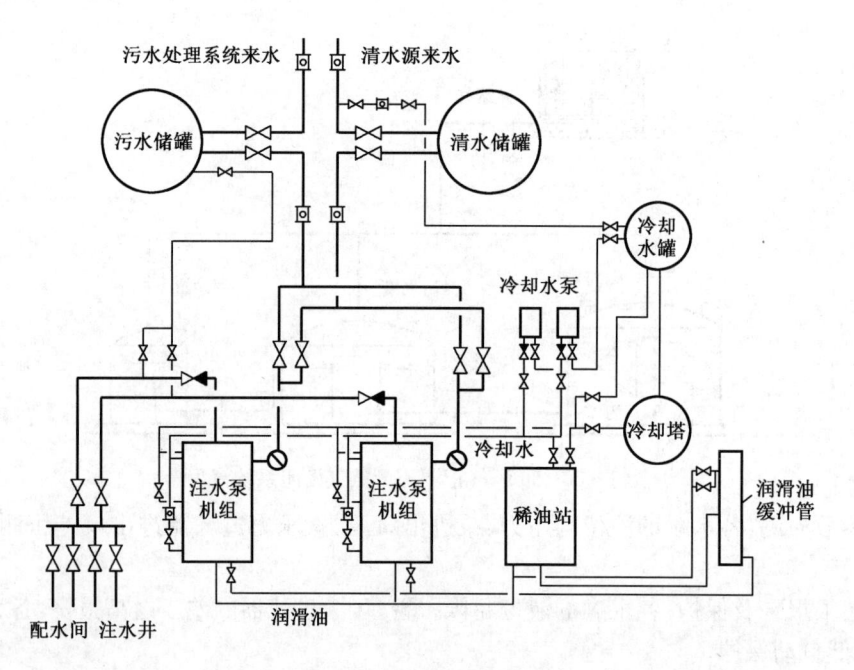

图1-31 注水站流程示意图

(2)供配电系统:包括高压油开关、高低压配电柜、控制柜、电动机等。

(3)冷却系统:包括冷却水泵、冷却水管网、冷却塔、冷却水罐等。

(4)润滑油系统:包括储油箱、滤油机、润滑油泵、冷却粗滤器、润滑油管线、润滑油阀门、事故高架油塔、总油压和分油压表等。

(5)保护系统:包括低水压、低油压保护以及润滑油泵自动切换。

(6)排水系统:包括水池、排水泵、管线及阀门等。

当清水和含油污水混注时,为防止注水泵和管网结垢,在水罐出口处还设有投加阻垢剂、杀菌剂的加药装置。

注水站的核心设备是注水泵,注水站其他辅助设施都是围绕着注水泵工作的。注水泵一般采用多级离心泵或柱塞泵。这些泵大多是多台并联的大型机泵组。有些注水泵在入口要设置增压泵,以提高注水泵进口压力,满足注水泵吸入特性要求。此外,这种大型机泵组还要求润滑系统及冷却系统,以保证其正常工作。注水站工艺流程中还有将高压水向各配水间分配的分水阀组。

注水泵机组电动机功率在几百到几千千瓦,是油气田用电大户之一。从节能方面考虑,采用调节泵转速实现注水流量和注水压力最为经济。但大功率注水泵用电动机输入电压很高(6kV、11kV),高压大功率变频调速器(VFD)价格高昂。对于备有增压泵的注水泵,可以根据出站压力,调节增压泵转速的方法进行控制,主注水泵机组以恒定转速工作。这种控制方法一般成为"泵控泵"技术,节能效果明显。

3)注水站监控要求

注水站自动化的主要内容:

(1)储水罐的液位测量,液位高、低报警;进站水量计量。

(2)注水站出口压力调节是系统测控的主要内容。

(3)注水泵机组监控参数:电动机绕组温度、电动机与泵的轴承温度、机泵轴振动(轴向窜动、垂直振动、横向振动)、润滑油压力、温度、冷却水温度等。当这些参数达到一定数值报警,超出危险值时立即停车。

(4)辅助系统控制,包括冷却系统、润滑系统中参数监控与调节系统。

3.配水间

配水间是用于调节、控制每口注水井注水量的,其主要设施是分水器,分为正常注水和旁通备用两部分。配水间一般分为单井配水间和多井配水间两种。图1-32为多井配水间流程。

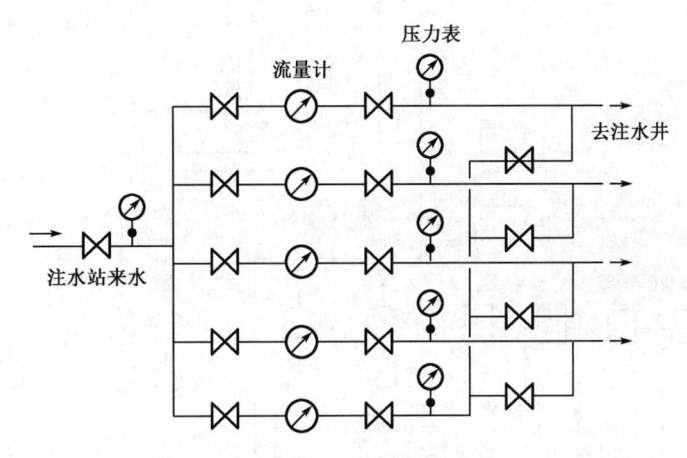

图1-32 多井配水间流程图

配水间自动化的主要内容:
(1)配水间总压力测量与压力过低报警。
(2)每口井的压力与流量测量。

对于自动化程度较高的油气田,每个配水间备有远程终端单元RTU,除了起数据传输作用外,可以根据每口注水井工艺要求调节注水量。

(3)配水间管汇总压及注入每口水井的压力与流量测量。

4.注水井

注水井是注水系统的终端设备,注水井要承受几十兆帕的高压。井口装置要能够满足油管注水、套管注水及混合注水要求,能够实现正洗井、反洗井工艺。注水生产过程中,需要实时测量油管、套管压力,完成正常生产试井(如测量井下压力和温度,分层测试注水量,井下取水样);能满足增注措施的实施,如压裂、酸化或选择性堵水等作业要求。

五、油库监控要求

油库是油气田地面生产系统的终点,承担整个油区原油的收集、储存、外输与计量任务,是协调原油生产、原油加工及长输管道的纽带。大型油田设有多个油库,而小型油气田的油库常常设在联合站内。此外,长输管道的首、末站也设有相当规模的油库。

一般油库按作业要求分为储油区、装卸区、辅助生产区。某油库工艺流程如图1-33所示。

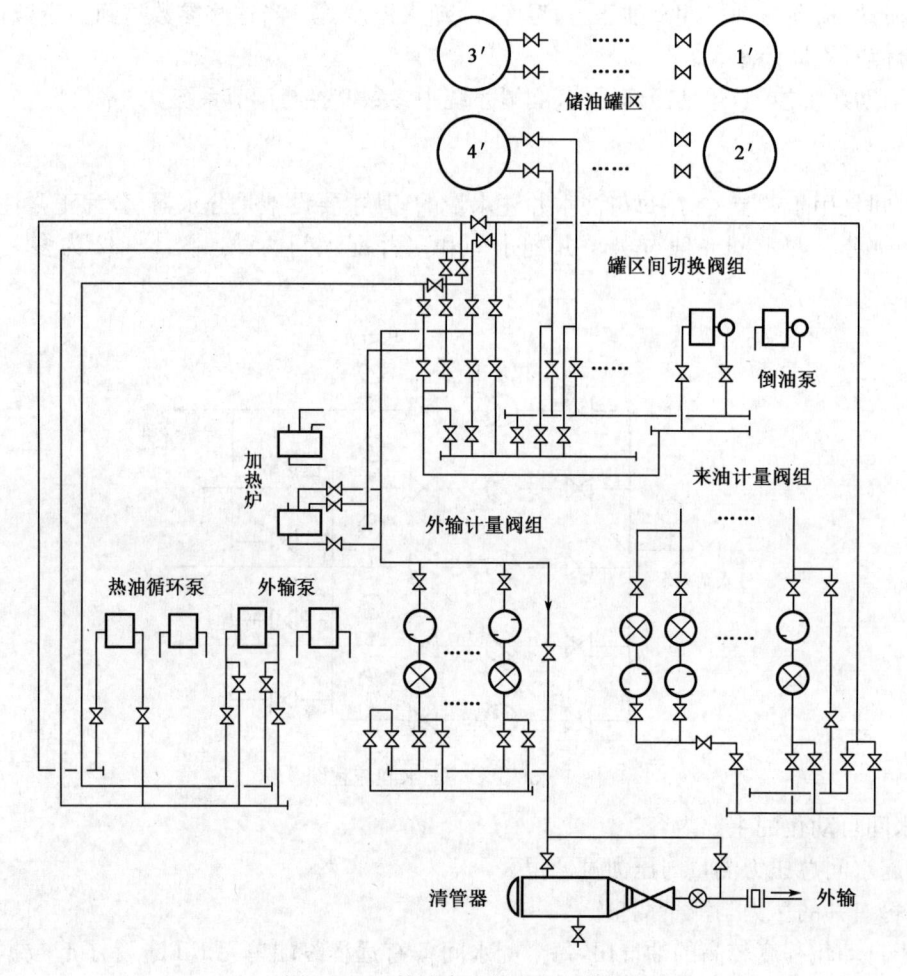

图1-33 某油库工艺流程示意图

1. 储油区

储油区主要设备是储油罐。围绕油罐还有来油阀组、罐区间切换阀组、外输阀组,用于解决来油如何进罐、进哪个罐,外输从哪个油罐出油,油罐之间油相互倒罐等。油罐的管道大多采用双管系统,一管进油,一管出油。

2. 装卸区

装卸区是原油进出油库的操作区,不同的外输方式配备不同的设备与装置。主要设备是泵房。

3. 辅助生产区

为保证油库的安全生产、正常作业,需要一些辅助设施,主要包括锅炉、加热炉、变配电间、消防泵房、倒油泵房、机修间、化验室、污水处理、避雷设施、阴极保护等。

4.监控要求

油库自动化的主要内容：
(1)油库来油、外输与库存量计量。
(2)油罐区自动化：包括油罐液位及温度测量；流程自动切换与倒罐控制；油罐气密闭控制等。
(3)装卸区自动化：实现流程自动切换控制。
(4)加热炉、锅炉自动化。
(5)消防系统自动化。

六、长输管道监控要求

长输管道是油气田原油外输的主要方式，与公路、铁路、水路外输相比，具有许多优点。例如，运输量大，运费低，能耗少，密闭安全；管道埋在地下，少受自然灾害影响；占地少，便于管理，易于实现远程监控。因此，长输管道适于大量、单向、定点输送石油流体，在国内外广泛应用。

1.长输管道工艺流程

长输管道是由输油站及输油管道两大部分组成，如图1-34所示长输管道组成示意图。

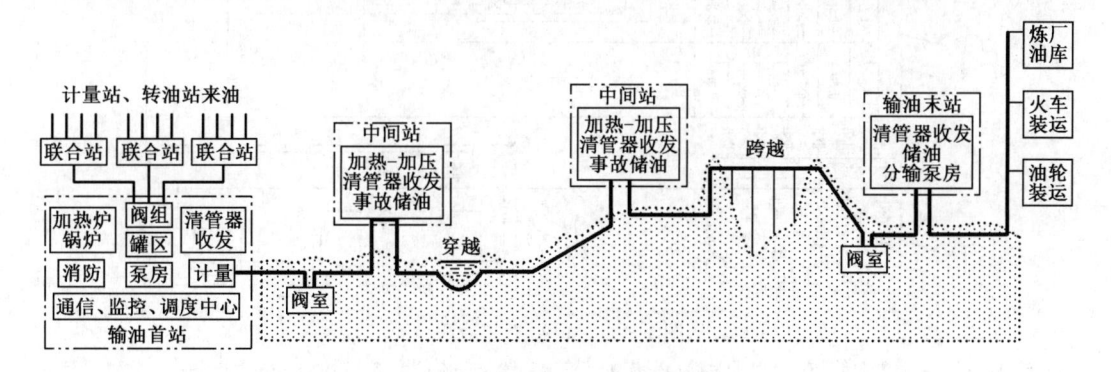

图1-34 长输管道组成示意图

位于管道起点的输油站称首站，它的任务是收集油气田来油并予储存，经计量、加压向中间站输送。

原油在长输管道输送中，要克服地形高差及摩擦阻力损失，压力逐渐下降，油温不断下降。为保证正常输油，需要沿途设置中间输油泵站继续加压、加热，直到末站。

末站是长输管道的终点，接收管道来油并向用户供油，必须具备较大的储油能力和准确的计量能力。

输油首站、中间站、输油末站都布置有清管器收发装置，通过周期性发送清管器，将管道中沉积的蜡质、油砂等清除，保证管道输送质量。也可通过清管器收发装置发送管道检测设备，沿途检测管道腐蚀情况，保证管道安全。

长输管道为满足沿线地区用油，可在中间站分出一部分油输至用户，也可以在中途接收附近油气田来油输往终点。在这种情况下，中间站功能增加。此外，各输油站设有仪表控制、线路阀室、通信机务、阴极保护、清管、供热及生活设施。长输管道每隔一定距离设有截断阀,在大型穿越物两端也设有截断阀,若发生事故能及时关闭,以减少漏油。

长输管道输油系统是一个整体,任何一个站或一个干线截断阀的操作都会影响到全线调配。因此,长输管道要求设立一套全线监控与数据采集系统(SCADA),每个站或截断阀设置远程测控单元(RTU),以便及时掌握全线运行动态,实时控制和处理输油过程中的问题。

2. 首站

首站的任务是接收油气田来油并储存、计量、加压、加热、站内循环、正输与反输流程切换、收发清管器等。首站主要由油罐区、计量系统、输油泵房、加热炉组成,如图1-35所示。

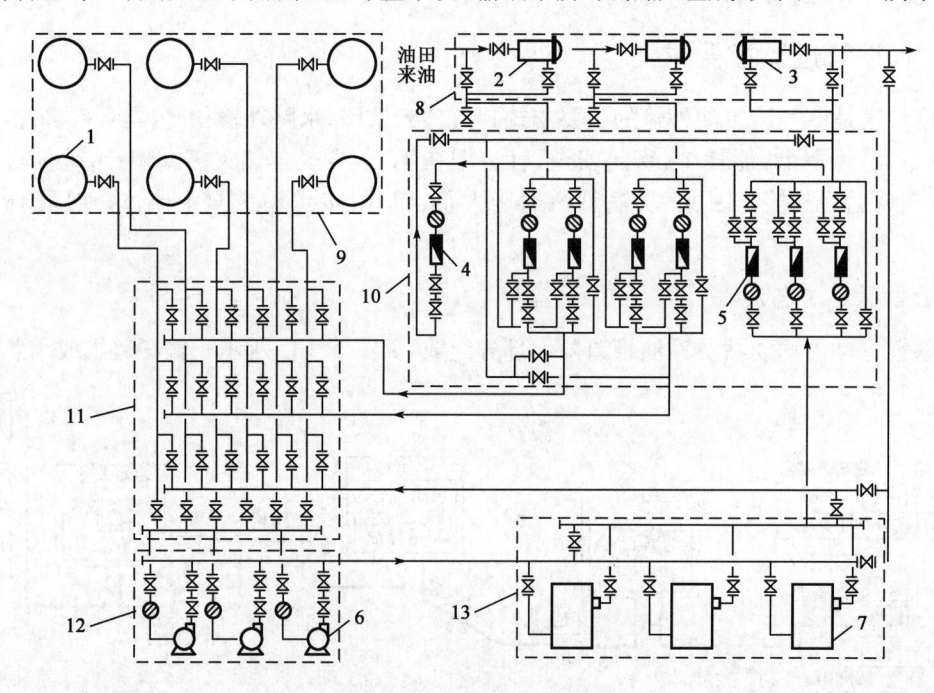

图1-35 首站工艺流程

1—储油罐;2—清管器收筒;3—清管器发筒;4—流量计标定装置;5—流量计;6—输油泵;7—加热炉;8—收发球间;9—罐区;10—计量间;11—阀组间;12—输油泵房;13—加热炉区

油气田来油经计量阀组进油罐。外输时将油罐中原油经阀组由输油泵抽出,进行加压、加热炉加热、计量输至长输管道。输油泵大多采用专门用于输油的多级离心泵。

首站流程可以满足正输、反输及站内循环三种流程。正输是从首站将油输向中间站、末站。反输是因管线破坏穿孔、库存量不允许继续输油情况下,为防止原油在输油管道凝固,从末站用较小的排量反向首站输送。某中间站出现重大事故且处理时间较长的情况下,有时也要反输。

首站自动化的主要内容:

(1) 来油、库存及外输油量计量。

(2) 参数检测:出站压力、温度、环境温度等工艺参数;输油泵、加热炉、油罐等有关参数检测。

(3)输油泵机组自动启停(就地或远程)、机泵组监控与保护。
(4)加热炉原油出口温度调节。
(5)清管器发送—接收控制。
(6)消防系统自动化。

3. 中间站

图1-36是一种典型的中间热泵站密闭输送工艺流程。上站来油进站后用加热炉升温,输油泵对来油加压后输往下一站。

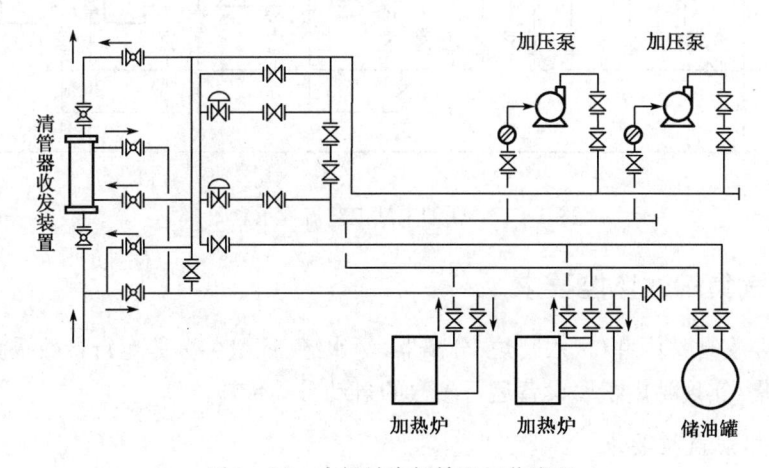

图1-36 中间站密闭输送工艺流程

中间站流程包括正输、反输及越站输送,越站输送包括热力越站(不经加热炉)、压力越站(不加压)及全越站。

中间站自动化的主要内容：

(1)参数检测:进站压力与温度、出站压力与温度、流量,设备参数与环境参数同首站。
(2)输油泵及加热炉监控。
(3)清管器收发控制。
(4)消防自动化。

4. 末站

输油终点的输油站称输油末站,其任务是接收管道来油,向炼油厂或铁路、水路转运。末站设有较多的油罐,以及用于油品交接的较准确的计量系统。输油末站工艺流程如图1-37所示。

长输管道末站功能类似油库,收集管道来油、伴热储存、计量外销、站内循环、接收清管器、反输作业等。

末站自动化的主要内容：

(1)油罐参数检测。
(2)外销计量,精度要求为±0.35％甚至更高。
(3)加热炉测控。
(4)流程切换与清管器接收控制。

(5)消防自动化。

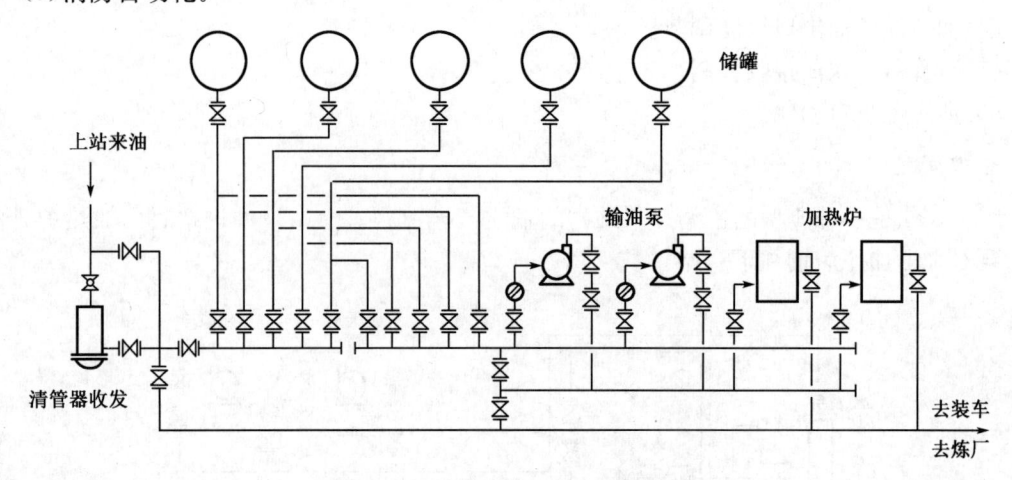

图 1-37 输油末站工艺流程示意图

七、天然气集气站监控要求

集气站主要实现站内井口、水套炉、分离器、污水罐、计量装置等运行参数采集及可燃气体探测器参数采集，实现站内主要设备运行参数的自动采集传输。

1. 水套加热炉监控要求

(1)进水套炉前端温度检测。
(2)进水套炉前端压力检测。
(3)出水套炉后端温度检测。
(4)出水套炉后端压力检测。
(5)水套炉水温检测。
(6)水套炉液位计高度检测。
(7)水套炉供气调压阀后端压力检测。
(8)水套炉燃烧状态火焰探测。
(9)进站压力检测。

2. 分离器监控要求

(1)分离器本体压力检测。
(2)分离器液位高度检测。
(3)出站阀组压力检测。
(4)可燃气体检测报警。

3. 天然气计量监控要求

(1)节流流量计前压力检测。
(2)孔板前后差压检测。
(3)节流流量计天然气温度检测。

八、天然气增压站监控要求

增压机的主要监控要求包括：
(1)一级进气压力检测。
(2)一级排气压力、温度检测。
(3)二级排气压力、温度检测。
(4)压缩机润滑油压、油温检测。
(5)夹套水温度检测。
(6)中冷水温度(辅助水温度)检测。
(7)机组转速速检测。
(8)主要控制机组的紧急停机、加速、减速、加载、卸载控制。

九、天然气脱水站监控要求

三甘醇脱水装置采用可编程控制器(PLC)对橇的工艺参数和设备运行状态进行数据采集、监视、控制，并进行显示、报警及运行参数的设定。主要监控内容为：
(1)对进装置的原料气压力、温度进行检测。
(2)对干气出口压力进行检测和控制，对干气出口温度进行检测。
(3)对吸收塔底部液位、吸收塔差压进行检测和报警输出。
(4)三甘醇闪蒸罐气相出口压力检测和控制、温度检测，闪蒸罐液位检测。
(5)重沸器温度检测及控制，重沸器液位检测。
(6)三甘醇缓冲罐液位检测。
(7)汽提气流量、燃气流量计量检测。
(8)贫富液换热器进、出口温度检测。
(9)精馏塔再生气出口温度检测，富液入口温度检测。
(10)三甘醇缓冲罐富液入口温度检测。

第四节　油气集输自动控制基础知识

一、自动控制系统的基本组成及分类

自动控制是相对人工控制概念而言的，自动控制是指在没有人直接参与的情况下，利用自动装置，使生产过程或设备的工作状态与参数自动地按照预定的规律运行。

对生产过程或设备的自动控制，实现了生产工艺参数从测量、显示、记录到控制以及对生产设备的操作和保护等环节，都用自动装置和仪表来自动完成，从而使生产质量得以提高，并能大大地减少工人的劳动强度；同时，也能更好地保证生产安全，延长设备使用寿命，降低能量消耗和生产成本。

1. 自动控制系统组成

自动控制系统模仿人工控制的观测、分析、执行过程，自动控制系统由检测、控制、执行三个环

节组成。以液位的自动控制为例,如图1-38所示,自动控制系统的自动化装置主要包括三部分。

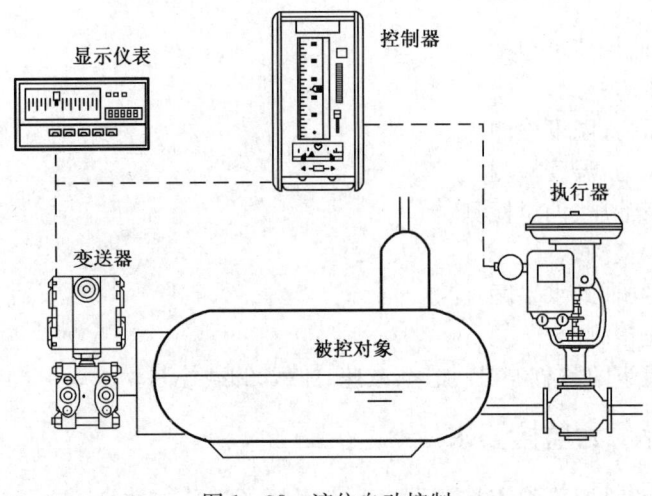

图1-38 液位自动控制

1)变送器

测量液位,并将测得的液位转化成标准信号输出,送给控制器。

2)控制器

接受变送器送来的信号,并与工艺要求的液位高度(给定值)进行比较,计算出偏差的大小,并根据偏差的大小与正负按控制规律计算的结果,发出一按时间变化的控制信号(即操作指令信号)给执行器。

3)执行器

图1-38用的执行器是调节阀。它接收控制器传来的控制信号,改变阀门的开度以改变液体流量的大小,从而完成液位的控制,使被控液位稳定在给定值上。

2. 自动控制系统的分类

自动控制系统有多种分类方法,可按被控变量来分类,如温度、流量、压力、液位控制系统;也可以按控制规律来分类,如比例(P)控制系统、比例积分(PI)控制系统、比例微分(PD)控制系统、比例积分微分(PID)控制系统等。在分析自动控制系统特性时,一般是按照控制的参数值(即给定值)是否变化来分类,即定值控制系统、随动控制系统和程序控制系统。

二、自动控制过程品质指标

在定值控制系统中,人们希望系统的输出保持不变,但干扰是客观存在的,控制系统的任务是使输出尽快回到希望值。研究控制系统的重点是要研究其动态特性。

在生产中,出现的干扰是没有固定形式的,且多属于随机性质。在分析过程中,通常选择典型干扰——阶跃干扰,如图1-39所示,具有突然性、单向性、维持性。如果一个控制系统能够有效地克服这种类型的干扰,那么对于其他比较缓和的干扰也一定能很好地克服。

当系统的输入是阶跃干扰时,系统的动态过程一般是衰减振荡过程,被控变量被干扰作用偏离给定值后,经过一段时间逐渐回到给定值,如图1-39所示。

定值控制系统衰减振荡过程过渡过程的品质指标有以下几种。

1. 余差 C

余差是被控变量新的稳定值与给定值的差值,就是过渡过程终了时的残余偏差,表示静态控制质量高低。

2. 最大偏差 A

最大偏差就是被控变量偏离给定值的最大值。最大偏差值表示工艺状态偏离给定值的程度,最大偏差越大,稳定时间一般越长。所以,生产上要根据工艺情况对最大的偏差值加以限制。

3. 衰减比 λ

衰减比是表示衰减程度的指标,是曲线中前后两个相邻波的峰值之比,即 $B:B'$,习惯上用 $\lambda:1$ 表示。在实际生产中,一般都希望自动控制系统的衰减比为 4∶1。大约振荡 2 个波以后就可以认为是稳定下来了。但是,对于一些变化很缓慢的温度调节过程,一般采用 10∶1 衰减曲线,或以非振荡曲线作为指标,效果可能会更好。

4. 过渡时间 T_S

过渡时间是从干扰开始作用时起到被控变量进入稳态值的 $\pm 5\%$ 范围的时间。过渡时间短,表示过渡过程进行得比较迅速,即使干扰频繁出现,系统也能适应,系统控制质量就高。

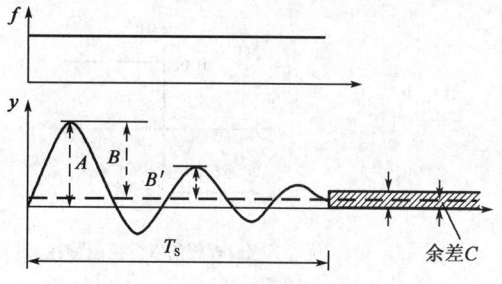

图 1-39 阶跃干扰作用时过渡过程品质指标示意图

三、基本控制规律

控制器总是按照人们事先规定好的某种规律来动作的,这些规律都是长期生产实践的总结。控制器可以具有不同的工作原理和各种各样的结构形式,但是,它们的动作规律却不外乎几种类型,在工业自动控制系统中最基本的控制规律有:位式控制、比例控制、比例积分控制和比例微分控制四种。

1. 双位控制

双位控制是位式控制的最简单形式,如图 1-40 所示。双位控制的动作规律是当测量值大于给定值$+a$ 时,控制器的输出为最大;而当测量值小于给定值$-a$ 时,则控制器输出为最小。$(-a,+a)$为中间区,是偏差不灵敏区。双位控制只有两个输出值,相应的控制机构也只有两个极限位置,不是开就是关。被控变量随时间变化的曲线,是在被控变量的上限值与下限值之间的等幅振荡过程。

对于双位控制系统来说,过渡过程的振幅与周期是有矛盾的,若要求振幅小,则周期必然短,若要求周期长,则振幅必然大。通过合理地选择中间区,应该使振幅在允许的范围内,尽可能地使周期延长。

双位控制器结构简单,成本较低,易于实现,因此应用也很普遍,如仪表用压缩空气储罐的压力控制、管式炉的温度控制等。

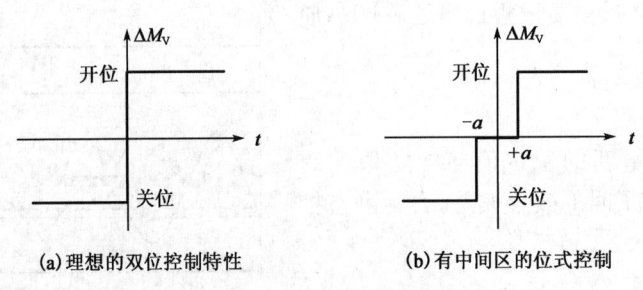

(a) 理想的双位控制特性　　　(b) 有中间区的位式控制

图1-40　位式控制特性

2. 比例控制

比例控制器的输出变化量 ΔM_V 与输入变化量(偏差 D_V)成比例。

$$\Delta M_{VP}=\frac{1}{\delta_P}D_V \tag{1-1}$$

式中　δ_P——控制器的比例度,是放大倍数的倒数。

比例控制作用控制器输入输出关系如图1-41所示。输出与输入同步无滞后。

比例控制规律比较简单,控制比较及时,一旦偏差出现,马上就有相应的控制作用。但有控制输出的前提是偏差不等于零,因此比例控制无法消除余差。

比例控制规律是一种最基本的控制规律,适合于干扰较小、对象滞后较小而时间常数并不太小、控制精度要求不高的场合。

3. 比例积分控制

比例控制总是存在余差,控制精度也不高,这是比例控制的缺点。当对控制质量有更高要求时,必须在比例控制的基础上,再加上能消除余差的积分控制作用。

比例积分控制作用(常用I表示)可用下式表示,控制器特性如图1-42所示。

$$\Delta M_V = \frac{1}{\delta_P}\left(D_V+\frac{1}{T_I}\int D_V\mathrm{d}t\right) \tag{1-2}$$

式中　T_I——积分时间。

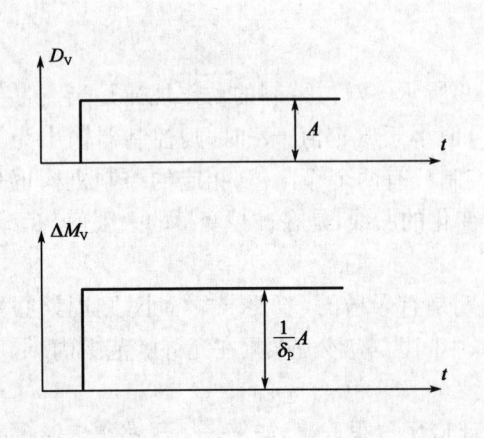

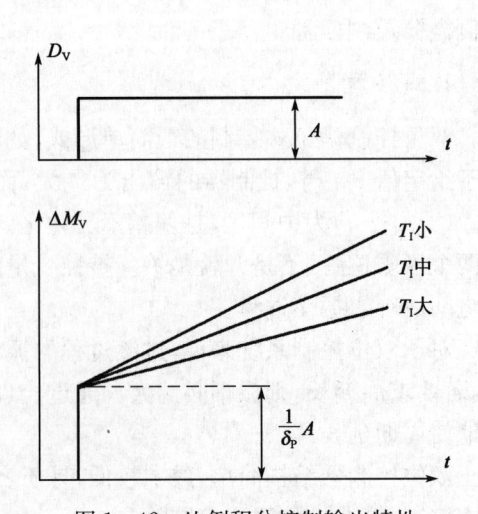

图1-41　比例控制输出特性　　　图1-42　比例积分控制输出特性

积分控制作用的输出一方面取决于偏差的大小，另一方面取决于偏差存在的时间长短。只要有偏差，尽管偏差可能很小，但它存在的时间越长，输出信号就越大。只有当偏差消除（即 $D_V=0$）时，输出信号才不再继续变化，执行机构才停止动作。也就是说，积分控制作用在最后达到稳定时，偏差必须等于零，这是它的一个显著特点。

积分时间 T_I 越小，表示积分速度 K_I 越大，积分特性曲线的斜率越大，即积分作用越强。

采用比例积分控制器时，积分时间对过渡过程的影响具有两重性。在同样的比例度下，缩短积分时间 T_I，将使积分控制作用加强，容易消除余差，这是有利的一方面；但会使系统振荡加剧，有不易稳定的倾向，这是不利的一面。

4. 比例微分控制

微分控制作用主要用来克服被控变量的容量滞后（或称过渡滞后）。

微分控制（常用字母 D 表示）就是指控制器的输出变化量与偏差变化速度成比例，用数学式表示为：

$$\Delta M_V \approx D_V + T_D \frac{dD_V}{dt} \tag{1-3}$$

式中　T_D——微分时间。

控制器输出特性如图 1-43 所示。

如果控制器输入了一个阶跃信号，在输入变化的瞬间，输出突然上升，然后逐渐下降到零，只是一个近似的微分作用。

由于微分控制作用对恒定不变的偏差没有克服能力，因此不能作为单独的控制器使用，在实际中，微分控制作用总是与比例作用或比例积分控制作用同时使用。

在 PID 控制中，有三个控制参数，就是比例度 δ、积分时间 T_I 和微分时间 T_D。适当选取这三个参数值，可以获得良好的控制质量。

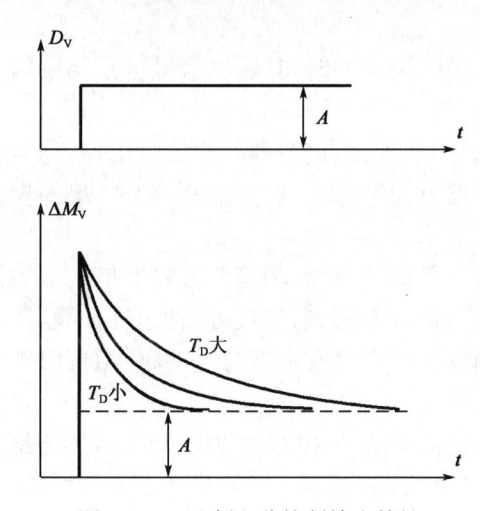

图 1-43　比例积分控制输出特性

四、典型控制系统

在油气集输生产中应用的自动控制系统有两类：一类是基本控制系统，就是由一个变送器、一个调节器、一个控制阀和一个控制对象构成的闭环控制系统，属于单参数、单回路的控制系统；另一类是复杂控制系统，是相对于基本控制系统而言的，是指多参数、两个以上变送器和调节器或两个以上调节阀组成的多回路自动控制系统。

复杂控制系统一般都是从结构最简单的基本控制系统发展起来的。生产过程中，绝大多数控制系统都是基本控制系统。

1. 基本控制系统

基本控制系统，其方框图如图 1-44 所示。如何在实际生产过程中，根据工艺要求，设计、投运、调整优化一个控制系统,是人们工作的重要内容。

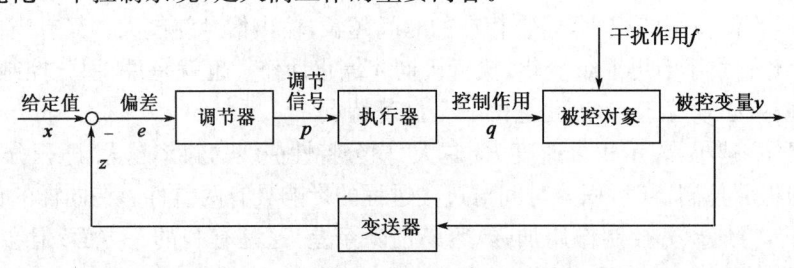

图 1-44 基本控制系统方框图

1) 控制系统的构成原则

自动控制系统是具有被控变量负反馈的系统,也就是说,经过闭环的控制作用后,使原来偏高的参数要降低,偏低的参数要升高。控制的作用必须是与干扰的作用相反,才能使被控变量回到给定值上来。这里,就有一个作用的方向问题。

所谓作用方向,就是指此环节输入变化后,输出变化的方向。在一个自动控制系统中,不仅是调节器,而且被控对象、测量变送器、控制阀都有各自的作用方向,如果组合不当,使总的作用方向构成了正反馈,则控制系统不但不能起控制作用,反而会破坏生产的稳定。所以,在系统投运之前必须注意各环节的作用方向,以组成具有被控变量负反馈的自控系统,达到控制的目的。

对于变送器,其作用方向一般都是"正"的,因为被控变量增加时,其输出信号也是相应增加的。

对于调节器,当被控变量(即变送器送来的测量信号)增加后,调节器的输出也增加,称为"正方向"作用;反之,如果此时输出是减小的,则称为"反方向"作用。这与偏差 $e=x-z$ 的规定正好相反。

对于调节阀,它的作用方向取决于是气开阀,还是气关阀。因为,当调节器输出信号增加时,气开阀的开度增大、通过流量增加,所以是"正方向";而气关阀则是"反方向"。气开阀、气关阀的选择主要考虑故障状态下,调节阀信号中断时阀门(特别是有弹簧的气动阀)的自由阀位有利于减小事故。

至于被控对象的作用方向,则看操纵变量增加时,被控变量(被控对象的输出)是增加还是减小,若被控变量是增加,则被控对象为"正方向",反之为"反方向"。

在确定控制系统的构成方向时,要先确定对象的方向,再确定调节阀的方向。之后根据正—正—反、正—反—正、反—正—正、反—反—反的组合规律,设定调节器的正反方向,即可使系统总的作用方向构成负反馈,达到控制的目的。下面以两个实例来说明。

图 1-45 所示为简单加热炉出口温度控制系统。为生产安全,避免在调节阀的气压源故障突然断气时,炉温继续升高而烧坏炉体,采用了气开阀(气源断气时阀关,停炉),是"正方向"。出口温度(被控变量)是随燃料(操纵变量)的增多而升高的,所以炉子(被控对象)是"正方向"。所以调节器必须"反方向",才能在当出口温度升高时,调节器输出减小使气开式控制阀关小,炉温下降,出口温度下降,回复到给定值上来。

储液罐的作用方向是"反方向",这时,调节器的作用就必须是"正方向"才行。

在一个控制系统中,当从工艺的需要和安全的角度考虑确定了控制阀的作用方向后,对象、变送器和控制阀的作用方向就都确定了,所以剩下的任务就是确定调节器的作用方向,调节器上有"正"、"反"作用开关,在系统投运前,一定要根据前面所讲的原则,确定好调节器的作用方向。

2) 调节器参数的工程整定

所谓调节器参数的整定,就是求得最佳控制质量时的调节器参数值,具体讲就是确定最佳的比例度 δ、积分时间 T_I 和微分时间 T_D。

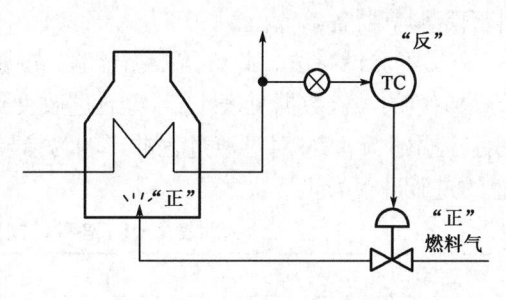

图 1-45 控制器方向确定例图

下面介绍几种最常用的工程整定的方法。

(1) 临界比例度法。这是目前使用较广的一种方法。此法是先求出临界比例度 δ_K 和临界周期 T_K,然后根据经验公式求出各参数。

先把调节器变为纯比例作用(即将 T_I 放在"∞"位置上,T_D 放在"0"位置上),加阶跃干扰后,逐渐减小调整比例度 δ,直到被控参数产生等幅振荡,记下此时的比例度(即为临界比例度 δ_K),并从被控参数记录曲线上测得振荡周期(临界周期 T_K)。取得 δ_K 和 T_K 后,根据表 1-1 中的经验公式计算出调节器各参数整定数值。

表 1-1 临界比例度法数据表

控制作用	比例度 δ(%)	积分时间 T_I(min)	微分时间 T_D(min)
比例	$2\delta_K$		
比例+积分	$2.2\delta_K$	$0.85T_K$	
比例+微分	$1.8\delta_K$		$0.1T_K$
比例+积分+微分	$1.7\delta_K$	$0.5T_K$	$0.125T_K$

表 1-2 4∶1 衰减曲线法数据表

控制作用	比例度 δ(%)	积分时间 T_I(min)	微分时间 T_D(min)
比例	δ_s		
比例+积分	$1.2\delta_s$	$0.5T_S$	
比例+积分+微分	$0.8\delta_s$	$0.3T_S$	$0.1T_S$

表 1-3 10∶1 衰减曲线法数据表

控制作用	比例度 δ(%)	积分时间 T_I(min)	微分时间 T_D(min)
比例	δ'_s		
比例+积分	$1.2\delta'_s$	$2T_S$	
比例+积分+微分	$0.8\delta'_s$	$1.2T_S$	$0.4T_S$

(2) 衰减曲线法。临界比例度法是要使系统产生等幅振荡,容易出现发散振荡的危险,产生不可逆转的生产事故。另外还要多次试凑。而下面介绍的衰减曲线法较之更容易实现。

此法是在纯比例作用下,用改变给定值的办法加入阶跃干扰,调整比例度 δ,以得到 4∶1 或 10∶1 衰减的过渡过程。

记下此时的比例度 δ_S,并在过渡曲线上取得衰减周期 T_S,再按表 1-2、表 1-3 经验公式来确定调节器各参数值。

(3)经验试凑法。此法是根据经验,先将调节器参数放在一个数值上(各类控制系统中调节器参数的经验数据见表1-4),通过改变给定值办法施加干扰,在记录纸上看过渡过程曲线。运用δ、T_I、T_D对过渡过程的影响为指导,按照规定顺序,对各参数逐个整定,直到获得满意的过渡过程为止。

表1-4 各种控制系统PID参数经验数据表

被控变量	特点	$\delta(\%)$	T_I(min)	T_D(min)
流量	对象时间常数小,参数有波动,δ要大;T_I要短;不用微分	40~100	0.3~1	
温度	对象容量滞后较大,即参数受干扰后变化迟缓,δ应小;T_I要长;一般需加微分	20~60	3~10	0.5~3
压力	对象的容量滞后一般,不算大,一般不加微分	30~70	0.4~3	
液位	对象时间常数范围较大。要求不高时,δ可在一定范围内选取,一般不用微分	20~80		

最后必须指出,工艺操作条件改变及负荷有很大的变化时,被控对象的特性就改变了,因此,调节器的参数就必须重新整定。由此可见,整定调节器的参数是经常要做的工作,对操作人员和仪表人员都是需要掌握的。

3)自动控制系统的投运

控制系统的投运是控制系统投入生产、实现自动控制的最后一步工作。无论选用什么样的仪表装置,控制系统的投运步骤大致为:

(1)准备工作。熟悉工艺过程,主要设备的功能、控制指标和要求,以及各工艺参数之间的联系;掌握控制方案设计的意图,熟悉各控制方案的构成及自动化仪表的结构、原理;掌握其调校技术和整定调节器参数的方法;对测量元件、变送器、调节器、控制阀和其他仪表装置以及电源、气源、管路和线路做全面检查,尤其是气压管路的试漏。仪表虽在安装前已做校验,但投运前仍应在现场校验一次。

(2)控制系统各环节的投运。先投运测量仪表,观察测量显示是否正确,在有差压变送器这样一些测量仪表投入使用时,应注意不要使其弹性元件受到突然冲击和处于单向受压的状态。

调节阀的投运方法是先用人工操作旁通阀,待工况稳定后再切换到调节阀控制。

调节器的投运,是在条件许可的情况下,通过调节器本身的切换装置切至"手动"位置,先用手动遥控操作。改变手动输出,使被控变量在给定值附近稳定下来以后,再切换到"自动"运行。

进行调节器的"手动"与"自动"的切换时注意不要产生扰动。总的要求是所有切换操作都必须不影响正常操作,即不引起工艺参数的波动,做到平衡、迅速,实现无扰动切换。

如果预先整定的调节器参数因种种原因尚不满意时,这时可继续调整,此后控制系统即投入自动运行。

2.复杂控制系统

1)串级控制系统

首先分析如图1-46所示的加热炉出口温度简单控制系统。

因为当调节阀改变了燃料油量以后,先影响炉膛的温度,然后通过炉管向原油的传热过程才能逐渐影响原油的出口温度,这个通道容量滞后很大,时间常数约15min左右。所以当干扰产生温度偏差时,不能较快地产生控制效果。简单控制系统难以满足生产要求。

人们在生产实践中,往往根据炉膛温度的变化,先改变燃料量,然后再根据原油出口温度与其给定值之差,进一步改变燃料量,以保持原油出口温度的恒定。根据这一控制思想,就构成了加热炉温度串级控制系统,如图1-47所示,其信号方框图见图1-48。

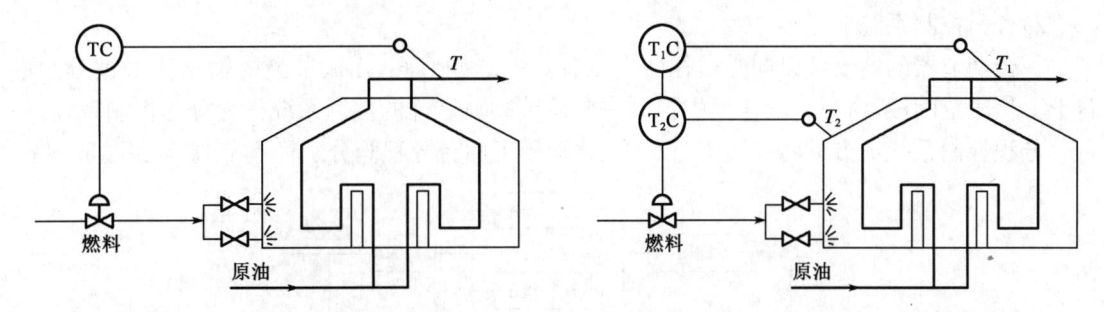

图1-46 加热炉出口温度简单控制系统

图1-47 加热炉出口温度串级控制系统

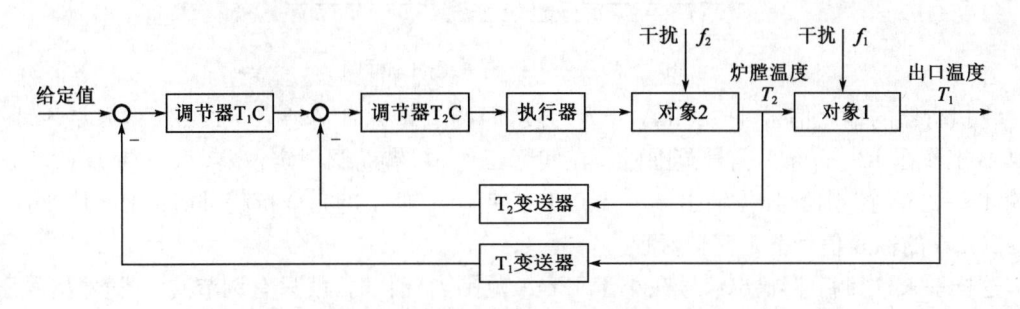

图1-48 加热炉出口温度串级控制系统方框图

在稳定工况下,原油出口温度和炉膛温度都处于相对稳定状态,控制燃料油的阀门保持在一定的开度。假定在某一时刻,燃料油的压力升高。这个干扰首先使炉膛温度 T_2 升高,促使调节器 T_2C 工作,改变燃料的流量,从而使炉膛温度在影响到出口温度之前就随之减小。与此同时,由于炉膛温度的变化,或由于原油的进口流量或温度发生变化,使原油出口温度 T_1 发生变化时。T_1 的变化通过调节器 T_1C 去改变调节器 T_2C 的给定值,间接改变燃料流量。这样,两个调节器协同工作,直到原油出口温度重新稳定在给定值。

方框图中外回路称为主回路。由 T_1 主变送器,主、副调节器,执行器和主、副对象构成。被控变量为主变量,是控制系统得最终控制参数,如上例中的原油出口温度 T_1。主变量表征其特性的生产设备为主对象,本例中主要是指炉内原油的受热管道。

所以,串级控制系统中有两个闭合回路,副回路是包含在主回路中的一个小回路,两个回路都是具有负反馈的闭环系统。

串级控制系统的特点:

(1)在系统结构上,串级控制系统中,主、副调节器是串联工作的。主调节器的输出作为副调节器的给定值,系统通过副调节器的输出去操纵执行器动作,实现对主变量的定值控制。所以在串级控制系统中,主回路是个定值控制系统,而副回路是个随动控制系统。

(2)在系统特性上,串级控制系统由于副回路的引入,改善了对象的特性,使控制过程加快,具有超前控制的作用,从而有效地克服滞后,提高了控制质量。

(3)由于增加了副回路作用,因此具有一定的自适应能力,可用于负荷和操作条件有较大变化的场合。

由于串级控制系统具有上述特点,所以当对象的滞后和时间常数很大,干扰作用强且频繁,负荷变化大,简单控制系统满足不了控制质量的要求时,采用串级控制系统是适宜的。

2)分程控制系统

一台调节器的输出可以同时送往两个或者更多的调节阀,而调节器的输出信号被分割成若干个信号范围段,由每一段信号去控制一台调节阀。这样的控制系统称为分程控制系统。

分程控制系统的方框图如图 1-49 所示,采用了两台分程阀分别为调节阀 A 和调节阀 B。

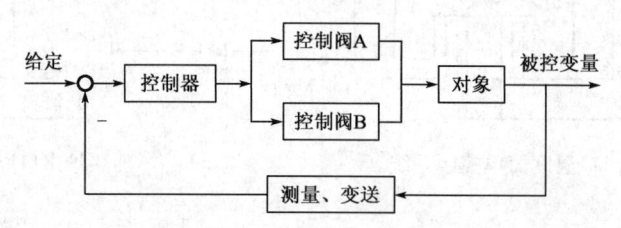

图 1-49 分程控制系统的方框图

将执行器的输入信号 4~20mA 分为两段,即调节阀 A 工作在 4~12mA 信号范围段,调节阀 B 工作在 12~20mA 信号范围段。在实际工作中,借助阀门定位器,可以使 A 阀门定位器输 4~12mA 控制信号时,输出 20~100kPa,使调节阀 A 走完全行程;同理,使调节阀 B 在 12~20mA 的输入信号下走完全行程。

这样一来,当调节器输出信号在小于 12mA 范围内变化时,就只有调节阀 A 随着信号压力的变化改变自己的开度,而调节阀 B 开度不变。当调节器输出信号在 12~20mA 范围内变化时,调节阀 A 因已移动到极限位置开度不再变化,调节阀 B 的开度却随着信号大小的变化而变化。

分程控制的应用场合:

(1)改善控制品质,扩大调节阀的可调范围。在过程控制中,有些场合需要调节阀的可调范围很宽。如果仅用一只调节阀,其可调范围又满足不了生产需要。在这种情况下,可将大小两个调节阀当作一个调节阀使用,从而扩大了阀的可调范围,改善了阀的工作特性,使得在小流量时有更精确的控制。

(2)作为生产安全的防护措施。有时为了生产安全起见,需要采取不同的控制手段,这时可采用分程控制方案。例如用于污水处理的储罐,为防止空气中的氧气在污水中加速罐体腐蚀,一般在污水罐上方充以天然气,以使污水与空气隔绝,通常称之为气封。为了保证空气不进水罐,一般要求天然气压力应保持为微正压。这里需要考虑的一个问题就是罐中水位的增减会导致气封压力的变化。当水位降低时,气封压力会下降,如不及时向罐中补气,水罐就有被吸瘪的危险。而当向罐中进水时,气封压力又会上升,如不及时排气,水罐就可能被鼓坏。为了维持气封压力,可采用如图 1-50 所示的分程控制方案。

本方案中采用的 A 阀为气开式,B 阀为气关式。当储罐压力升高时,压力调节器 PC 的输出下降,这样 A 阀将关闭,而 B 阀将打开,于是通过放空的办法将储罐内的压力降下来。当储

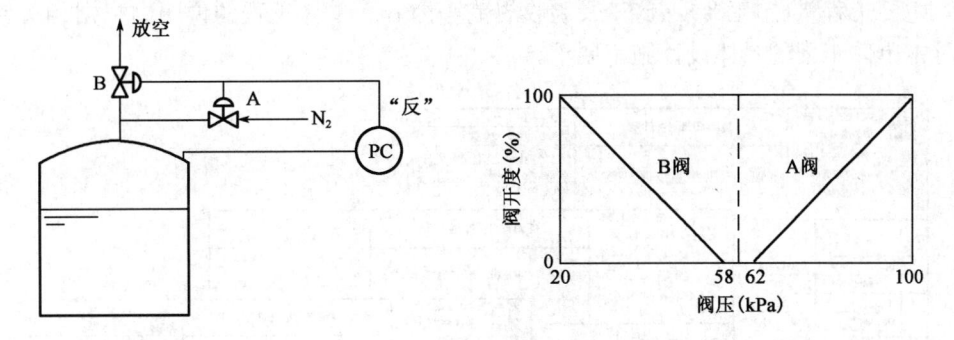

图 1-50　污水罐气封分程控制

罐内压力降低,测量值小于给定值时,调节器输出变大,此时 B 阀将关闭而 A 阀将打开,于是天然气被补充加入储罐中,以提高储罐的压力。

为了防止储罐中压力在给定值附近变化时 A、B 两阀的频繁动作,可在两阀信号交接处设置一个不灵敏区。因为留有这样一个不灵敏区之后,将会使控制过程变化趋于缓慢,系统更为稳定。

五、自控系统施工图纸识读

1. 常用施工文件简介

油气田生产信息化建设工程施工常用文件主要有以下几种:
(1)可行性研究报告;
(2)建设方案;
(3)施工设计图纸;
(4)施工合同;
(5)施工组织设计;
(6)施工准入资料;
(7)质量计划书;
(8)HSE 方案;
(9)开工报审;
(10)开工报告。

在施工过程中监理公司会提交监理资料,工程竣工后施工方会提交竣工资料。

2. 施工设计图纸

设计单位分储运、注水、电力、通信、消防、结构、防腐、自控等专业,分类提供如下工程施工资料。

1)图纸资料总目录、专业目录、分项目录

如图 1-51 所示,分别提供整个工程专业划分、各专业单体划分以及各单体的图纸资料目录,便于在施工过程中查阅。

2)说明书

如图 1-52 所示,根据相关专业施工内容,说明书提供工程设计依据、设计原则、遵循的主要标准与规范、设计基础数据、工程概况、主体工程及配套工程的设计参数、工艺流程、设计具体方案、主要工程量、施工要求、施工及验收规范等内容。单体工程的说明书根据相关专业要求，设计本单体工程的具体设计施工要求。

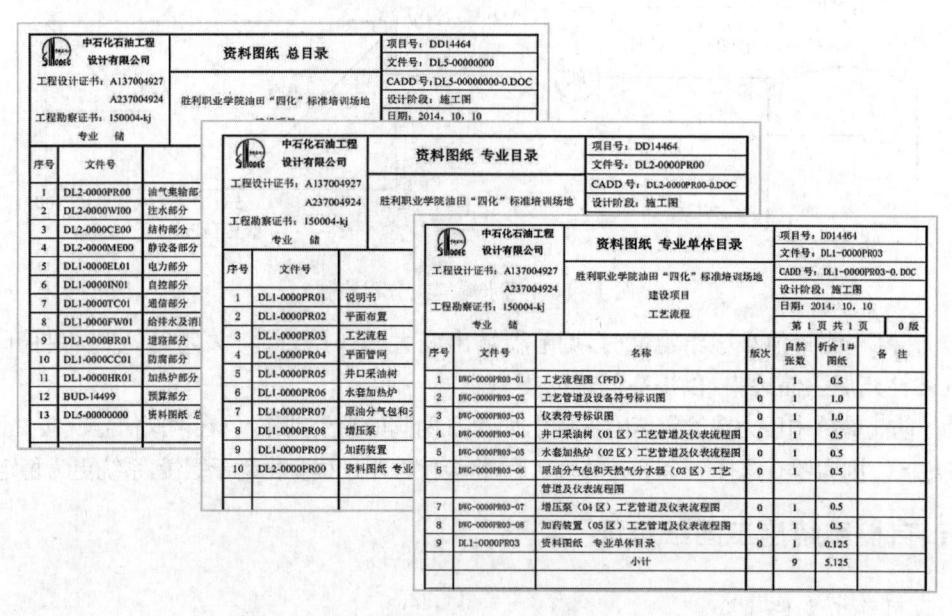

图1-51　图纸资料总目录、专业目录、分项目录

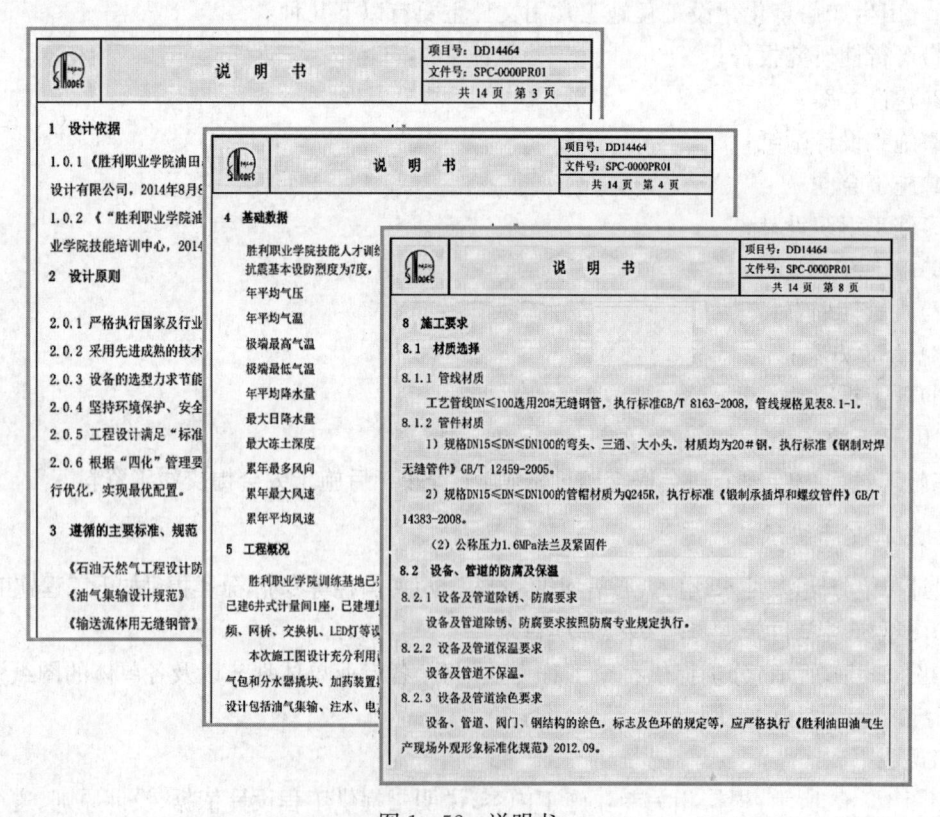

图1-52　说明书

3)设备表

如图1-53所示,根据不同专业各单体工程,设备表给出所需要安装施工的设备,包括需整体购买或分体组装的设备、仪表的名称、规格、型号、数量、单台及总质量、设备基本组成及技术要求,不包括在现场焊接制造需要的材料、电缆、管材、管件、油漆涂料等。

项目号	DD14464
文件号	EQL-0000PR06
CADD号	EQL-0000PR06-0.DOC
设计阶段	施工图
日期	2014,10,10

中石化石油工程设计有限公司
工程设计证书:A137004927 A237004924
工程勘察证书:150004-kj
专业:储

设备表
胜利职业学院油田"四化"标准培训场地建设项目
水套加热炉

第1页 共2页   0版

序号	设备位号	名称及规格	单位	数量	单台质量(kg)	总质量(kg)	备注(或数据表号)
1	器1	管道阻火器 GZ-I-25 DN25 PN16 法兰接管规格采用I系列	台	1			附进出口法兰、垫片及紧固件
2	阀1	钢法兰闸阀 Z41H-16C DN50 法兰接管规格采用I系列	套	3			附法兰、垫片及紧固件
3	阀2	钢法兰闸阀 Z41H-16C DN25 法兰接管规格采用I系列	套	3			附法兰、垫片及紧固件
4	阀3	钢丝扣截止阀 J11H-16C DN15	个	5			1/2NPT内螺纹
5	PG0201/PG0202	压力表Y-100 0~2.5MPa 1.6级 1/2 NPT(M) 附压力表活接头 1/2NPT(F)-1/2NPT(M)	块	2			
6	PG0203	压力表Y-100 0~1.0MPa 1.6级 1/2 NPT(M) 附压力表活接头 1/2NPT(F)-1/2NPT(M)	块	1			
7	B-0201	7m³/h 燃气燃烧器(负压引射式)	套	1			

图1-53 设备表

4)材料表

如图1-54所示,根据不同专业各单体工程,材料表给出安装施工过程中所需要材料的名称、规格、型号、数量、单件和总质量及技术要求,主要包括在现场焊接制造需要的钢材、电缆、管材、管件、油漆涂料等。

5)仪表索引表

如图1-55所示,仪表索引表汇总检索工程中安装的测控仪表,用于订货及仪表查询,包括仪表位号、检测或控制对象、测量介质、仪表名称、型号、数量、仪表量程、调校量程、单位、安装地点、所在P&ID图、回路图及安装图号。

6)控制系统监控数据表

如图1-56所示,控制系统监控数据表用于按照监控回路详细反映仪表数据,包括仪表位号、用途、测量仪表的测量范围、控制对象的设定值、报警值设定、调节阀的正反作用、有无防雷及本安安全栅、组态需要(处理、记录、趋势、累计、报表需要等)。

7)电缆表

如图1-57所示,电缆表汇总统计电缆及附件,用于订货及电缆查询。按照电缆走向从现场到控制室分别列出现场仪表(盘)、支电缆、中间接线箱、主电缆、控制柜各处仪表位号、盘/柜号、连接盘柜的电缆密封接头及挠性软管的规格型号、电缆类型规格与长度,金属电缆保护管的规格(直径)及长度。

中石化石油工程设计有限公司 工程设计证书：A137004927 A237004924 工程勘察证书：150004-kj 专业：储	材料表 胜利职业学院油田“四化”标准培训场地建设项目 水套加热炉	项目号：DD14464 文件号：BML-0000PR06 CADD 号：BML-0000PR06-0.DOC 设计阶段：施工图 日期：2014，10，10 第 1 页 共 1 页　0 版

序号	名称、规格及标准号	单位	数量	单件质量(kg)	总质量(kg)	备　注
一	无缝钢管　20#　GB/T 8163-2008					
1	Φ88.9×5.5	m	1.5			
2	Φ60.3×5.0	m	5			
3	Φ33.7×4.5	m	1.5			
4	Φ21.3×4.0	m	2.5			
二	管件					
1	钢制无缝90°弯头　20#　GB/T 12459-2005					
(1)	90°-Φ88.9×5.5　R=1.5D	个	2			
(2)	90°-Φ60.3×5.0　R=1.5D	个	4			
(3)	90°-Φ33.7×4.5　R=1.5D	个	2			
(4)	90°-Φ21.3×4.0　R=1.5D	个	2			
2	钢制无缝同心大小头　20#　GB/T 12459-2005					
	DN80×50　PN16　Ⅰ系列	个	2			

图 1－54　材料表

仪表位号	检测与控制对象	测量介质	仪表名称	型号	数据表名称
PTIT-0101	井口采油树出口压力	防冻液、空气	压力变送器		
	井口采油树出口温度	防冻液、空气	温度变送器		
PIT-0101B	井口采油树套管压力	防冻液、空气	压力变送器		
PIT-0101A	井口采油树套管压力	防冻液、空气	压力变送器		
TIT-0201	加				
TIT-0202	加				
TIT-0203	加				
LIT-0201	加				
LSLL-0201	加				
编　制					
校　对					
审　核					

制造或供应商	数量	仪表量程	仪表调校量程	单位	P&ID图号	回路图号	安装地点（管号或设备号）	仪表安装图号
	1		0~2.5	MPa				
	1		0~100	℃				
	1		0~2.5	MPa				
	1		0~2.5	MPa				
	1		0~100	℃				
	1		0~200	℃				
	1		0~500	℃				
	1		0~0.5	m				
	1							

…培训	仪表索引表	项目号：DD14464 文件号：TAB-0000IN01-01 CADD号：TAB-0000IN01-01-0.xls
	第1页共1页　日期：2014, 10, 10	设计阶段：施工图　0版

图 1－55　仪表索引表

位号	用途	测量范围	工程单位	控制设定值	报警值设定			
					高高	高	低	低低
PIT-0101A	井口采油树套管压力	0~2.5	MPa					
PTIT-0101	井口采油树出口压力	0~2.5						
	井口采油树出口温度	0~100						
PIT-0101B	井口采油树套管压力	0~2.5						
	油井载荷数据上传							
	油井位移数据上传							
	变频器参数上传							
	油井电参数上传							
TIT-0201	加热炉出口管线温度	0~100						
TIT-0202	加热炉炉体水浴温度	0~200						
TIT-0203	加热炉排烟温度	0~500						
LIT-0201	加热炉炉体液位	0~0.5						
LSLL-0201	加热炉炉体液位							
PIT-1002	注水泵出口管线压力	0~1						
TIT-1001	注水泵出口温度	0~100						
FQIT-1001	注水泵进口流量							
LIT-1001	注水罐液位	0.2~1.9						

中石化石油工程设计有限公司

阀正反作用	继电器	防雷	安全栅	其他要求					输入/输出类型	备注
				处理	记录	趋势	累计	报表		
		√			√	√		√	ZigBee	已建井口RTU
		√			√	√		√	ZigBee	新建井口RTU
		√			√	√		√	ZigBee	新建井口RTU
		√			√	√		√	ZigBee	新建井口RTU
				√	√			√	ZigBee	新建井口RTU
				√	√			√	ZigBee	新建井口RTU
		√			√			√	MOD485	新建井口RTU
		√			√			√	MOD485	新建井口RTU
		√			√	√		√	AI	加热炉配套PLC
		√			√	√		√	AI	加热炉配套PLC
		√			√	√		√	AI	加热炉配套PLC
		√			√	√		√	AI	加热炉配套PLC
		√			√	√		√	DI	加热炉配套PLC
		√			√	√		√	AI	注水泵RTU
		√			√	√		√	AI	注水泵RTU
		√			√	√		√	MOD485	注水泵RTU
		√			√	√		√	AI	注水泵RTU

控制系统监控数据表

项目号：DD14464

文件号：TAB-0000IN01-02

第 2 页共 3 页

图 1－56　控制系统监控数据表

现场仪表或盘			护管		支电缆		接线箱			
位号	电缆密封接头	挠性连接管	规格(m)	长度(m)	类型及规格	长度(m)	支管接头	箱号	电缆密封接头	挠性连接管
TIT-0201	1/2" NPT	F-G3/4",M-1/2" NPT								
TIT-0202	1/2" NPT	F-G3/4",M-1/2" NPT								
TIT-0203	1/2" NPT	F-G3/4",M-1/2" NPT								
LIT-0201	1/2" NPT	F-G3/4",M-1/2" NPT								
LSLL-0201	1/2" NPT	F-G3/4",M-1/2" NPT								
PIT-0301	1/2" NPT	F-G3/4",M-1/2" NPT								
PIT-0401	1/2" NPT	F-G3/4",M-1/2" NPT								
PIT-0402	1/2" NPT	F-G3/4",M-1/2" NPT								
ET/IT-P-0401	1/2" NPT	F-G3/4",M-1/2" NPT								
FT-P-0401	1/2" NPT	F-G3/4",M-1/2" NPT								
TE-P-0401	1/2" NPT	F-G3/4",M-1/2" NPT								
PIT-1002	1/2" NPT	F-G3/4",M-1/2" NPT								
TIT-1001	1/2" NPT	F-G3/4",M-1/2" NPT								
FQIT-1001	1/2" NPT	F-G3/4",M-1/2" NPT								
LIT-1001	1/2" NPT	F-G3/4",M-1/2" NPT								
ET/IT-P-1001	1/2" NPT	F-G3/4",M-1/2" NPT								

护管		主电缆			控制盘/柜		备注
规格(mm)	长度(m)	类型及规格	长度(m)	电缆号	电缆密封接头	盘号	
ø26.9×2.8	3	G1-2*2*1.5	5	C-TIT-0201	3/4" NPT(M)	PLC控制柜	加热炉配套
ø26.9×2.8	3	G1-2*2*1.5	3	C-TIT-0202	3/4" NPT(M)	PLC控制柜	加热炉配套
ø26.9×2.8	3	G1-2*2*1.5	3	C-TIT-0203	3/4" NPT(M)	PLC控制柜	加热炉配套
ø26.9×2.8	3	G1-2*2*1.5	3	C-LIT-0201	3/4" NPT(M)	PLC控制柜	加热炉配套
ø26.9×2.8	3	G1-2*2*1.5	3	C-LSLL-0201	3/4" NPT(M)	PLC控制柜	加热炉配套
ø26.9×2.8	3	G1-2*2*1.5	6	C-PIT-0301	3/4" NPT(M)	增压泵RTU	
ø26.9×2.8	3	G1-2*2*1.5	3	C-PIT-0401	3/4" NPT(M)	增压泵RTU	
ø26.9×2.8	3	G1-2*2*1.5	3	C-PIT-0402	3/4" NPT(M)	增压泵RTU	
ø26.9×2.8	3	G1-2*2*1.5	22	C-ET/IT-P-0401	3/4" NPT(M)	增压泵RTU	
ø26.9×2.8	3	G1-2*2*1.5	22	C-FT-P-0401	3/4" NPT(M)	增压泵RTU	
ø26.9×2.8	3	G1-2*2*1.5	4	C-TE-P-0401	3/4" NPT(M)	增压泵RTU	
ø26.9×2.8	3	G1-2*2*1.5	3	C-PIT-1002	3/4" NPT(M)	注水泵RTU	
ø26.9×2.8	3	G1-2*2*1.5	3	C-TIT-1001	3/4" NPT(M)	注水泵RTU	
ø26.9×2.8	3	G1-2*2*1.5	3	C-FQIT-1001	3/4" NPT(M)	注水泵RTU	
ø26.9×2.8	3	G1-2*2*1.5	4	C-LIT-1001	3/4" NPT(M)	注水泵RTU	
ø26.9×2.8	3	G1-2*2*1.5	10	C-ET/IT-P-1001	3/4" NPT(M)	注水泵RTU	

仪表电缆表

项目号：DD14464

文件号：TAB-0000IN01-04

第 3 页共 3 页　0 版

图 1－57　电缆表

8）总平面布置图

如图1-58所示，总平面布置图用于施工过程中对设备、建筑设施定位放线。总平面布置图中按实际位置画出设备轮廓、设备基础，标出各设备、建筑定位点的相对坐标及标高。

9）工艺流程图

如图1-59所示，工艺流程图按照油气集输工艺将设备、管道、阀门之间的进出关系、介质流向表现出来，主要用于施工及操作人员熟悉生产工艺，了解生产过程。设备采用与外部轮廓、内部结构相近的标准符号表示。工艺图中设备的尺寸及安装位置可以与实际不符。

10）设备管道工艺安装图

如图1-60所示，设备管道工艺安装图用于现场设备施工。按照比例画出设备、管线、阀门、仪表在空间的具体位置，用主视图、侧视图、俯视图三视图及局部放大图等形式，反映它们之间的安装关系，标注出各部分的名称、间距尺寸及标高。设备按实际尺寸画出其轮廓，但管线、阀门及仪表用符号表示，但符号的大小与它们的尺寸成比例。

11）电气爆炸危险区域划分图

如图1-61所示，电气爆炸危险区域划分图是在总平面布置图上，按危险等级画出爆炸性气体爆炸危险区域范围，用于在设计施工过程中，选择相应的防爆设备，按防爆等级要求施工。

12）电气防雷接地平面图

如图1-62所示，电气防雷接电平面图是在总平面布置图上，用专用符号画出接地极的位置、范围，用于进行防雷接地施工。

13）电气总平面图

如图1-63所示，电气总平面图是在总平面布置图上，用专用符号画出电源箱、接线箱、配电柜、操作柱及其他用电设备的位置和电缆的走向、范围，并标注出各条电缆的规格型号及去向，用于进行电气设备的施工。

14）电气接线图

如图1-64所示，电气接线图是用专用电气符号表示各配电柜进出电缆型号规格、分电开关类型、容量及所控制设备名称等，主要用于反映供配电设备之间关系，组装配电柜之用。

15）自控电缆敷设平面图

如图1-65所示，自控电缆敷设平面图是在总平面布置图上，用专用符号画出自控仪表的位置位号、电缆走向及电缆编号，用于进行电缆布线施工。

16）自控端子接线图

如图1-66所示，自控端子接线图是仪表接线箱、控制柜进行接线施工的关键图纸，反映接线箱、控制柜等设备信号电缆连接的接线关系，包括每一条信号线连接的仪表位号、线号、极性，连接到前后设备的接线端子号。

17）自控回路图

如图1-67所示，自控回路图是用于检查、校验仪表控制回路连接关系的关键图纸，按照信号走向及仪表自动化设备之间的联系，从现场到控制室分别列出现场仪表、接线箱、控制柜等信号电缆连接设备的接线关系，包括每一条信号线连接的仪表位号、线号、极性，连接到前后设备的接线端子号。

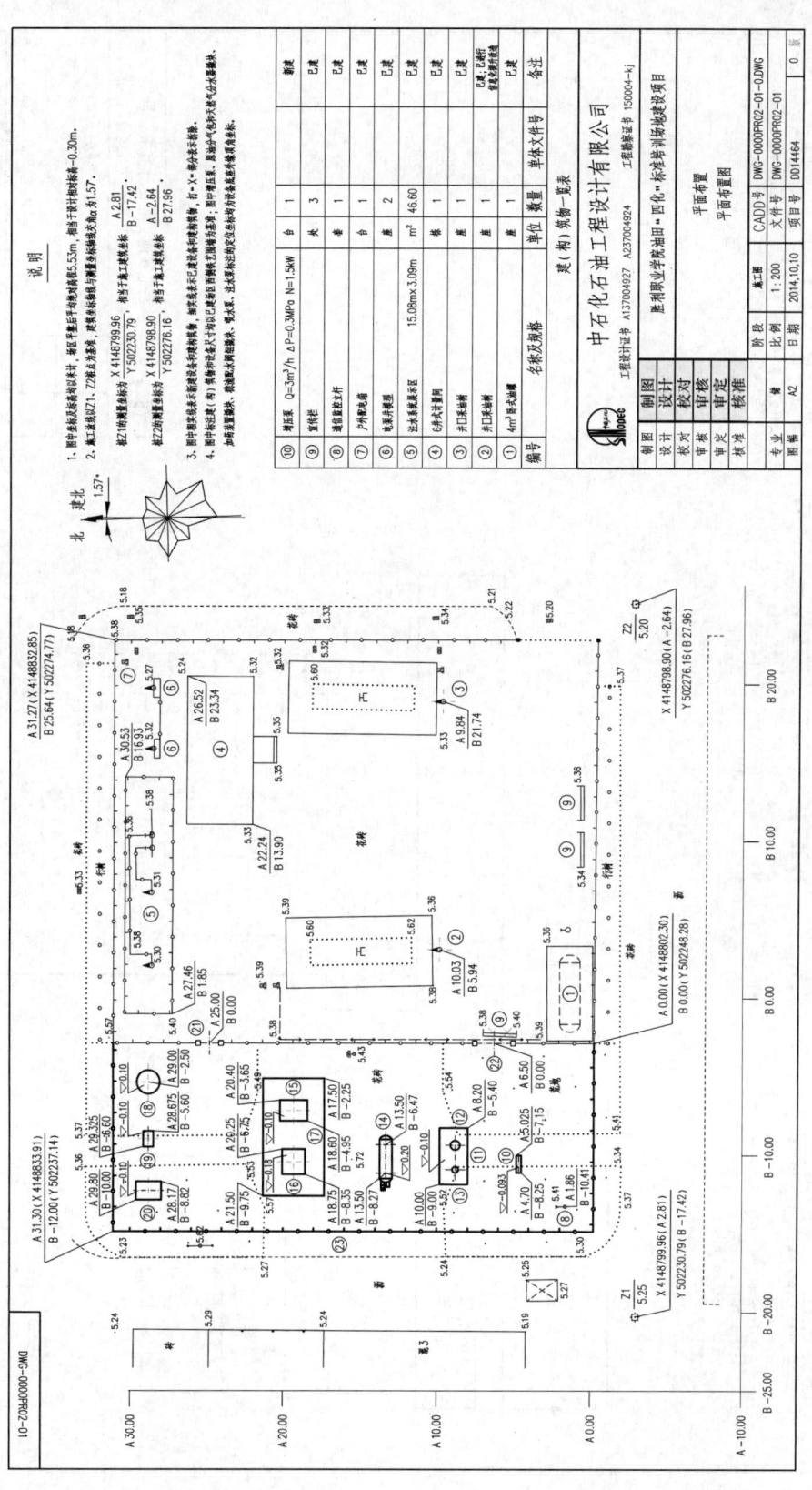

图1-58 总平面布置图

图1-59 工艺流程图

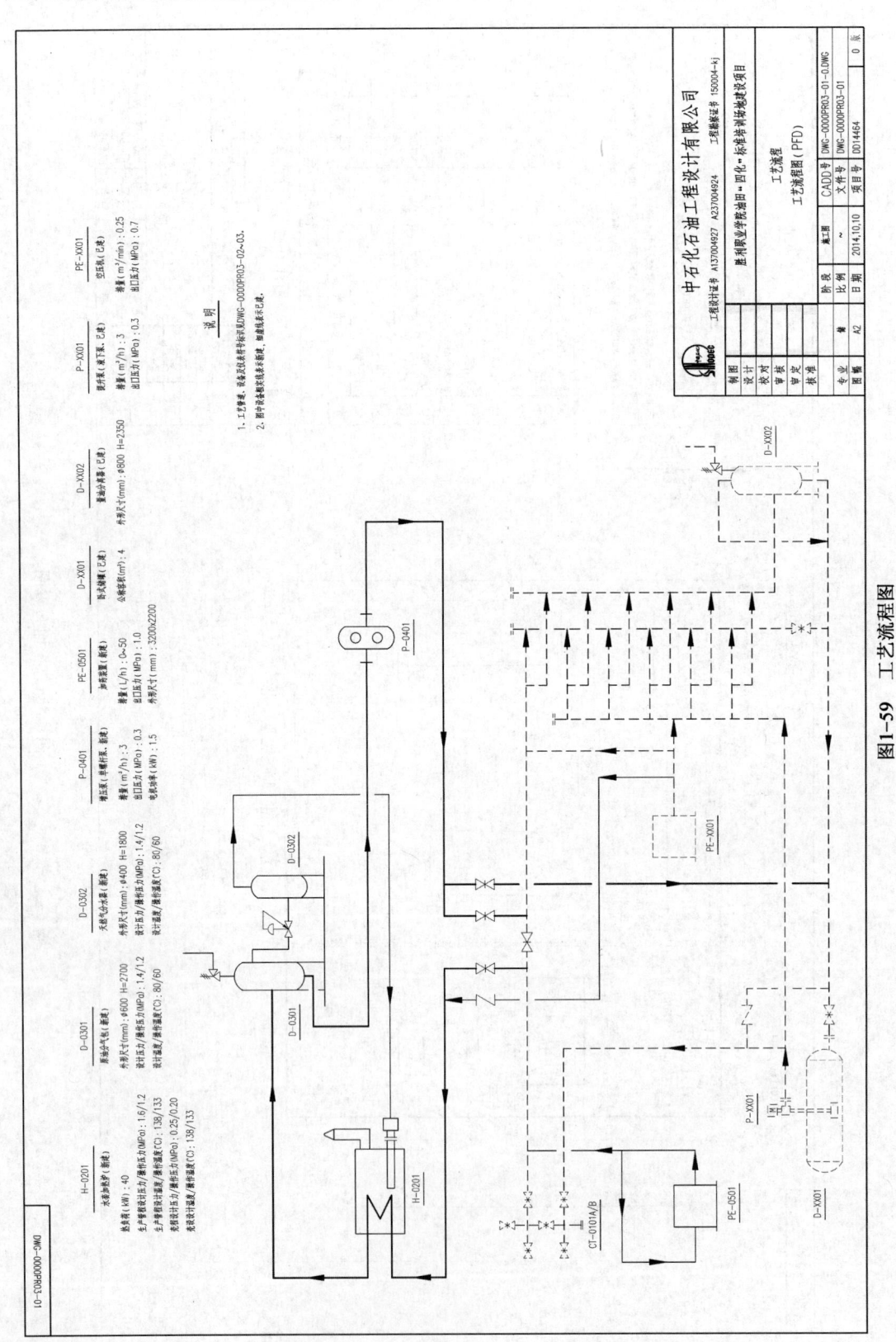

第一章 油气集输与自动化

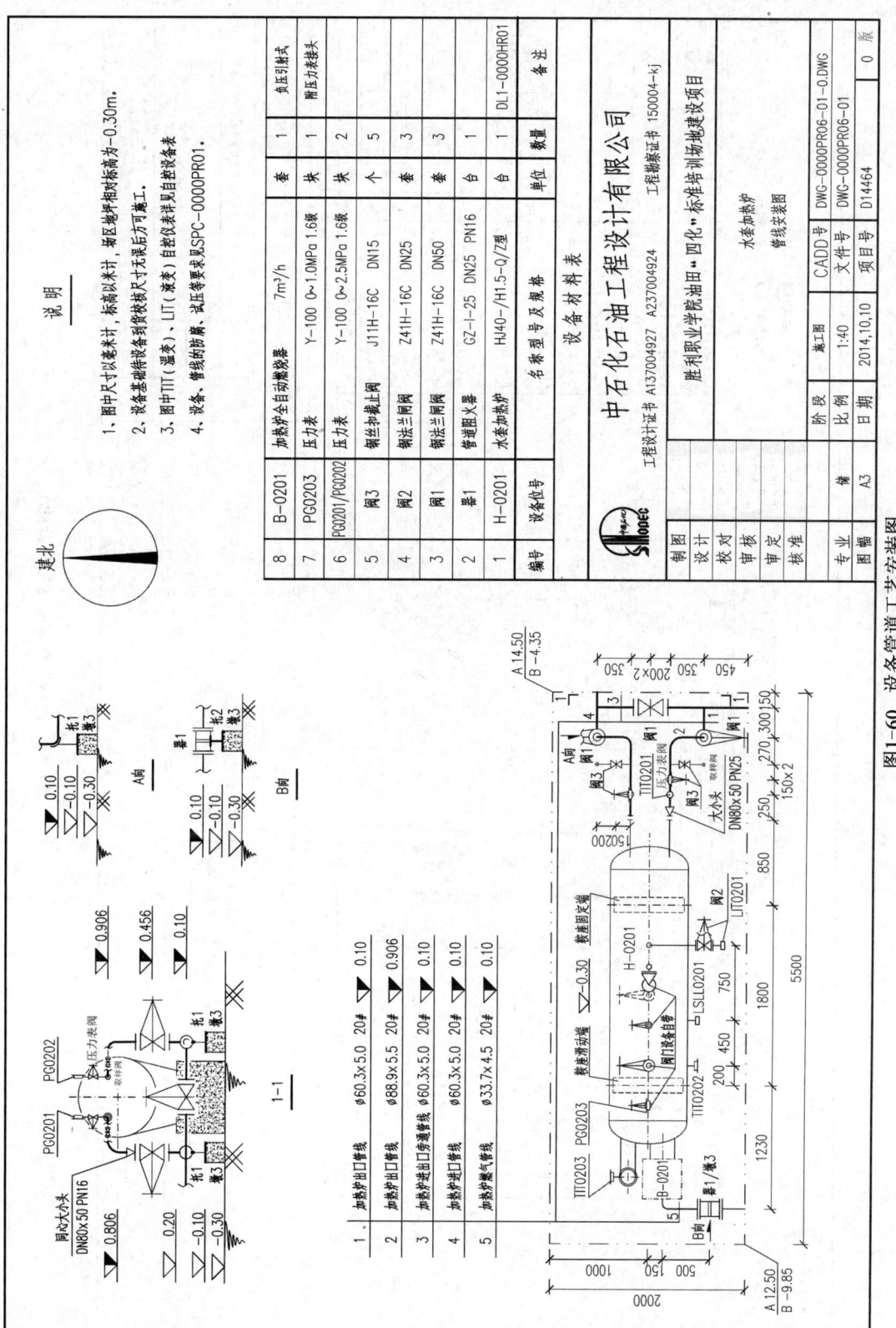

说明

1. 图中尺寸以毫米计，标高以米计，场区地坪相对标高为 -0.30m。
2. 设备基础待设备到货核校尺寸无误后方可施工。
3. 图中TIT（温表）、LIT（液表）自控仪表详见自控设备表。
4. 设备、管线的防腐、试压等要求见SPC-0000PR01。

设备材料表

编号	设备位号	名称	型号及规格	单位	数量	备注
8	B-0201	加热炉全自动燃烧器	7m³/h	套	1	负压引射式
7	PG0203	压力表	Y-100 0~1.0MPa 1.6级	块	1	附压力表弯头
6	PG0201/PG0202	压力表	Y-100 0~2.5MPa 1.6级	块	2	
5	阀3	铜丝扣截止阀	J11H-16C DN15	个	5	
4	阀2	钢法兰闸阀	Z41H-16C DN25	套	3	
3	阀1	钢法兰闸阀	Z41H-16C DN50	套	3	
2		管道阻火器	GZ-1-25 DN25 PN16	台	1	
1	H-0201	水套加热炉	HJ40-/H1.5-Q/Z型	台	1	DL1-0000HR01

中石化石油工程设计有限公司

工程设计证书 A137004927 A237004924 工程勘察证书 150004-kj

制图		胜利职业学院油田"四化"标准培训场地建设项目
设计		
校对		水套加热炉
审核		管线安装图
核定		
专业		CADD号 DWG-0000PR06-01-0.DWG
图幅	A3	文件号 DWG-0000PR06-01
		项目号 D14464
阶段	施工图	
比例	1:40	
日期	2014.10.10	版 0

图1-60 设备管道工艺安装图

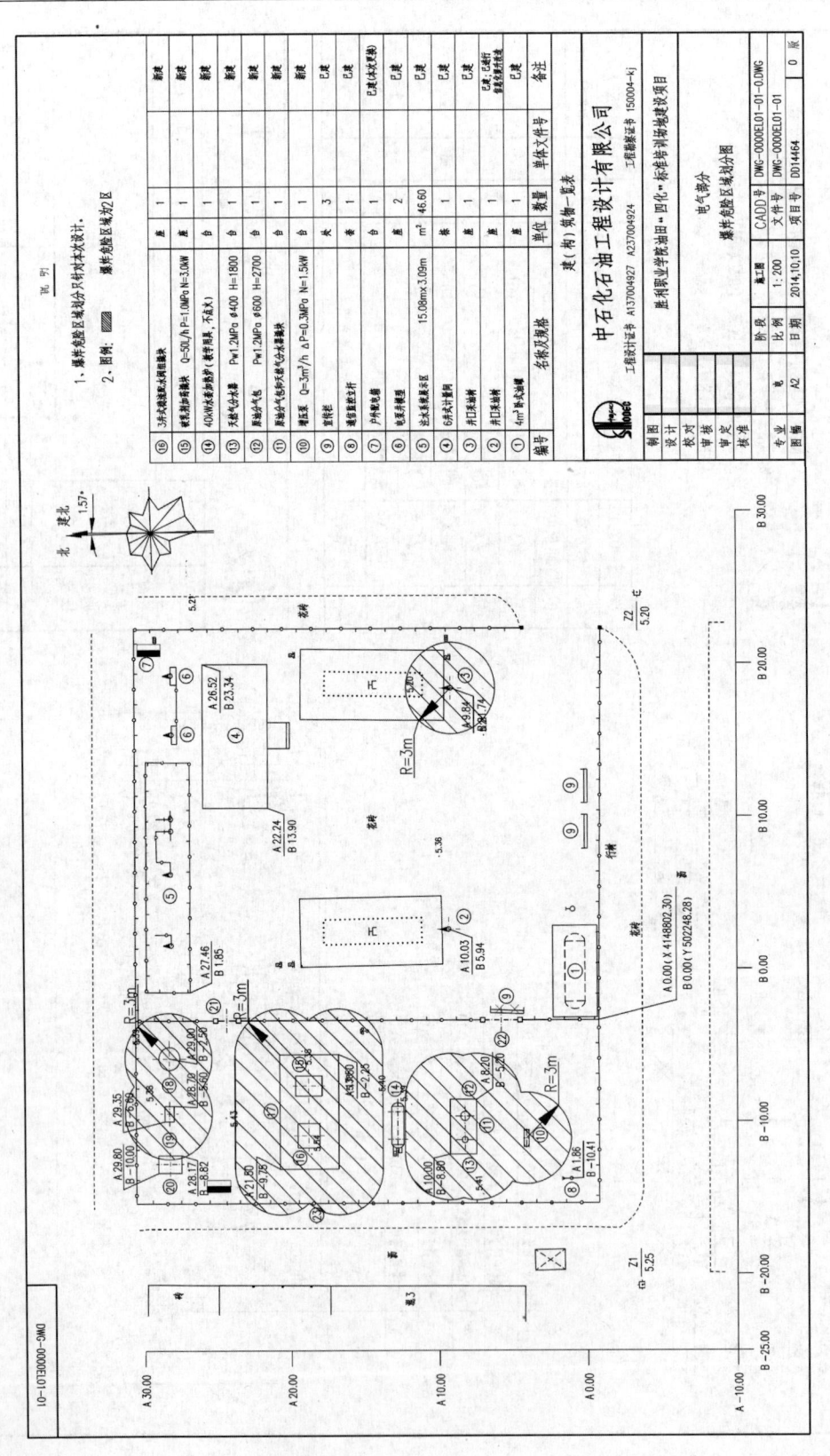

图1-61 电器爆炸危险区域划分图

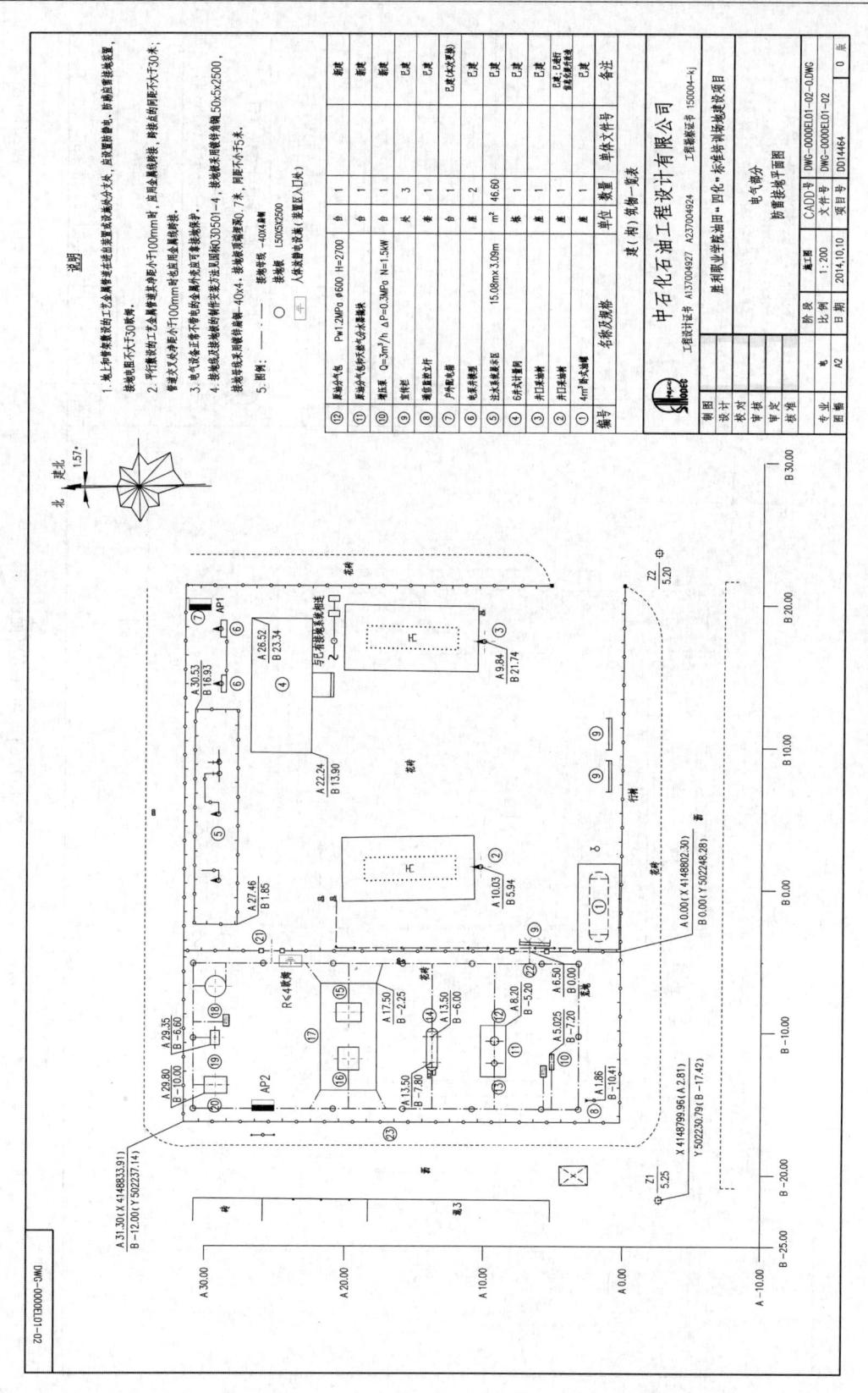

图1-62 电气防雷接地平面图

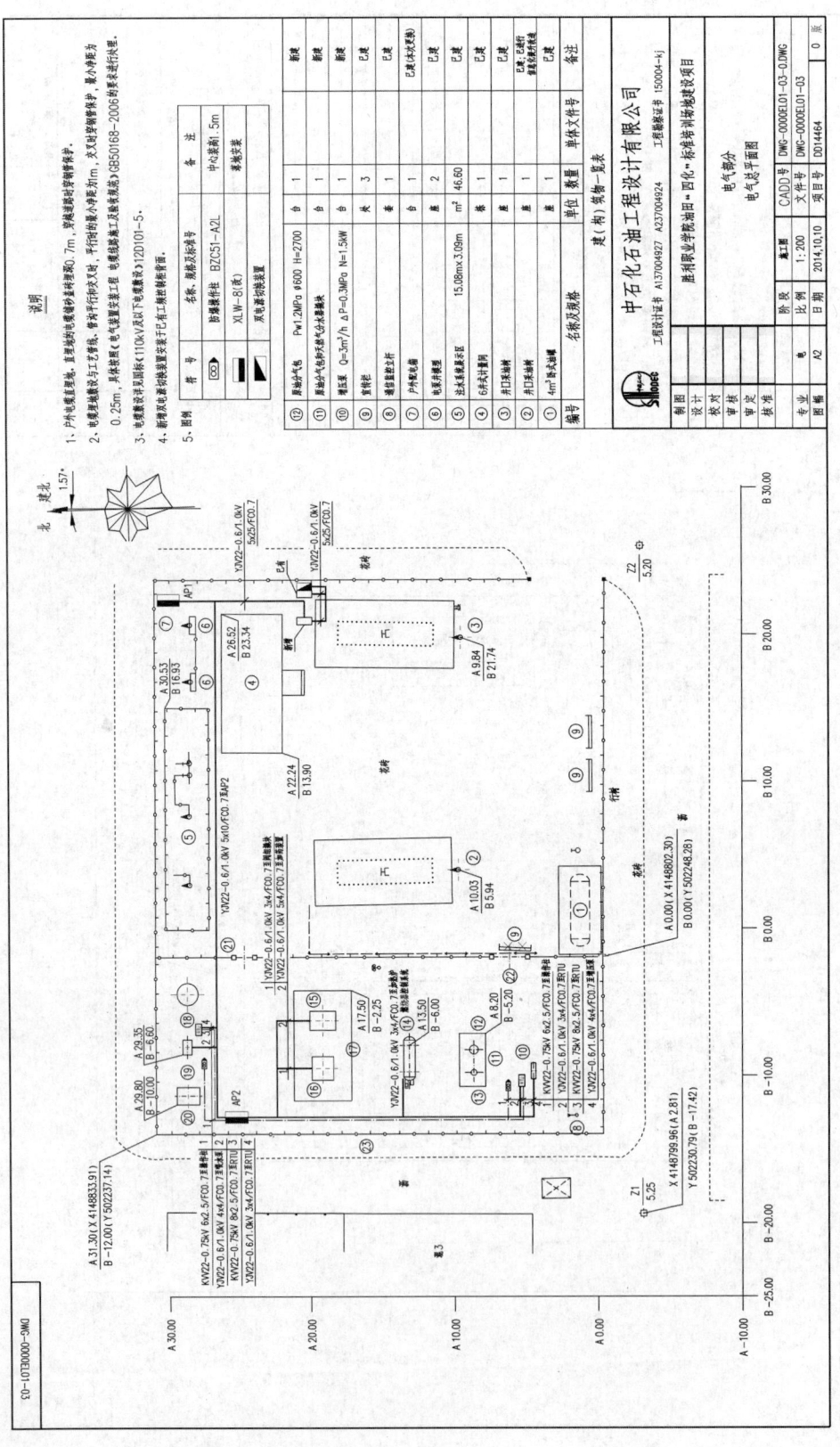

图1-63 电气总平面图

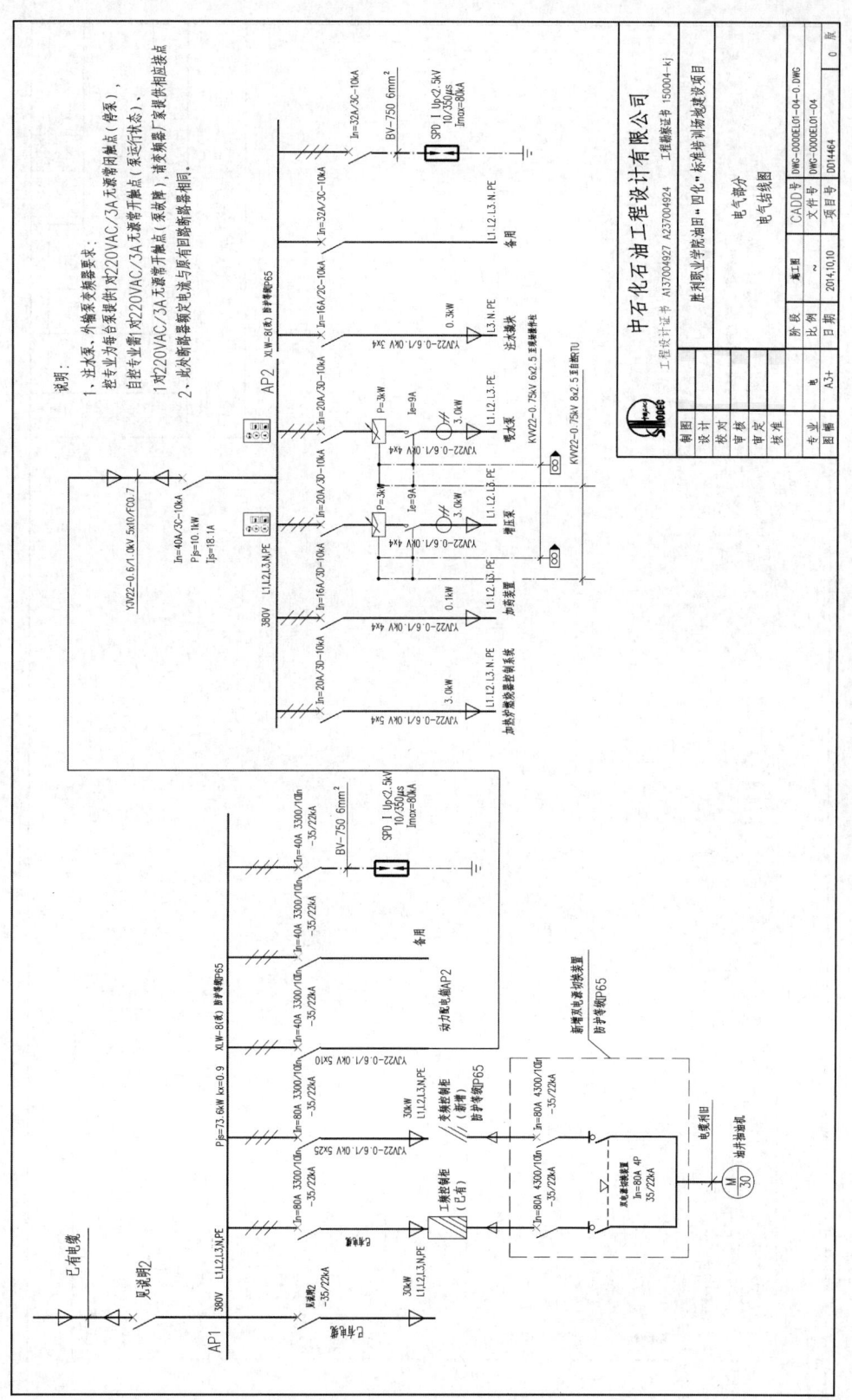

图1-64 电气接线图

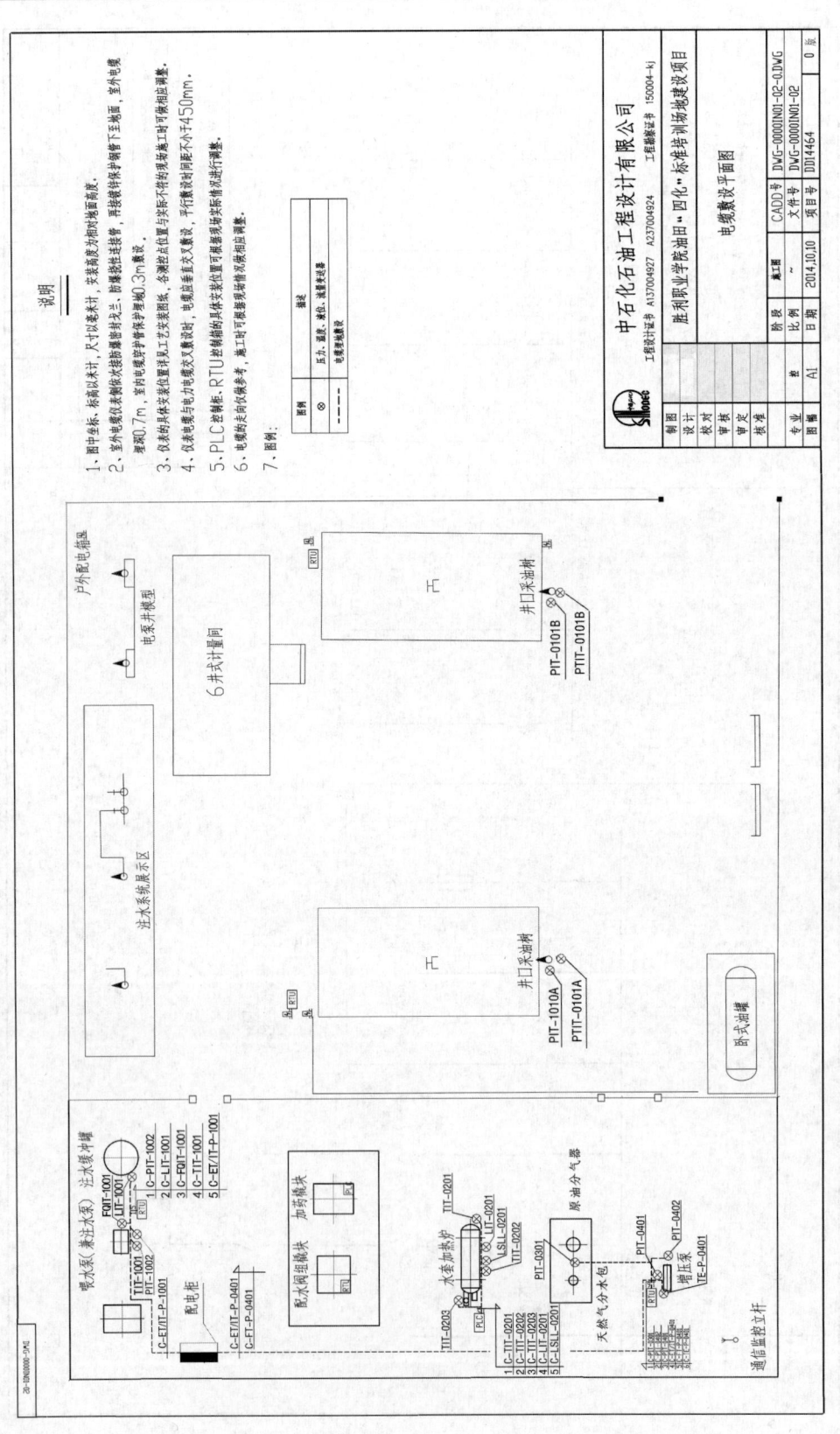

图1-65 自控电缆敷设平面图

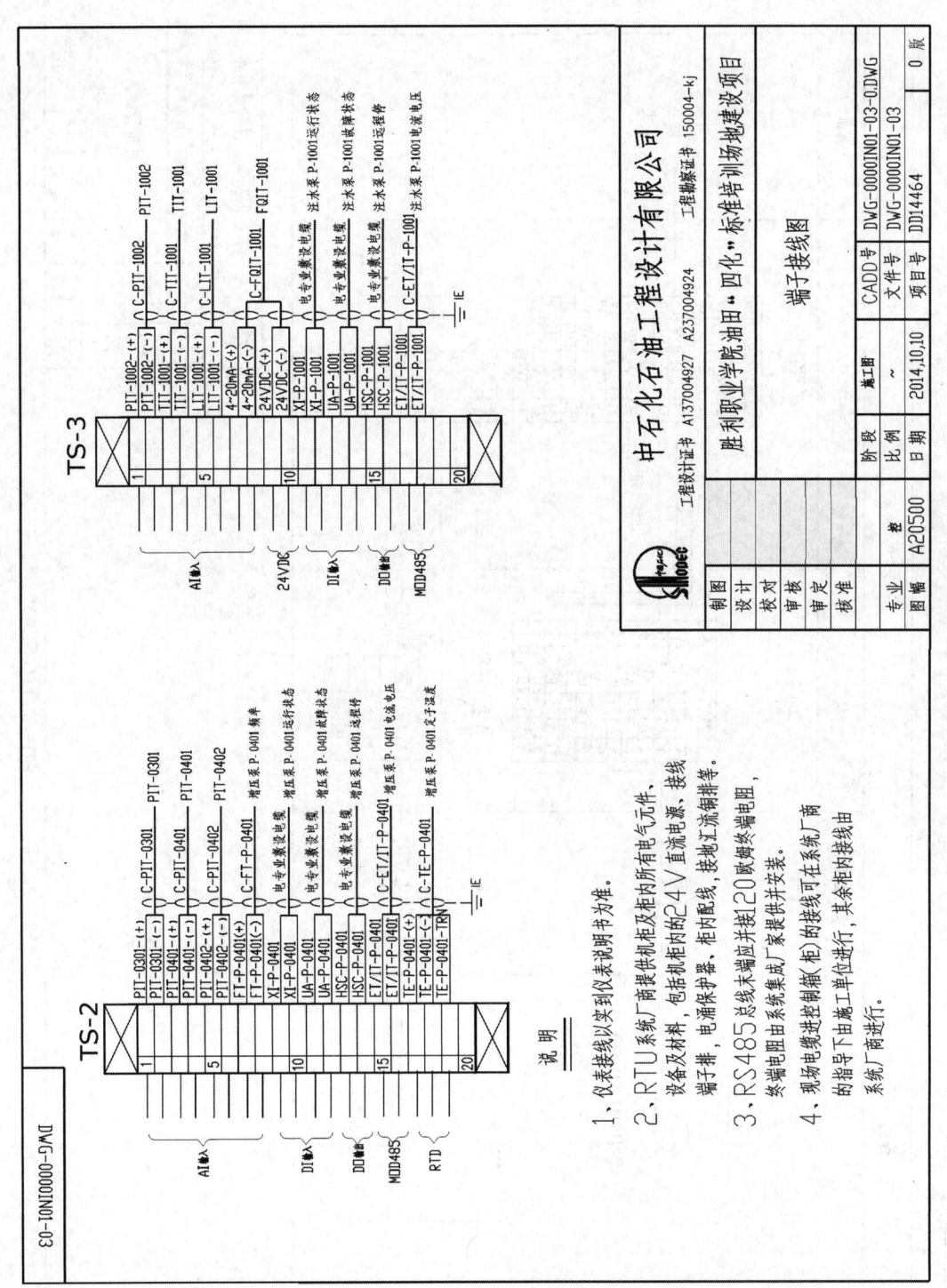

图 1-66 自控端子接线图

图1-67 自控回路图

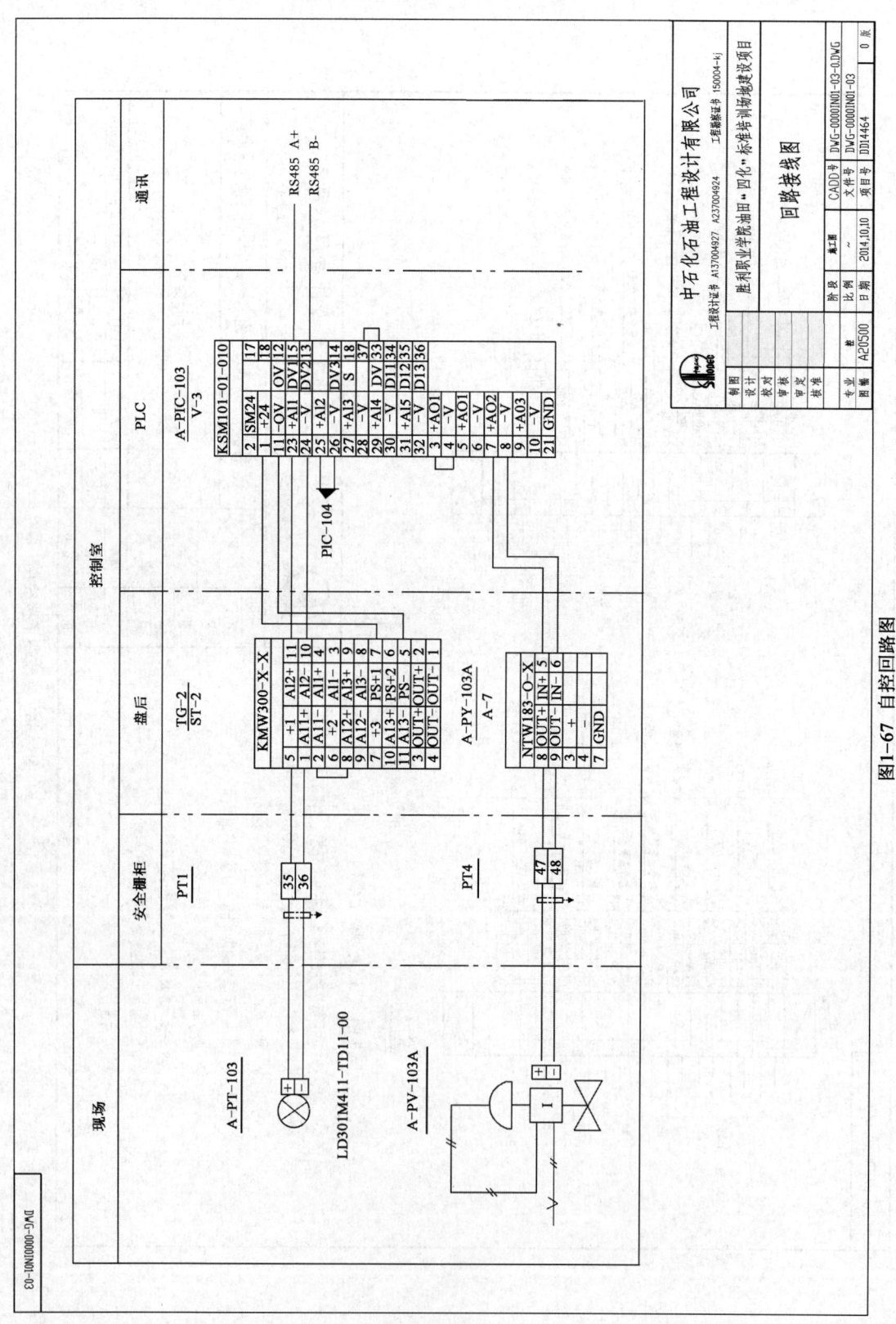

18)工艺管道及仪表流程图

如图 1-68 所示,工艺管道及仪表流程图(P&ID图)是自动化专业施工的关键图纸之一,是在工艺流程图的基础上标注规定的检测和控制系统设计符号,用以表示控制功能。

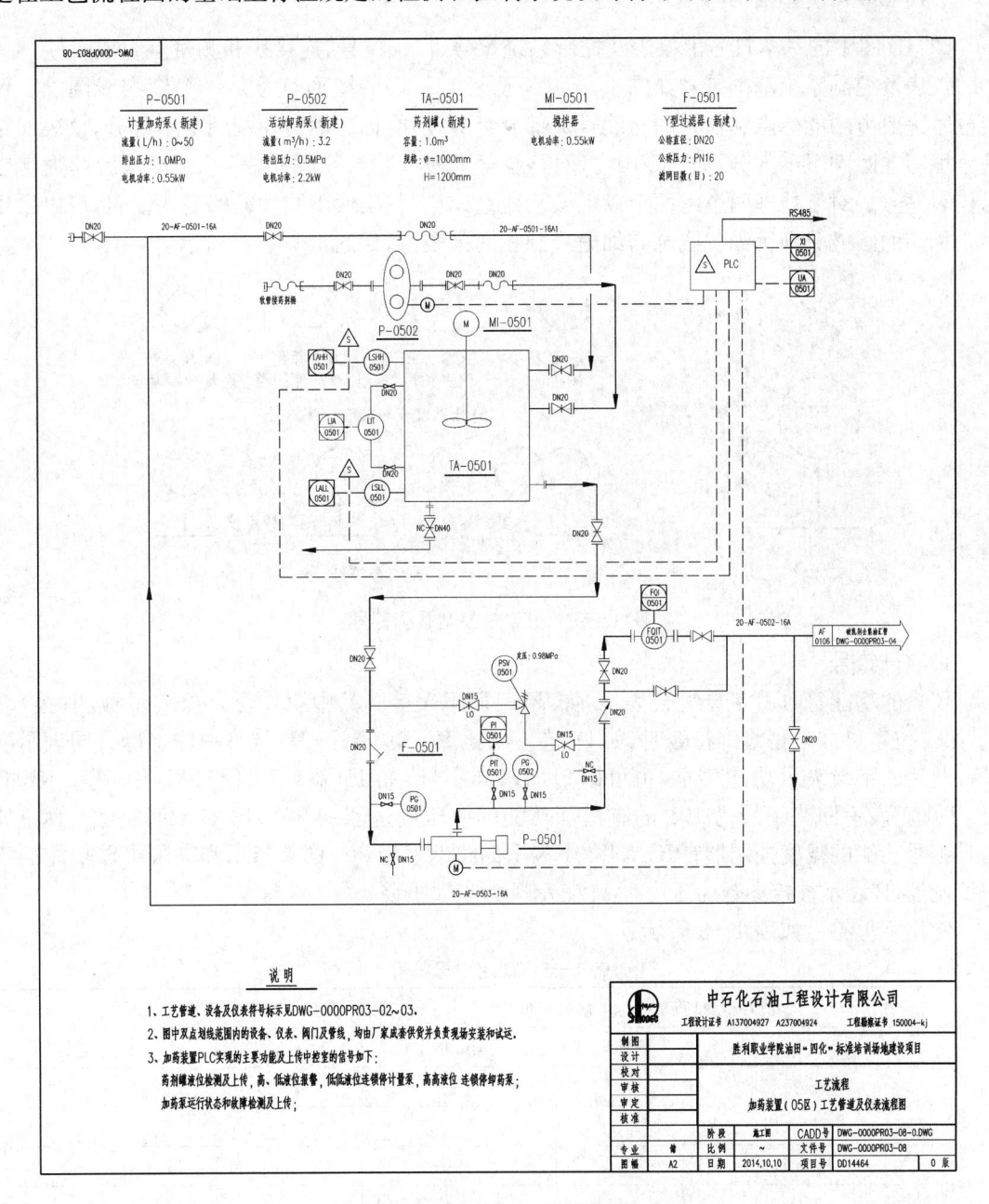

图 1-68 工艺管道及仪表流程图(P&ID)

P&ID图上包含了所有工艺设备、管道、阀门及管件,也包含了全部参数检测和控制仪表与功能。因此P&ID图不仅可以表达工艺设备的作用和处理流程,更重要的是体现了对工艺过程的控制,说明生产过程的自动控制方案。

P&ID图中设备、管线、阀门表达方式与工艺流程一样,仪表及控制系统图符按国家标准绘制,以下做简要介绍。

3. P&ID图基本符号及仪表位号

P&ID图中的基本符号由仪表及控制系统符号、仪表位号、连接线和测量点组成。

仪表及控制系统基本符号如图1-69(a)所示。仪表的图形符号是一个细实线圆圈。仪表位号一般由功能标志和仪表回路编号两部分组成,功能标志填写在圆圈上半部分,仪表回路编号填写在圆圈下半部分,如PC-101。回路编号的第一位数字通常表示工段号,后续数字表示仪表序号。对于处理两个或两个以上被测变量,具有相同或不同功能的复式仪表,可以采用两个相切的圆或分别用细实线圆与细虚线圆相切来表示,如图1-69(c)所示。

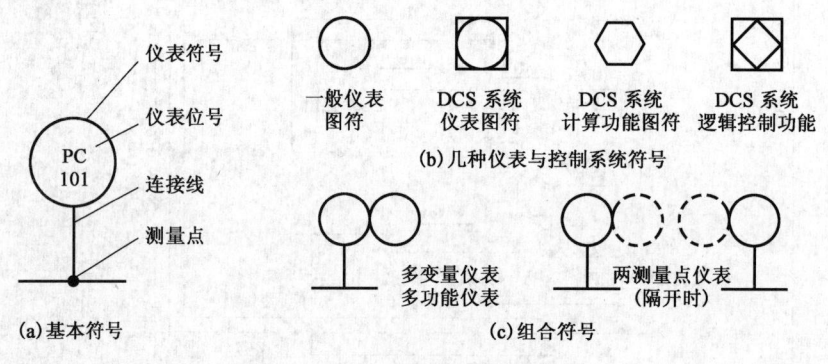

图1-69 仪表及控制系统符号

1)字母符号

仪表的功能符号由字母组合表示,如TIC、PDRA等。其中第一位字母表示被测(控)变量,第二位字母如果是修饰符号时,如D(差)、F(比率)、Q(累计)等,与第一位字母共同表示变量。此后的字母表示功能要求,也可以附加修饰字母,如H(高)、L(低)、M(中)等。例如,PDIT-101表示回路编号为101的有指示功能的差压变送器;TRC-113表示回路编号为113的有记录功能的温度控制器;PICAH-201表示回路编号为201的有指示和高限报警功能的压力控制器,P表示被控参数为压力,AH表示压力高限报警。

常用字母符号如表1-5所示。

表1-5 常用字母符号

字母代号	测控变量(首位字母+修饰字母)		功能(后继字母)		
	变量	修饰词	读出功能	输出功能	修饰词
A	分析		报警		
B	烧嘴、火焰				
C	电导率			控制	
D	密度	差			
E	电压(电动势)		检测元件		
F	流量	比率(比值)			
G	毒性气体或可燃气体		视镜、观察		

续表

字母代号	测控变量(首位字母+修饰字母)			功能(后继字母)	
	变量	修饰词	读出功能	输出功能	修饰词
H	手动				高
I	电流		指示		
J	功率	扫描			
K	时间、时间程序	变化速率		操作器	
L	物位		灯		低
M	水分、湿度	瞬动			中、中间
N					
O			节流孔		
P	压力、真空		连接或测试点		
Q	数量	积算、累计			
R	核辐射		记录、DCS 趋势记录		
S	速度、频率	安全		开关、联锁	
T	温度			传送(变送)	
U	多变量		多功能	多功能	多功能
V	振动、机械监视			阀、风门	
W	重力、力		套管		
X		X 轴			
Y	事件、状态	Y 轴		继电器、计算器、转换器	
Z	位置、尺寸	Z 轴		驱动器、执行元件	

2)图形符号

(1)仪表及控制系统图形符号。

仪表及控制系统图形符号用于表示仪表类型、安装位置、信号种类等信息,如表 1-6 所示。

表 1-6 仪表及控制系统图形符号

仪表类型	现场安装	控制室安装,操作员监视,数据可存取	现场盘装,操作员监视,数据不存取	盘后安装,操作员不监视,不与 DCS 通信	联锁控制功能
仪表	○	⊖	⊖	⊝	I (继电器联锁)
DCS 系统	⊙	⊖	⊖		I (DCS 联锁)

— 63 —

续表

仪表类型	现场安装	控制室安装,操作员监视,数据可存取	现场盘装,操作员监视,数据不存取	盘后安装,操作员不监视,不与DCS通信	联锁控制功能
计算机功能模块	⬡	⬡	⬡	⬡	
PLC控制功能	⬖	⬖	⬖	⬖	◇I PLC联锁

(2)执行器符号。

执行器由执行机构与调节机构(阀、风门等)组合而成。其图例符号如表1-7所示。

表1-7 执行器符号

气动执行机构		电动执行机构		带辅助装置		调节机构			
带弹簧气动薄膜执行机构		电动执行机构	M	带手轮执行机构		截止阀		蝶阀	
不带弹簧气动薄膜执行机构		电磁执行机构	S	带气动阀门定位器执行机构		闸阀		球阀	
活塞式执行机构(双作用)		数字式执行机构	D	带电气阀门定位器执行机构		角阀		旋塞阀	
活塞式执行机构(单作用)				带人工复位装置执行机构	S/R	三通阀		隔膜阀	
				带远程复位装置执行机构	S/R	四通阀		其他阀	X

4. P&ID图识读示例

图1-70为P&ID图的一个示例。图中整个脱乙烷塔所在区域工段编号为2号段。图中的仪表位号PI-206表示一个就地安装的普通压力表,工段号为2,仪表序号为06号压力仪表,用来在现场指示进入再沸器的加热蒸汽的压力值。FR-212表示一个测量由脱甲烷塔来的原料流量的流量计,且该流量值被远传送到控制室进行流量指示记录。

经分析可知该图中含有四个闭环控制回路,四个回路的变送器此处均省略未画出。

(1)温度控制回路TRC-210。T表示温度,R表示记录,C表示控制,TRC-210表示具有记录和调节功能的温度控制器。控制器所在回路编号为210,该回路通过改变进入再沸器中的蒸汽流量来控制塔下部温度的恒定。

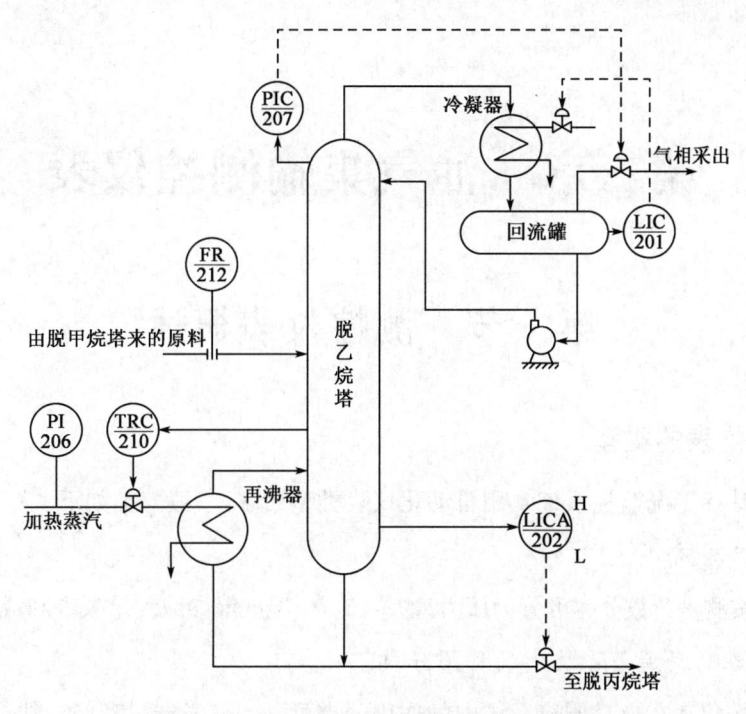

图 1-70 脱乙烷塔的工艺管道及控制流程图

(2)塔底液位控制回路 LICA-202。L 表示液位,I 表示指示显示,C 表示控制,A 表示报警,LICA-202 表示具有液位指示调节和液位超限报警功能的液位控制器。控制器所在回路编号为 202,该回路通过改变塔底的采出量来控制塔底液位的稳定。

(3)压力控制回路 PIC-207。P 表示压力,I 表示指示显示,C 表示控制,PIC-207 表示具有压力指示和调节功能的压力控制器。控制器所在回路编号为 207,该回路通过改变气相采出量来控制塔顶压力的稳定。

(4)回流罐液位控制回路 LIC-201。L 表示液位,I 表示指示显示,C 表示控制,LIC-201 表示具有液位指示和调节功能的液位控制器。控制器所在回路编号为 201,该回路通过改变进入冷凝器的冷剂量来控制回流罐液位的稳定。

第二章　油气集输测控仪表

第一节　测控仪表概述

一、测控仪表的类型

油气集输站库工况监控系统常用自动化仪表类型繁多,一般分类如下。

1. 按测量参数分类

测控仪表按测量参数分类可分为压力、物位、流量、温度等参数测量仪表和成分分析仪表等。

2. 按仪表在自动调节系统中的作用分类

测控仪表按仪表在自动调节系统中的作用分类可分为变送器、控制器、执行器等。

3. 按仪表的组合方式分类

测控仪表按仪表的组合方式分类可分为基地式仪表和单元组合式仪表。

基地式仪表集变送、显示、调节各部分功能于一体,单独构成一个固定的控制系统。例如有些轻烃站用的液位、压力控制的传统 KM 表就是基地式仪表。

单元组合式仪表将变送、控制、显示等功能制成各自独立的仪表单元,各单元间用统一的输入输出信号相联系,可以根据实际需要选择某些单元进行适当的组合,组成各种测量系统或控制系统。目前各油气集输站库使用的测控仪表基本上都是组合仪表。

4. 按仪表使用能源分类

测控仪表按仪表使用能源分类可分为电动仪表、气动仪表和自力式仪表。它们分别使用电、压缩空气及被测介质自身能量作动力。

5. 按仪表的信号形式分类

测控仪表依据仪表的信号形式可分为模拟式和数字式两大类。数字式仪表又分有线仪表和无线仪表两种。

模拟式仪表,其变送器、控制器、执行器等仪表单元之间传递的信号形式为连续变化的模拟量,如 4～20mA、0～5V 等,信号的幅值表示参数的大小。模拟式自动化仪表属于传统仪表,具有非常广泛的应用历史和基础。其结构简单、价格较低、功能较少、性能不高。

数字式仪表,一般称为智能仪表,以微处理器为核心,具有逻辑分析、计算、信息存储、数字通信等能力,可以实现复杂的运算和控制功能。各数字仪表与上位机及其他仪表传递的信号形式为数字编码信号。数字信号都遵守一定的通信规范,如 RS485、HART、Modbus、

FF 等。

智能仪表有总线型智能仪表和混合式智能仪表两类。总线型智能仪表属于纯数字仪表，采用现场总线方式与上位机及其他仪表发送数字编码信号进行通信。采用现场总线通信方式，如 Modbus、FF 等。混合式智能仪表采用在 4~20mA 模拟信号的基础上叠加 HART 数字通信信号，具有模拟式仪表和数字式仪表的特点。

在实际应用中，采用模拟式信号的变送器、执行器等自动化仪表目前还是占大多数。油田数字化控制系统（如 SCADA 系统、DCS 系统），所采用压力、温度、流量、液位测量的变送器和调节阀也都使用传统的模拟式仪表。

无线仪表采用无线方式实现信号的远传，具有安装施工容易、无须布线、占用空间小的特点，大大节省了现场安装布线成本，方便安装使用。井场条件下有线仪表在进行现场作业时容易出现碰伤、刮断变送器电缆事故，不易实现仪表防盗、防破坏。因此针对野外或配套供电不方便的井场特殊条件下，使用无线压力变送器具有独特的优越性。

由于采用电池供电，仪表一般采用超低功耗设计，无背光液晶显示现场数据，自动休眠、定时发送数据等节电措施，以延长电池使用寿命。

无线仪表数据通信以一定频率的基波承载有用信号的调制波，必须遵循国际公认的通信标准方式才能实现。常用的通信标准有蓝牙(Bluetooth)通信、ZigBee 通信、GPRS 通信及短距短波电台通信等方式。

二、测控仪表的信号方式及本安防爆

1. 模拟信号

模拟式仪表，目前采用国际标准信号制式，如图 2-1 所示。仪表电源采用 24V DC 直流集中供电电源，现场传输信号为 4~20mA DC；控制室联络信号为 1~5V DC。现场变送器可以采用两线制传输，即两根导线同时可以输送变送器所需要的直流电源电压和输出电流信号。采用两线制，不仅可以节省大量电缆和安装费用，而且还有利于安全防爆。

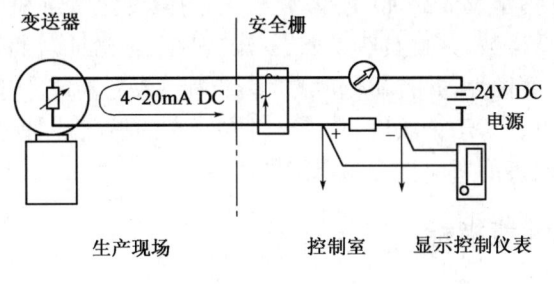

图 2-1 二线制仪表接线

2. 数字信号

1) 串口通信 RS-485

RS-485 标准串口数字通信接口，具有多点、双向通信能力，即允许多个发送器连接到同一条总线上，同时增加了发送器的驱动能力和冲突保护特性，扩展了总线共模范围。RS-485 串行通信接口现在已是大量的自动化仪表和控制装置的基本通信接口，在自动化领域广泛使用。

RS-485规范允许连接32个设备。推荐最大传输距离为1200m，使用专用的RS-485符合阻抗特性120Ω的屏蔽双绞线，并且两端必须有终端电阻。

RS-485端口采用二线连接时，使用一对接线来发送和接收数据。该接线对用来发送和接收数据。

RS-485通信速率有4800bps、9600bps、19200bps、38400bps、57600bps等多种，收发主从设备通信速率必须设置相等。RS-485常用通信协议ModbusRTU。

2）HART通信协议

HART通信方式混合式智能变送器在我国得到了较为广泛的应用。HART通信协议采用移频键控（FSK）技术，通过在4～20mA DC的模拟信号上叠加幅度为0.5mA的正弦调制信号，用1200Hz正弦调制信号代表逻辑"1"，2200Hz正弦调制信号代表逻辑"0"。由于叠加的正弦信号平均值为0，所以对模拟信号没有影响。由于每台变送器都有一个唯一的编号，所以通过主机或手持操作器能分别同各台变送器通信。

HART数字通信协议通过主令设备提供全系统的完整性信息。HART协议有多站通信的能力，几个设备可联网到单一的通信线上。这非常适合于监控远程应用。

3. 本质安全防爆系统

对工作在具有易燃、易爆油气危险场所的仪表，需要采用防爆措施，防止仪表在故障状态下过热或出现电火花，引燃、引爆危险气体。

采用二线制仪表可以构成安全火花防爆系统，所谓安全火花，是指仪表即使产生电火花，所产生的电火花能量有限，不足以引燃、引爆危险气体。因此是一种本质安全的防爆系统。

实现的方法是在有危险气体的生产现场和控制室之间设置一个限制电源电能用的安全栅，通过限制到现场仪表的工作电压和工作电流，保证在任何时候都不会有超过安全火花限制的能量流入危险场所，从而构成了安全火花防爆系统，特别适用于油气集输测控系统。安全火花本安防爆系统组成如图2-2所示。

用于原油、天然气、污水及成品油的自动化仪表，有其专业特点和特殊性。对于原油，其特殊性在于其高黏度、低雷诺数，并且具有易燃、易爆、易凝、不透明等特点；对于油田污水，其特殊性在于它具有较强的腐蚀性，并且矿化度高、易结垢。成品油成分单纯，透明，无腐蚀性，要求测量精度高，易燃易爆。对于天然气，其特殊性在于它的易燃易爆性。因此在选择、安装、使用仪表时，要特别注意仪表的适应性和防爆问题。

三、测控仪表的性能指标

用于参数检测用的测量仪表（包括就地指示仪表及信号远传用变送器）的性能指标是评价仪表性能好坏、质量优劣的主要依据，也是正确选择仪表和使用仪表以进行准确测量必须具备和了解的知识。

1. 精度

精度反映正常使用条件下，描述仪表测量结果准确程度的一项综合性指标。其形式可用下式描述：

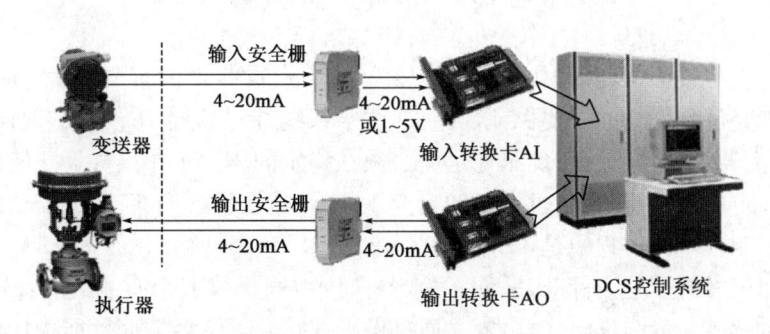

图2-2 安全火花本安防爆系统组成示意图

$$A_c = \frac{e_{max}}{S_P} \times 100 \tag{2-1}$$

式中 A_c——精度；
S_P——测量仪表量程（测量上限-测量下限）；
e_{max}——允许最大绝对误差。

精度等级是按国家统一规定的精度的允许值。目前，我国规定生产的仪表精度等级有：0.01、0.02、0.05、0.1、0.2、(0.25)、(0.4)、0.5、1.0、1.5、2.5等（括号内等级必要时采用）。

仪表的精度等级是衡量仪表质量优劣的重要指标之一，其数值越小，仪表的精确度等级越高。工业现场用的测量仪表，其精确度大多是0.5级以下。

仪表的精度等级一般用圈内数字等形式标注在仪表面板或铭牌上。

2. 变差

在外界条件不变的情况下，使用同一仪表对同一变量进行正、反行程（被测参数由小到大和由大到小）测量时，仪表指示值不一样的现象称为变差（又称回差）。变差反映了仪表的正向（上升）特性与反向（下降）特性的不一致程度。

不同的测量点，变差的大小也会不同。为了便于与仪表的精度比较，变差 E_{hmax} 的大小，一般用下式表示：

$$E_{hmax} = \frac{e_{hmax}}{S_P} \times 100\% \tag{2-2}$$

式中 e_{hmax}——仪表在同一测量值下，正、反行程指示值最大偏差（绝对值）。

造成变差的原因很多，如传动机构的间隙、运动部件的摩擦、弹性元件的弹性滞后影响等。

变差的大小反映了仪表的稳定性,要求仪表的变差不能超过精度等级所限定的允许误差。

3. 线性度

线性度就是仪表特性曲线逼近直线特性的程度。线性度用非线性误差 E_{lmax} 来表示:

$$E_{lmax} = \frac{e_{lmax}}{S_P} \times 100\% \qquad (2-3)$$

式中　e_{lmax}——仪表特性曲线与理想直线特性间的最大偏差。

第二节　压力检测仪表

油气集输生产过程中,压力往往是决定安全生产、优化生产的重要因素。压力的检测和控制是生产过程经济和安全的重要保证。例如,注水系统、锅炉等承压设备必须在很高的压力下工作,油气分离器、压力缓冲罐、负压稳定塔必须在稳定的压力工作条件下才能稳定进行,而所有设备都有一定的承压能力,超过设备的安全压力,会造成设备损坏,造成安全事故。因此,压力的测量与控制在生产过程中是十分重要的。

按胜利油田"四化"建设标准,采油、注水井口压力测量仪表为有线或无线压力变送器,所采用的压力传感器一般为压阻式、电容式或硅谐振式传感器。各方面性能指标的要求都较高,它将测量到的井口原油、注水压力值实时地传送给井口或计量间 RTU。

智能型变送器将专用的微处理器植入变送器,利用计算机技术及数字通信技术,使变送器具备逻辑判断、数字计算和通信能力。

一、扩散硅式压力变送器

1. 结构

扩散硅式压力变送器由压力传感器和表头(转换电路)两部分组成。压力传感器一般做成 $M20mm$ 压力表接头的形式,通过螺纹连接到设备或管道上。表头部分用于安装转换电路、显示器及输出信号接线端子。

扩散硅式压力传感器(图2-3)底部封装不锈钢隔离膜片,通过隔离液(如硅油)传压给硅杯。硅杯是由半导体材料(N型单晶硅)制成的测压膜片。背面采用集成电路工艺在特定位置将P型杂质扩散到N型硅片上,形成四个扩散电阻。

2. 原理

扩散硅式压力变送器是基于半导体材料的压阻效应工作的。单晶硅材料在受到外力作用产生极微小应变时,其内部原子结构的变化,导致其电阻率剧烈变化。

硅杯底部的硅膜片下侧高压腔承受被测压力,膜片上方低压腔与大气连通。当硅膜片受压时,膜片产生向上凸起的变形,使其背面的扩散电阻发生变化。

硅膜片上中心部分的扩散电阻 R_2、R_4 在硅膜片凸起变形时受拉应力作用,压力作用下电阻增加。边缘部分的扩散电阻 R_1 和 R_3 受压应力作用,电阻减小;膜片上的四个扩散电阻构成桥式测量电路,电阻变化时,电桥输出电压与膜片所受压力成线性对应关系。

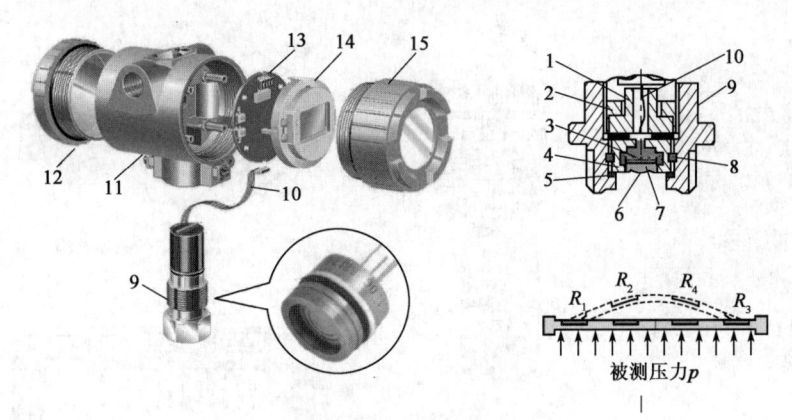

图 2-3 扩散硅式压力变送器结构图

1—压帽;2—压环;3—硅杯;4—传感器芯体;5—密封垫片;6—隔离膜片;7—隔离液;8—密封圈;
9—传感器外壳;10—引线;11—主壳体;12—后盖;13—信号处理板;14—液晶显示器;15—前盖

图 2-4 是扩散硅式压力变送器的测量电路原理图,扩散硅式压力变送器的测量电路由扩散电阻桥路、恒流源、电压—电流转换放大电路等组成,构成两线制压力变送器。测量电路由 24V 直流电源供电,其电源电流 I_o 就是输出信号,$I_o = 4 \sim 20$mA。输出电流 I_o 随应变电阻的改变线性正比变化。在被测压差量程范围内,总的输出电流 I_o 在 $4 \sim 20$mA 范围内变化。

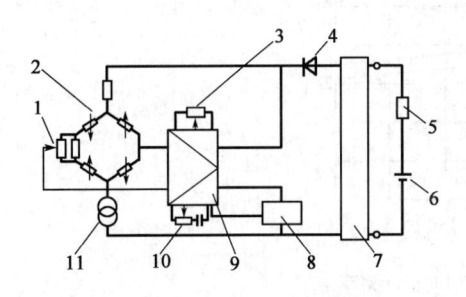

图 2-4 扩散硅式压力变送器测量电路图

1—零点调整电位器;2—扩散电阻桥路;3—阻尼调整电位器;4—反向保护二极管;5—负载;6—电源;7—防浪涌避雷器;8—输出电流限制电路;9—电压—电流转换放大器;10—量程调整电位器;11—恒流源

二、硅谐振压力变送器

硅谐振压力变送器,采用了先进的单晶硅谐振式传感器,具有很高精度(0.075%)和分辨率,抗干扰能力强,稳定性和可靠性高,静压、温度等环境影响很小,具有 BRAIN/HART/FF 现场总线三种通信协议输出(可选择),有良好的自诊断及远程设定通信功能。

1. 传感器结构原理

硅谐振压力变送器如图 2-5 所示。其中,硅谐振传感器的核心部分——硅谐振梁结构是在一单晶硅芯片上采用微机械加工技术,分别在其表面的中心和边缘加工成两个形状、大小完全一致的 H 形状的谐振梁,一个在硅片的中心,另一个在硅片的边缘。当硅片受到压力作用产生微小变形时,会影响两个谐振梁自由振动频率。应力的变化使两个 H 形谐振梁的固有振动频率发生变化:中心 H 形梁受拉伸作用,振动频率随压力增加而增加;而边缘 H 形梁受压缩作用,振动频率随压力增加而减小。两个谐振梁的频率之差,正比于被测介质的压力,如图 2-6 所示。

硅谐振传感器中的硅梁、硅膜片、空腔被封在微型真空中,使它既不与充灌液接触,又在振动时不受空气阻力的影响,所以用它制成的仪表性能稳定。

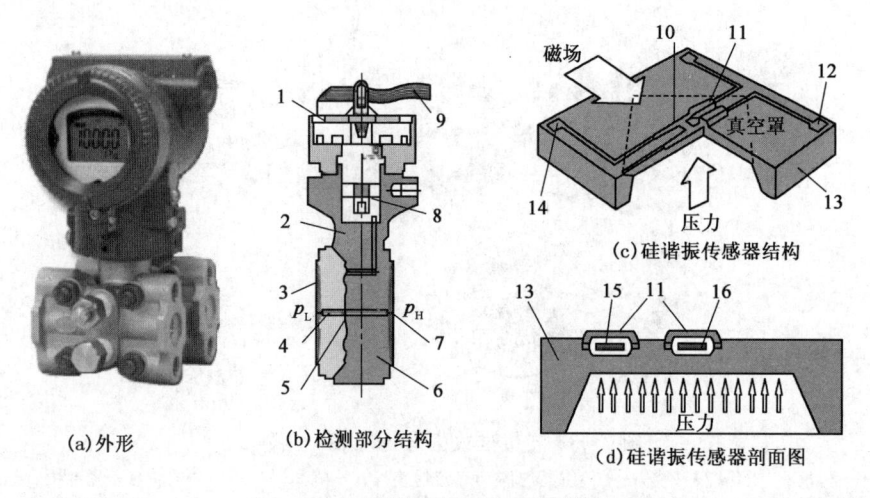

(a)外形　(b)检测部分结构　(c)硅谐振传感器结构　(d)硅谐振传感器剖面图

图2-5　硅谐振压力变送器结构原理图

1—转换电路板；2—测量部分；3,7—隔离膜片；4—硅油；5—测量膜片；6—基座；8—硅谐振传感器；
9—信号电缆；10—H形谐振梁；11—真空室；12—检测端电极；13—传感器硅基体（膜片）；
14—驱动端电极；15—边缘H形谐振梁；16—中心H形谐振梁

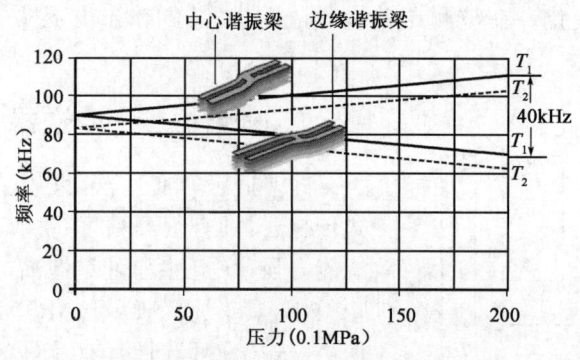

图2-6　硅谐振梁振动频率与压力关系

由于边缘和中心的两个H形谐振梁形状、尺寸完全一致，当环境温度升高时，两谐振梁尺寸膨胀量一致。高温时两谐振梁的振动频率都要降低，但在同一温度状态下它们的频率特性按相同比例变化，特性曲线同时向下平移（图2-6虚线），两谐振梁频率之差，变化量相互抵消，因此能自动消除温度误差的影响。

硅谐振传感器通过隔离膜片—硅油与被测压力联系。当变送器只有单向压力作用时，隔离膜片内侧的硅油向中心膜片移动，硅油传递压力到谐振传感器，压力增大到某一数值时，隔离膜片与基座完全接触，将传感器通道密封。此时，外部压力不管怎样增大，硅油的压力也不会增大，很好地保护了传感器芯体。

2. 转换部分原理

硅谐振梁与激振线圈、检测线圈、放大器等组成一正反馈回路，让谐振梁在回路中产生自激振荡。如图2-7所示，硅谐振梁处于永久磁铁提供的磁场中，通过激振线圈A的交变电流i激发H形硅梁振动，并由检测线圈B感应后送入自动增益放大器。放大器一方面输出频率，另一方面将交流电流信号反馈给激振线圈,形成一个正反馈闭环自激系统,从而维持硅梁连续等幅振动。

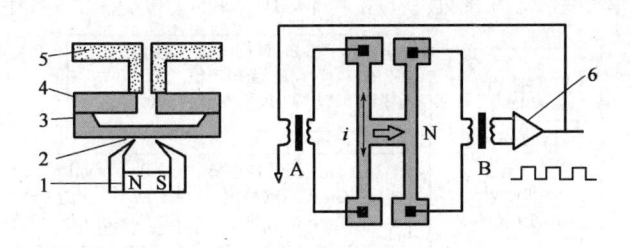

图 2-7 硅谐振传感器工作电路
1—磁钢;2—H 形谐振梁;3—硅膜片;4—硅基底;5—压力引入;
6—放大器;A—激振线圈;B—检测线圈

单晶硅谐振传感器上的两个 H 形振动梁分别将差压转化为频率信号,采用频率差分技术,将两频率差数字信号直接输出到脉冲计数器计数,计数到的两频率差传递到微处理器 CPU 进行数据处理,经 D/A 转换器转换为与输入信号相对应的 4～20mA DC 的输出信号。

膜盒组件中内置的特性修正存储器存储着传感器的环境温度、静压及输入/输出特性修正数据,经 CPU 运算,可使变送器获得优良的温度特性和静压特性及输入/输出特性。

三、智能压力变送器的调校

由于智能压力变送器具有丰富的数据处理能力,仪表功能多样,调整起来也比较方便。以罗斯蒙特 1151 型智能压力变送器为例,介绍其参数及功能设置方法。

1. 通信与组态

HART 通信智能压力变送器一般可以通过专用通信设备(如计算机、手持操作器等)通信,实现多种参数的组态与调整。3051C 型压力变送器及 FX-H375HART 手操器外形见图 2-8。手操器上带有键盘和液晶显示器。它可以接在现场变送器的信号端子上,就地设定或检测,也可以在远离现场的控制室中,接在变送器的信号线上进行远程设定及检测。

(a)3051C 型压力变送器外形　(b)FX-H375 HART手操器外形　(c)FX-H375 HART手操器俯视图　(d)信号连接示意图

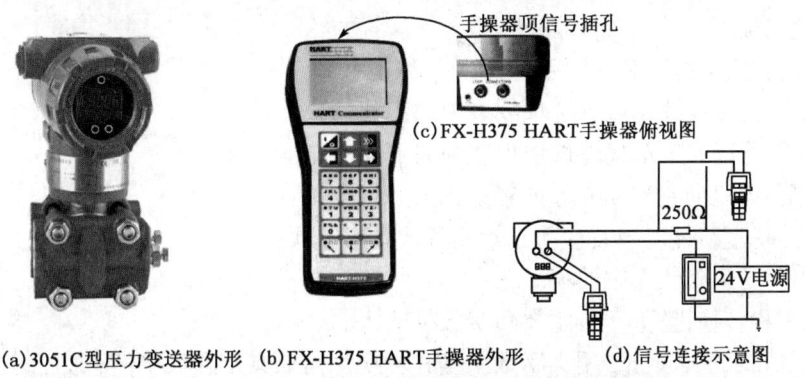

图 2-8　3051C 型压力变送器和手操器

对 3051C 型压力变送器的设置与调整(称为组态)可以通过手操器或任何支持 HART 通信协议的上位机来完成。组态可分为两部分。一是设定变送器的工作参数,包括测量范围、线性或平方根输出、阻尼时间常数、工程单位选择；二是向变送器输入信息性数据，以便对变送器进行识别与描述，包括给变送器指定工位号、描述符等。

手操器功能菜单如图2-9所示，可用于3051C型压力变送器参数组态。

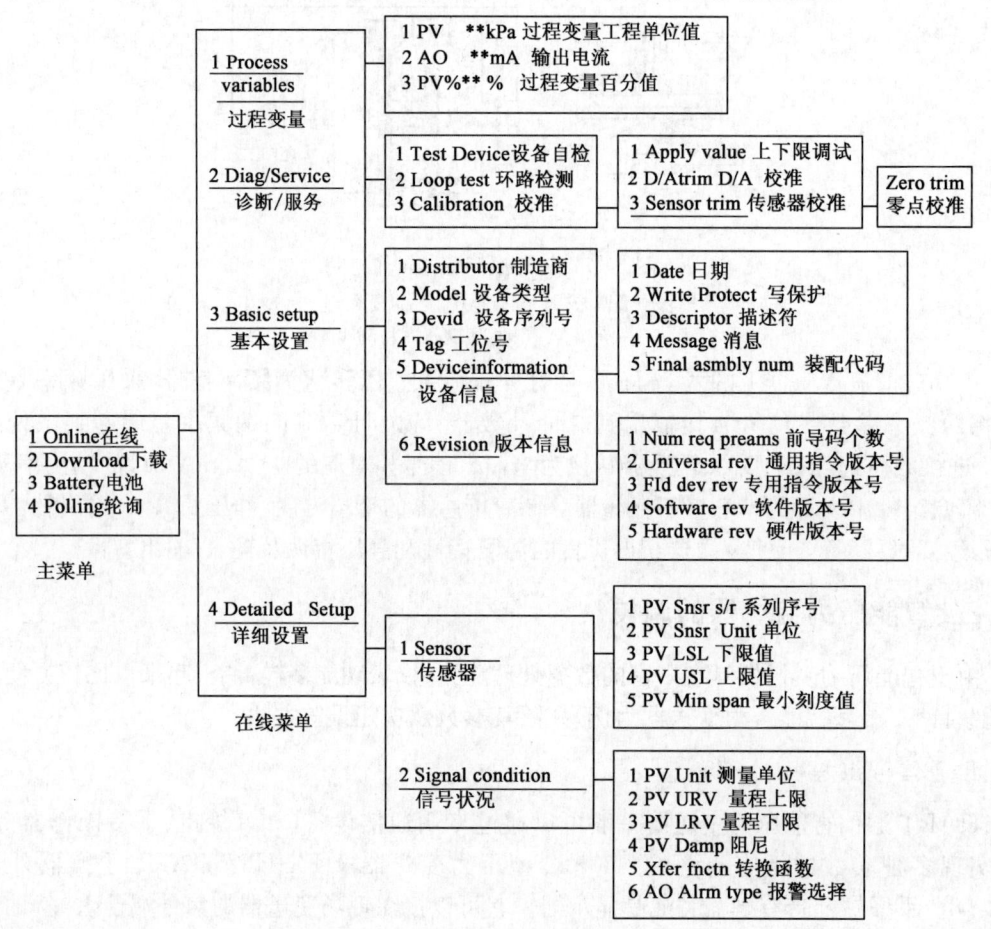

```
主菜单
├─ 1 Online 在线
│  ├─ 1 Process variables 过程变量
│  │     ├─ 1 PV  **kPa 过程变量工程单位值
│  │     ├─ 2 AO  **mA 输出电流
│  │     └─ 3 PV%** %  过程变量百分值
│  ├─ 2 Diag/Service 诊断/服务
│  │     ├─ 1 Test Device 设备自检
│  │     ├─ 2 Loop test 环路检测
│  │     └─ 3 Calibration 校准
│  │           ├─ 1 Apply value 上下限调试
│  │           ├─ 2 D/A trim D/A 校准
│  │           └─ 3 Sensor trim 传感器校准 ── Zero trim 零点校准
│  ├─ 3 Basic setup 基本设置
│  │     ├─ 1 Distributor 制造商
│  │     ├─ 2 Model 设备类型
│  │     ├─ 3 Devid 设备序列号
│  │     ├─ 4 Tag 工位号
│  │     ├─ 5 Device information 设备信息
│  │     │     ├─ 1 Date 日期
│  │     │     ├─ 2 Write Protect 写保护
│  │     │     ├─ 3 Descriptor 描述符
│  │     │     ├─ 4 Message 消息
│  │     │     └─ 5 Final asmbly num 装配代码
│  │     └─ 6 Revision 版本信息
│  │           ├─ 1 Num req preams 前导码个数
│  │           ├─ 2 Universal rev 通用指令版本号
│  │           ├─ 3 FId dev rev 专用指令版本号
│  │           ├─ 4 Software rev 软件版本号
│  │           └─ 5 Hardware rev 硬件版本号
│  └─ 4 Detailed Setup 详细设置
│        ├─ 1 Sensor 传感器
│        │     ├─ 1 PV Snsr s/r 系列序号
│        │     ├─ 2 PV Snsr Unit 单位
│        │     ├─ 3 PV LSL 下限值
│        │     ├─ 4 PV USL 上限值
│        │     └─ 5 PV Min span 最小刻度值
│        └─ 2 Signal condition 信号状况
│              ├─ 1 PV Unit 测量单位
│              ├─ 2 PV URV 量程上限
│              ├─ 3 PV LRV 量程下限
│              ├─ 4 PV Damp 阻尼
│              ├─ 5 Xfer fnctn 转换函数
│              └─ 6 AO Alrm type 报警选择
├─ 2 Download 下载
├─ 3 Battery 电池
└─ 4 Polling 轮询
                                        在线菜单
```

图2-9　3051C型HART通信装置菜单树

(1)按键说明。

开/关键■：用来打开和关闭手持器。

上移键■：可以在菜单或者选项列表中向上移动光标。

下移键■：可以在菜单或者选项列表中向下移动光标。

前移键■：可以向左移动光标或者返回上一级菜单。

后移/选择键■：可以向右移动光标或者选择菜单项。

确认键■：用来确认选中的项。

文字数字和转换键■■■：主要负责数据输入。

一些菜单要求输入数据，用文字数字键和转换键输入文字和数字信息。

如果在编辑菜单中直接按文字数字键，那么按下的是文字数字键中间的粗体符号键。这些符合包括数字0～9、小数点(.)和长划号(一)。如果要输入其他字符，则先按下转换键来选择所需字符在按键上相应的位置，然后按下所需字符所在的按键。不用同时按这两个键。例如输入字符"R",按键顺序为:⑦ ⑥。按右转换键激活转换功能,右转换键被激活了,按"6"键,一个"R"出现在可编辑区域。

(2)常用功能指导。

①读取被测参数值:"在线"状态时,选择1-"过程变量"并按右箭头键,即可进入监视变量功能。分别显示"PV＊＊＊kPa"、"AO＊＊＊mA"、"PV＊＊＊%",即被测参数的工程单位值、变送器输出电流值、被测参数与变送器量程的百分比值。

②变量单位设定:"1-在线"→"4-详细设置"→"2-信号状态"→"1-变量单位"。

③量程上限设定:"1-在线"→"4-详细设置"→"2-信号状态"→"2-量程上限"。

④量程下限设定:"1-在线"→"4-详细设置"→"2-信号状态"→"3-量程下限"。

⑤阻尼时间设定:"1-在线"→"4-详细设置"→"2-信号状态"→"4-阻尼"。

⑥输出电流校准:"1-在线"→"2-诊断及服务"→"3-校准"→"2-输出电流校准"。

⑦主变量调零:"1-在线"→"2-诊断及服务"→"3-校准"→"3-传感器校准"→"1-零点校准"。

注意:输出校准电流功能一般在HART仪表出厂和仪表周期检定时才可进行;主变量调零功能可以修正因安装位置引起仪表输出零点偏差,一般在HART仪表初装和仪表周期检定时才可进行。

2.压力变送器调校

变送器出厂前已根据用户需求,量程、精度均已调到最佳状态,无须重新调整。变送器在安装投产之前或装置检修时都要对变送器进行校验。在存放期超过1a、长时间运行后,出现大于精度范围内的误差时都要进行调校。

压力变送器校验时需要24V DC稳压电源、4½位数字电流表、标准电阻箱、压力校验仪(活塞压力计、高精度数字压力计)等标准仪器,如图2-10所示。连接压力变送器与压力校验仪,连接稳压电源、电流表与压力变送器信号输出端子,接通电源,稳定5min即可通压测试。

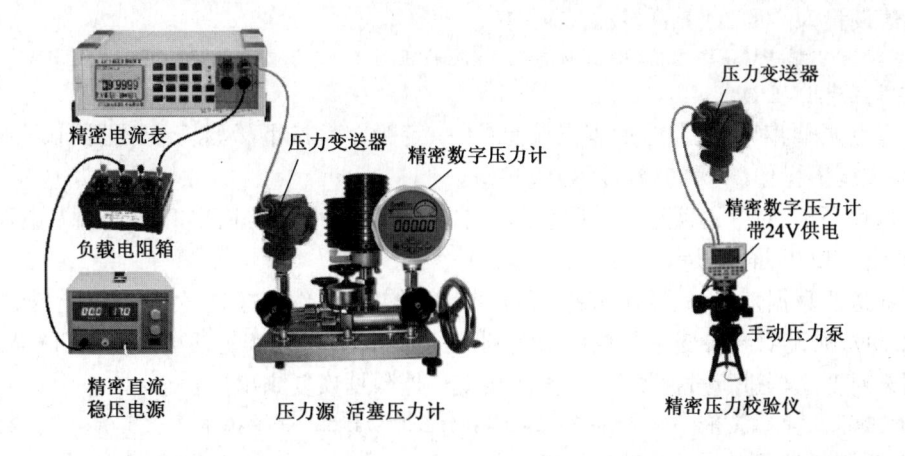

图2-10 压力变送器校验设备连接

(1)利用变送器调零、量程电位器调整。

图2-11(a)所示普通模拟式压力变送器用电路板上的电位器实现零点、量程调节。用压

力校验仪给变送器输入零位时的压力信号,若变送器零位压力为零(表压),则把变送器直接与大气相通。此时变送器输出电流为4.00mA,若不等于此值,可通过调整零位电位器改变。

(a) 普通模拟式压力变送器　(b) 电位器延伸到表外　(c) 罗斯蒙特1151型智能压力变送器　(d) 国产智能压力变送器

图2-11　压力变送器调校方式

用压力校验仪给变送器输入满量程压力信号,变送器输出20.00mA,若不等于此值,可改变量程电位器调整。零点和量程调整会有相互影响,需要反复调整零点、量程几次才能达到要求。

图2-11(b)所示方法调零电位器和调量程电位器延伸到表外,不用开盖即可调整。

(2) 利用变送器零点、量程按键调整。

图2-11(c)所示罗斯蒙特1151智能变送器具有零点、量程两个按键,下面介绍其参数及功能设置方法。

①松开变送器顶部标牌上的螺钉,露出零点Z、量程S调整按钮。

②按键开锁:同时按下Z和S键5s以上,便可开锁(LCD屏幕显示:OPEN)。

③PV值清零:将变送器直接置于大气压上,按键开锁后,再同时按下Z和S键,便可将当前PV值设置为0(LCD屏幕显示:PV=0)。

注意:如果当前PV值与零值(输出电流为4mA的压力差)的偏差超出50%FS以上,PV值清零无效(LCD屏幕显示:PVER)。

④零点调整:对变送器施加零点压差(不一定为零),按下Z键5s,变送器输出4.000mA电流,完成调零操作(LCD屏幕显示:LSET)。

⑤量程调整:对变送器施加上限压差,按下S键5s,变送器输出20.000mA电流,完成调满量程操作(LCD屏幕显示:HSET)。

⑥变送器数据恢复:先按住Z键,再接通变送器电源,继续按住Z键5s以上,如果LCD屏幕显示OK,则说明已将变送器数据恢复到出厂时状态,松开按键便可。若LCD显示FAIL,则说明未对变送器进行过数据备份,无法将变送器数据恢复到出厂状态。

注意:如果5s之内没有任何按键按下,变送器按键会自动锁住。若要操作,需要重新开锁。

(3) 利用变送器电子表头按键调整。

图2-11(d)所示国产智能压力变送器三键式电子表头上有M、Z、S三个按键和LCD显示屏,通过三按键配合使用,对变送器参数进行调整和功能设置。M键用于切换功能,每按一次切换一个功能,依次循环切换零点调整、量程调整、阻尼调整、显示模式调整、测试电流输出调整功能。Z键用于移动光标,选择被修改的数字位和小数点。S键用于修改数值,每按1

次,数值增1,小数点右移1位。

调整流程如图2-12所示,图中<M>、<Z>、<S>分别表示按电子表头上的M键、Z键、S键1次。

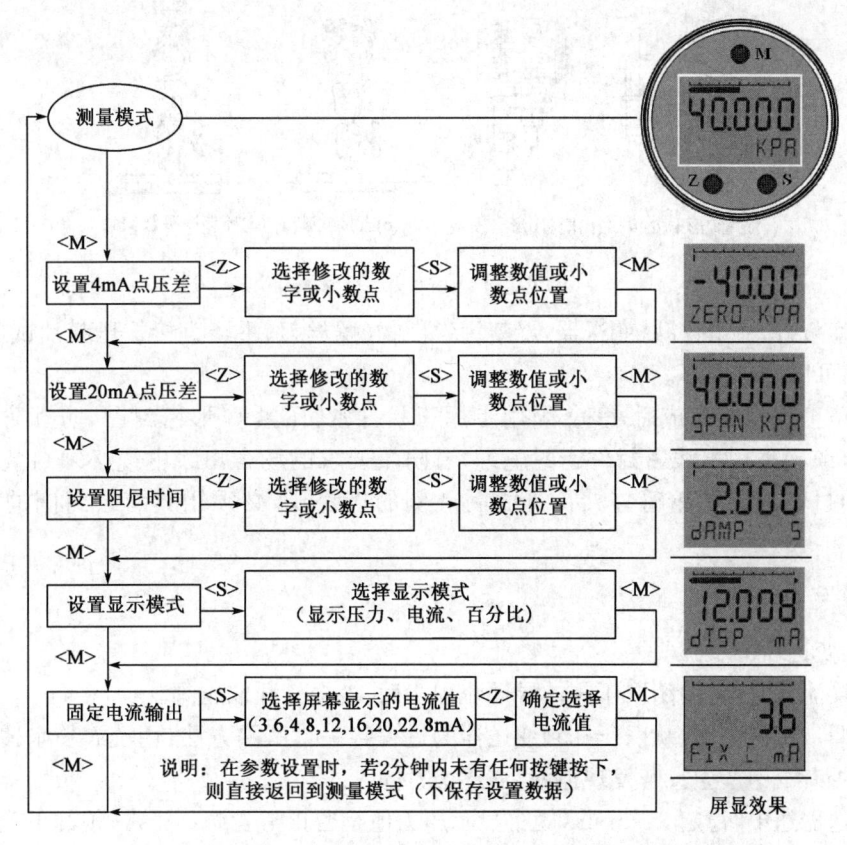

图 2-12 某智能压力变送器功能设置流程图

四、压力变送器的安装维护及故障处理

1. 安装注意事项

(1)安装前仔细阅读产品说明书。压力变送器可直接安装在测量点上,也可以通过导压管安装。取压孔要垂直于设备或管道,孔壁光滑无毛刺,避免产生取压误差。尽量避开高温、强振动和腐蚀、潮湿场合。

(2)室外安装时,尽可能放置于保护盒内,避免阳光直射和雨淋,以保持变送器性能稳定和延长寿命。

(3)测量蒸气或其他高温介质时,注意不要使变送器的工作温度超限。必要时,加引压环形管或其他冷却装置连接,见图2-13(d)。

(4)安装时应在变送器和取压点之间加装压力表阀,以便检修,防止取压口堵塞而影响测量精度。在压力波动范围大的场合还应加装压力缓冲装置。

(5)压力变送器在安装和拆卸时,须使用扳手拧动变送器压力接头,严禁直接拧动表头,避免损坏相关连接部件。

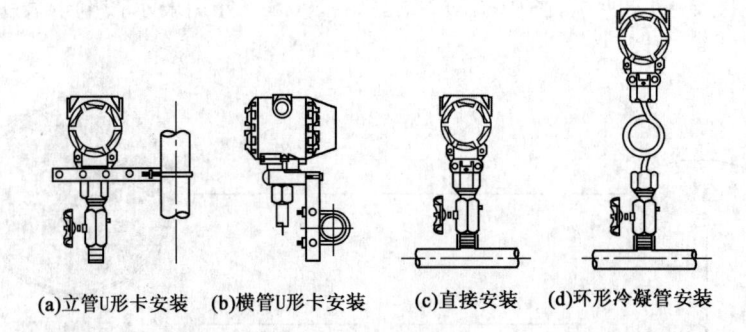

(a)立管U形卡安装　(b)横管U形卡安装　(c)直接安装　(d)环形冷凝管安装

图2-13　压力变送器安装

(6)严禁敲打、撞击、摔跌变送器,严禁用尖硬物、螺丝刀、手指直接按压膜片试压,这样最容易造成不可修复性损坏。

(7)电路正确连接完成后,表盖须用专用工具拧紧,压紧O形密封圈,防潮防水。接线孔中引线电缆必须用出线密封件密封电缆,有防爆要求的场合出线电缆必须封装到防爆挠性软管中通过电缆保护钢管连接。外壳另一侧的接线孔,必须用具有密封圈的丝堵旋紧密封。

2. 启停更换操作

1)启动变送器的步骤

(1)在导流程之前,关闭取压阀。导通流程之后,缓慢打开取压阀。

(2)试漏。试漏范围:从引压孔到变送器的过程接头。试漏方法:用洗衣粉水覆盖在试漏位置,看是否有气泡产生。若发现泄漏,需逐个紧固。

(3)变送器送电,稳定3~5min,观察显示压力值是否正常。如不正常,须卸下变送器更换或检修。

2)停运变送器的基本步骤

(1)关闭取压阀。

(2)缓慢旋开压力变送器的卸压螺钉。

(3)卸掉取压系统压力。

(4)变送器断电。

3. 日常巡检与维护

(1)检查仪表外观是否完好。

(2)检查接线是否松动。

(3)检查密封是否完好。

(4)检查信号线缆是否破损。

(5)检查控制阀门是否全开。

(6)根据维保计划进行现场维护。

(7)紧固松动的信号线缆。

(8)更换破损的密封胶圈。
(9)更换破损的信号线缆。
(10)疏通堵塞的引压管。

压力变送器检查流程如图 2-14 所示。

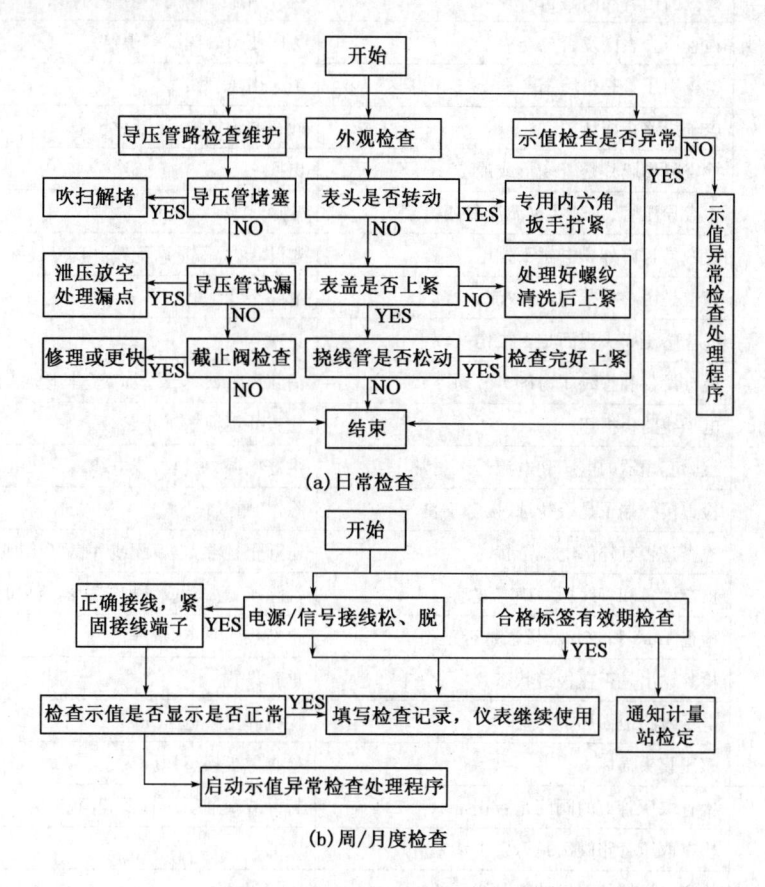

(a)日常检查

(b)周/月度检查

图 2-14 压力变送器检查流程

4. 故障诊断与处理

压力变送器故障诊断与处理方法见表 2-1。

表 2-1 压力变送器故障诊断与处理方法

故障现象	检查方法	处理方法
无任何显示	检查电源是否送电	检查正负端子处是否有电压,重新送电
	检查接线端子是否锈蚀、接触不良	除锈、重新压紧
	检查电源引线是否断线	电源断电后短路变送器处正负端子,在电源侧测量引线电阻
	检查电源极性是否接反	调换变送器处正负电源线
	检查仪表供电是否正常(13~45V)	检查电源电压是否正常(24V)
	电子线路板损坏	检查并更换电子线路板

续表

故障现象	检查方法	处理方法
有显示但一直显示压力为零，输出信号为4mA	检查管道设备内有无压力	检查管道内是否存在压力
	检查引压管阀门是否打开	打开引压管阀门
	检查压力表阀发否放空	关闭压力表阀放空螺钉
	检查引压管是否堵塞	疏通引压管线
	电子线路板损坏	检查并更换电子线路板
压力变送器显示读数不稳定	检查隔离膜片是否变形或蚀坑	更换
	检查导压管、变送器有无泄漏或堵塞	疏通
	检查是否有外界电磁干扰	避开干扰源，重新配线并良好接地
	管道是否存在杂物，形成流体扰动	清除杂物
	检查感压膜头表面是否损伤	更换
	检查设备和管线压力确有波动	消除压力波动或增加变送器阻尼时间
	电子线路板损坏	检查并更换电子线路板
输出电流信号不稳定	检验变送器的电压和电流是否正常	维修电源、更换引线电缆
	检查接线端子是否锈蚀、接触不良	除锈、重新压紧
	检查是否有外部电气干扰	避开干扰源，重新配线并良好接地
	检查设备和管线压力确有波动	消除压力波动或增加变送器阻尼时间
	检查4mA和20mA量程是否正确	重新校验零点、量程
	检验输出是否在报警状态	重新设置
	电子线路板损坏	检查并更换电子线路板
	感压膜头损坏	检查并更换感压膜头
变送器对压力变化没有响应	检查取压管上的阀门是否正常	打开或疏通引压管及阀门
	检查取压管路阀组是否发生堵塞	疏通
	检查变送器的保护功能跳线开关	重新设置
	核实压力是否超出测量范围	重新校验零点、量程
	检查传感膜头表面是否损伤	更换
	检查变送器是否在回路测试模式	重新设置
	电子线路板损坏	检查并更换电子线路板
	感压膜头损坏	检查并更换感压膜头
变送器不能用HART通信装置通信	检查变送器电源电压是否符合要求	更换引线电缆或电源
	检查回路电阻，最小为250Ω	串接回路电阻
	检查单元地址是否正确	重新设置
	检验输出是否在4~20mA之间	重新校验零点、量程
	电子线路板损坏	检查并更换电子线路板
	感压膜头损坏	检查并更换感压膜头

导致压力变送器损坏的原因:
(1)变送器内隔离膜片与传感元件间的灌充液漏,使感压元件受力不均,使其测量失准。
(2)由于被雷击或瞬间电流过大,变送器膜盒内的电路部分损坏,无法进行通信。
(3)黏污介质在变送器隔离膜片和取压管内长时间堆积,导致变送器精度逐渐下降,仪表精度失准。
(4)由于介质对感压膜片的长期侵蚀和冲刷,使其出现腐蚀或变形,导致仪表测量失准。
(5)变送器的电路部分长时间处于潮湿环境或表内进水,电路部分发生短路损坏,使其不能正常工作。
(6)变送器量程选择不当,变送器长时间超量程使用,造成感压元器件不可修复的变形。
(7)变送器取压管发生堵塞、泄漏,导致压力变送器受压无变化或输出不稳定。
(8)压力变送器的取压管发生堵塞、泄漏或操作不当,因感压膜片单向受压,使变送器损坏。

第三节　物位检测仪表

在油气集输储运系统中,石油、天然气与伴生污水要在各种分离器、缓冲罐、储罐等生产设备中分离、存储与处理,液位、油水界位的测量与控制,对于保证正常生产和设备安全、维持进出物料的平衡和油水罐计量至关重要。容器中液体和气体介质的分界面称为液位,油水分界面称为界位,固体颗粒的堆积高度称为料位,液位、界位、料位统称为物位。

一、磁翻转式液位计

1. 组成原理

磁翻转式液位计是一种利用连通管原理通过磁耦合传动的隔离式液位计,如图2-15所示。其结构由连通器、带磁铁浮子、磁翻柱组成。连通器由不导磁的不锈钢管制成,液位计面板捆绑在连通器外,面板支架内均匀安装多个磁翻柱。每个磁翻柱有水平轴,可以灵活转动,一面涂成红色,另一面涂成白色。每个磁翻柱内都镶嵌有小磁铁,磁翻柱间小磁铁彼此吸引,使磁翻柱稳定不乱翻,保持红色朝外或白色朝外。

当磁浮子在旁边经过时,由于浮子内磁铁较强的磁场对磁翻柱内小磁铁的吸引,就会迫使磁翻柱转向,使磁浮子以下翻柱为红色,磁浮子以上翻板为白色,显示液位。

磁翻转式液位计需垂直安装,连通容器与被测容器之间应装连通阀,以便仪表的维修、调整。磁翻板式液位计结构牢固,工作可靠,显示醒目。利用磁性传动,不用电源、不会产生火花,宜在易燃易爆场合使用。其缺点是当被测介质黏度较大时,磁浮子与器壁之间易产生粘贴现象。严重时,可能使浮子卡死而造成指示错误。

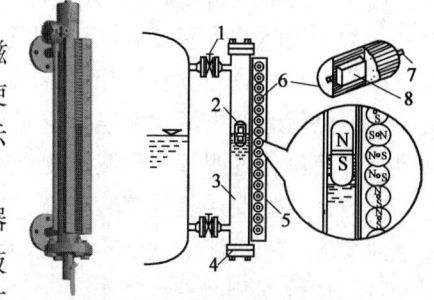

图2-15　磁翻转式液位计
1—连通阀;2—内装磁钢的浮子;3—连通器;
4—盲板;5—液位计面板;6—磁翻柱;
7—磁翻柱轴;8—翻柱磁铁

磁翻转式液位计的安装形式有侧装式和顶装式（地下型），根据被测介质的特性分为基本型、防腐型和保温夹套型，如图2-16所示。

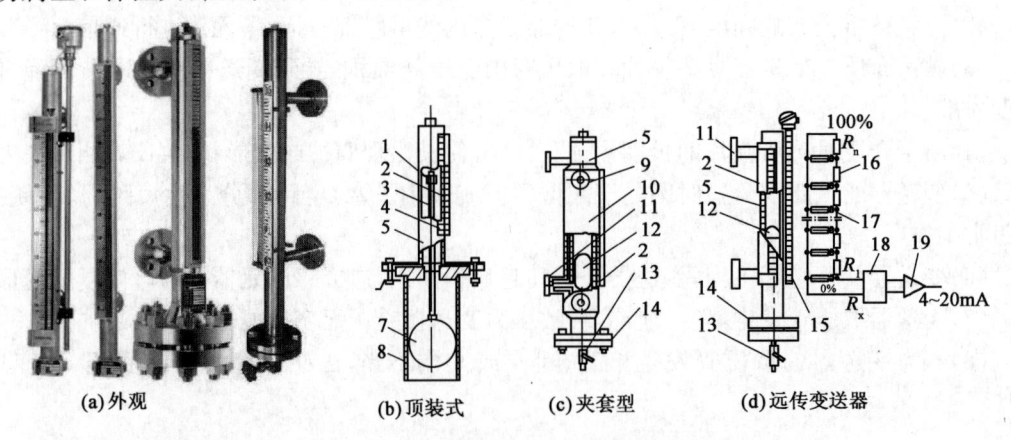

图2-16　磁翻转式液位计类型

1—磁钢；2—液位计面板；3—连杆；4—磁翻柱；5—连通管；6—被测容器开孔法兰；7—普通浮球；8—导管；9—保温介质连通管；10—保温夹套；11—被测液体连通管；12—磁性浮子；13—排污阀；14—连通器法兰；15—液位变送器；16—精密电阻；17—干簧管；18—测量电桥；19—V/I转换器

磁翻转式液位计可配置液位开关输出，实现远距离报警及限位控制。液位开关内置干簧管，通过浮子的磁场驱动干簧管闭合，实现上下限位置报警。

磁翻转式液位计还可配置变送器[图2-16(d)]，变送器测量管中密封多个并联干簧管及串联电阻，当磁浮子吸引液位高度上的干簧管闭合时（其他干簧管均不闭合），使测量电路总电阻等于其下各段电阻之和，随液位变化，通过转换电路转变为4～20mA标准信号输出，实现液位的远距离指示达到自动控制和检测的目的。

2. 安装与校验

安装磁翻转式液位计时，卸开底部盲板，保持浮子箭头向上，将浮子装入测量管内，将盲板密封安装后与被测容器连接。注意上下连通管必须用密封性能较好的截止阀连接，以便以后调试维修。

磁翻转式液位计在出厂前已根据用户提供的工作压力、介质密度等参数配重浮子。因此液位计浮子的标称密度影响测量精度。如果配重密度比实际密度小会出现假高液位，如果配重密度大于实际液体密度时，浮子甚至会因过重而下沉，不能正常显示液位。如要在现场精确调整指示误差时，在连通器内灌入被测介质，关闭上部气相连通阀门，打开顶部丝堵，使之通大气。在液位计底部排污阀上连接透明塑胶管指示罐中液位高度。通过上、下移动标尺，使红白分界指示液位与透明管实际液位吻合，满足精度要求。

液位计远传变送装置校验步骤：关闭上下连通阀门，卸开盲板，用杆状物移动浮子，观察输出电流变化。如将浮子置于零位处，调节"零位"电位器，使输出为4mA。再将浮子置于满量程处，调节"量程"电位器，使输出为20mA。如此反复调节几次即可满足要求。

3. 故障分析及处理

1）浮子卡死

由于被测液体中铁锈及其他固体杂质，会逐渐吸附在浮子和连通器中，导致浮子卡死，使现场液位测量值固定不变,无法进行液位检测,需要定期清洗磁浮子和连通器内壁。清洗时要关严上下连通管阀门,缓慢打开底部排污阀,泄压、排污干净后再卸开盲板固定螺栓,防止带压伤人。

清洗完毕打开仪表时,要注意先开上部连通阀,待顶部气体充压至与罐内压力平衡后再打开液体连通阀,防止连通器内液位冲击浮子,将浮子撞瘪了。

2) 乱磁现象

磁翻转式液位计长时间使用后,磁钢退磁,导致浮子与磁翻柱磁钢之间磁耦合力减弱,无法带动磁翻柱翻转,从而产生指示器磁钢红白紊乱的情况,即乱磁现象。当出现乱磁现象时,一般需要更换浮子或指示器面板。

3) 气阻现象

当测量原油中有气体析出时,在连通器中,气泡上升,当气体从磁浮子周围穿过时,高速气流冲击浮子,使之迅速上下运动。浮子运动速度过快而与磁翻柱瞬间失去磁耦合作用,造成指示器的乱磁现象。当液位计出现由于气阻导致的乱磁现象时,可通过关小气相连通阀,再用磁棒等磁性物体进行现场校正,以恢复现场液位的监控。

4) 变送单元故障

长期使用后传感器的个别干簧管会产生永久性导通或不吸合失效,影响变送单元的分压电阻比,出现液位值的测量偏差,就无法准确测量液位。变送单元遭受雷击时,转换电路中瞬间冲击电流使电子元件损毁,导致变送单元无法对检测信号进行转换。一般可通过更换干簧管及转换电路板修复。

当磁翻转液位计出现退磁、乱磁、远传变送单元损坏时,一般可以通过更换磁浮子及指示面板进行修复,无需更换连通器、上下连通阀等金属构件。

5) 电伴热带故障

测量原油时温度过低会使原油凝固无法测量液位。测水的液位在冬天结冰的情况下会使浮子变形破裂。通常需要用防爆电热带伴热,并在筒体外面敷设保温层。电热带的通断依靠液位计上安装的温控器控制。安装时注意温控器感温温包及毛细管要紧贴连通器壁面,但不要靠近电热带,毛细管不能硬折死弯,防止出现感温误差。另外,测量原油时温控器设定温度以 60~80℃为宜,过低易凝、过高易沸。

二、静压式液位计

1. 测量原理

由流体静力学原理知道,一定高度的液体自身的重力作用于底面积上,所产生的静压力与液体层高度有关。静压式液位检测方法是通过测量液位高度所产生的静压力实现液位测量的。如图 2-17 所示,p_A 表示液面上 A 点的静压力(气相压力),p_B 表示零液位处 B 点的静压,H 为液位高度,根据流体静力学原理有:

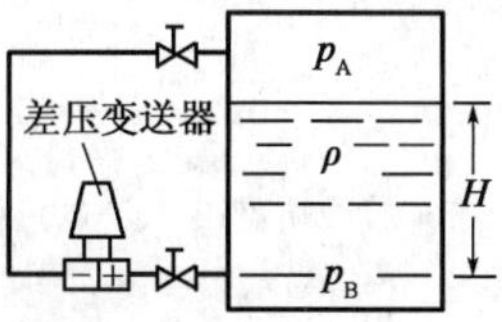

$$\Delta p = p_B - p_A = H\rho g \qquad (2-4)$$

图 2-17 静压式液位计测量原理

对敞口容器，p_a 为大气压，则：

$$\Delta p = p_B - p_a = H\rho g \tag{2-5}$$

静压式液位测量采用差压变送器实现。由于差压变送器已经非常成熟，测量精度也很高，所以静压式液位测量方法是工业生产中最常用的液位测量方法。

由于安装条件限制，无法使差压变送器与液位零点在同一水平线上，会产生附加静压误差。另外，当测量原油和污水等高黏易凝液体或腐蚀性液体时，为了防止被测介质进入变送器，造成管线堵塞或腐蚀，往往在变送器正、负压室与取压点之间分别装有隔离罐，也会造成附加静压。为了使差压变送器能够正确地指示液位高度，须对差压变送器进行零点调整，使它在液位为零时输出"零"信号（4mA），这种方法称为"零点迁移"，见图2-18。

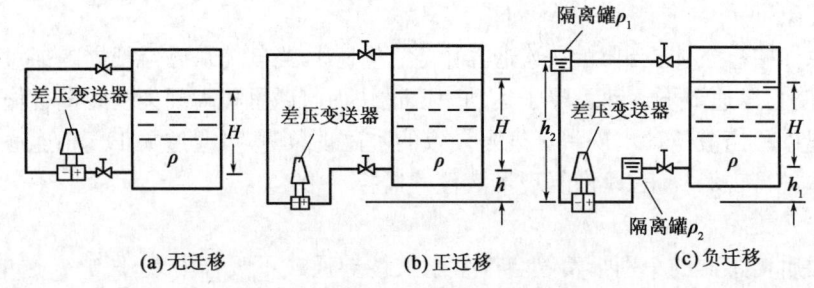

图2-18 静压式液位计的"零点迁移"

2. 电容式差压液位变送器

电容式差压液位变送器比较典型的是1151系列，结构原理如图2-19所示，由检测部分和转换部分组成。检测部分将被测的压力差经差动电容膜盒转换为电容量的变化；转换部分将电容的变化量转换放大成4～20mA标准电流信号输出。

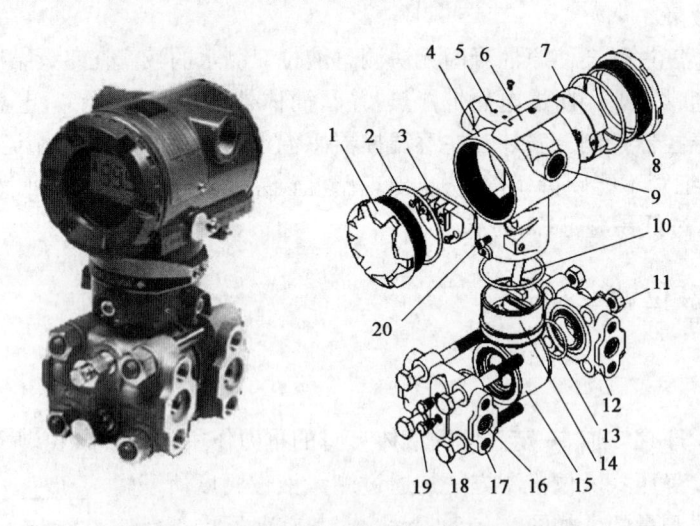

图2-19 电容式差压液位变送器外形与结构
1—接线端盖；2,13—O形密封圈；3—接线端子板；4—表头壳体；5—表外零点、量程调节孔；6—铭牌；7—电路板、显示表头；8—表头端盖；9—密封出线孔；10—电容传感器引线；11—M10螺母；12—负压侧盖；14—电容膜盒连接头；15—差动电容膜盒；16—高压侧压盖（引压孔）；17—引压头固定螺孔；18—压盖螺栓；19—排气螺钉；20—表头紧固螺钉

变送器检测部分主要由正、负压室压盖,差动电容膜盒连接而成。检测部分的核心是差动电容膜盒。

电容膜盒的测量膜片和两边固定电极分别形成电容 C_H 和 C_L。压力差 p_1-p_2 通过隔离膜片、硅油传递到中间测量膜片上,使测量膜片向低压测凸起,从而使高压侧电容极板间距增大,电容 C_H 减小,低压侧电容极板间距减小,电容 C_L 增大。由于膜片位移量很小,高低压室电容变化与压力差成正比。这一电容量变化经引出线送往传送部分放大,转换为 4～20mA DC 信号输出。

如果被测介质易凝、易结晶或有腐蚀性,为避免导压管阻塞与腐蚀,可采用法兰式差压变送器。法兰式差压变送器有单插入式法兰式、单平法兰式、双法兰式(图 2-20)。

(a)单插入式法兰式　(b)单平法兰式　(c)双法兰式

图 2-20　法兰式差压变送器

法兰式差压变送器的敏感元件是金属膜盒,经毛细管与变送器的测量室相通。由膜盒、毛细管、测量室组成的封闭系统内充有硅油,通过硅油传递压力,省去引压管,安装也比较方便,解决了导管的腐蚀和阻塞问题,见图 2-21。

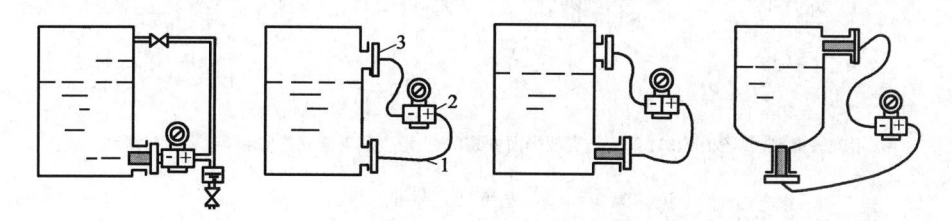

图 2-21　用法兰式差压变送器测量液位
1—毛细管;2—差压变送器;3—隔离法兰

3. 变送器安装

变送器构成的检测系统由取压口、导压管、差压变送器及一些附件组成,各个部件安装正确与否对压力测量精度都有一定的影响。

1)取压口的选择

取压口的位置应能反映被测压力的真实情况。

(1)取压口要选在被测介质直线流动的管段上,不要选在管道拐弯、分岔、死角及流束形成涡流的地方。

(2)取压口在管道阀门、挡板前后时,与阀门、挡板的距离应大于 2～3D(D 为管道直径)。

(3)在测量液体压力时,取压口应在管道横截面的下部及侧面,测量气体及蒸气压力时,取压口应在管道横截面的上部及侧面。

(4)取压口处的导压管应与取压口垂直,管口应与管壁平齐,不得有毛刺。

2)导压管的安装

(1)导压管不能太细、太长,内径一般为6~10mm,长度不超过60m。

(2)水平导压管应有1:20~1:10的坡度,坡向应有利于排液(测量气体压力时)或排气(测量液体的压力时)。

(3)当测量易凝或易冻的原油和水时,应加装保温伴热管。

(4)测量气体压力时,变送器最好高于取压点,以利于管道内冷凝液回流至工艺管道,否则要设置凝液罐;测量液体压力或蒸气压力时,变送器最好低于取压点,使测量管不易集聚气体。

(5)为了检修方便,在取压口与仪表之间应装切断阀,并应靠近取压口。

3)变送器的安装注意事项

(1)应安装在能满足仪表使用环境条件,并易观察、易检修的地方。

(2)安装地点应尽量避免振动和高温影响。

(3)应避免高温及腐蚀性液体直接接触变送器,如测量原油、污水时可以采取加装隔离罐的措施。

(4)差压变送器一般可通过直形、L形安装支架安装在设备或50mm管柱上,如图2-22所示。

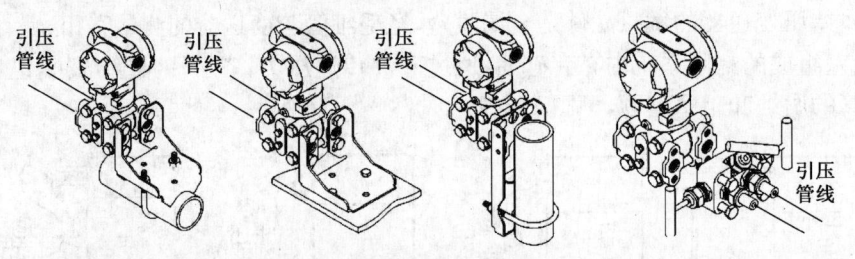

图2-22 差压变送器的安装

(a)L形安装支架横管安装 (b)L形安装支架平面安装 (c)直形安装支架立管安装 (d)集成三阀组安装

(5)引压导管与变送器之间必须在高压侧、低压侧及两导压管之间安装阀门(三阀组),主要用于变送器调零和开、停表时防止变送器单向受压。目前一般用于变送器配套的三阀组直接装在变送器测量部分上。

4. 静压式液位计日常维护

(1)被测介质不允许结冰,否则将损伤传感器元件隔离膜片导致变送器损坏,必要时需对变送器进行温度保护,以防结冰。

(2)切勿用硬物碰触差压变送器及隔离法兰的隔离膜片,导致隔离膜片损坏。

(3)检查设备外观是否完好。

(4)检查接线是否松动。

(5)检查密封是否完好。

(6)检查信号线缆是否破损。

(7)根据维保计划进行现场维护。

(8)更换破损的密封胶圈。

(9)紧固松动接线。更换破损信号线缆。

5. 静压式液位计故障处理

(1)液位显示过大：检查低压取压阀门是否打开，如没有，则缓慢打开取压阀门。

(2)液位显示严重偏小：检查高压取压阀，如没有打开，则缓慢打开取压阀门。

(3)液位显示明显零漂移：进行仪表的零点校正。

(4)电流输出为零：检验信号端子是否接通电源；检查电源线的极性是否接反；检验供电电压是否正常。

(5)液位变化没有响应：检查取压管上的阀门是否全开；检查取压管路是否发生堵塞；核实变送器量程选择是否正确；检查传感膜头表面是否损伤；更换损坏的静压式液位计。

三、超声波液位计

超声波是一种频率超过 $2\times10^4 \sim 10^{11}$ Hz 的声波，人耳不能听到。超声波可以在气体、液体、固体中传播。超声波的频率越高，扩散范围就越小，方向性越好。

超声波在穿过介质时会被吸收而衰减，在穿过不同密度的介质分界面处还会产生反射。如果两介质的密度相差很大时，大部分超声波会从分界面上反射回来，仅有一小部分能透过分界面继续传播。利用超声波的这些特性，可以制成超声波液位计，目前应用比较普遍的是气介反射式。分体式和一体式超声波液位计如图 2-23 所示。

1. 测量原理

超声波液位计是利用超声波在液面上反射和透射传播特性测量液位的。

透射式测量方式，一般是利用有液位或无液位时对超声波透射的显著差别作为超声液位开关，产生开关量信号，作为液位高、低限报警信号使用。

反射式测量方式，通过测量入射波和反射波的时间差，从而计算出液位高度，见图 2-24。超声波探头向液面发射一短促的超声脉冲，经过时间 t 后，探头接收到从液面反射回来的反射波脉冲。设超声波在介质中传播的速度为 v_c，则探头到液面的距离为：

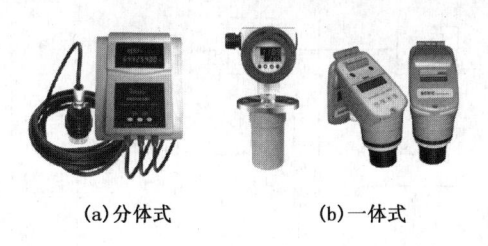

图 2-23 超声波液位计外形 (a)分体式 (b)一体式

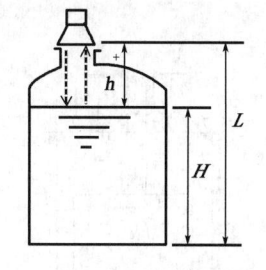

图 2-24 超声波液位计测量原理

$$h=\frac{1}{2}v_c t \tag{2-6}$$

式中　v_c——超声波在被测介质中的传播速度，即声速；

t——超声波从探头到液面的往返时间。

对于一定的介质，声速 v_c 是已知的，因此，只要精确测量出时间 t，即可知被测液位的高度：

$$H=L-\frac{1}{2}v_c t \tag{2-7}$$

超声波速度 v_c 与介质性质、密度及温度、压力有关。介质成分及温度的不均匀变化都会使超声波速度发生变化,引起测量误差。因此,在利用超声波进行物位测量时,要考虑采取补偿措施。气介式的传播速度比液介式受介质及温度影响小得多,且气介式安装比液介式方便,所以,气介式应用较多。

2. 结构组成

换能器:产生超声波和接收超声波的探头,都是利用压电元件构成的。发射超声波是利用了逆压电效应,接收超声波是利用了正压电效应。反射和接收两探头的结构是相同的,只是工作任务不同。

换能器主要由外壳、压电元件、保护膜、吸收块及外接线组成。

由于压电晶体的可逆特性,用同一个压电晶体元件,即可实现超声波发生和超声波接收。图2-25所示为压电晶体探头的结构。

压电晶片1是换能器中的主要元件,大多做成圆形。压电晶片的厚度与超声频率成反比。压电晶片的两面敷有银层,作为导电的极板,压电晶片的底面接地线,上面接导线引至电路中。

为了避免压电晶片与被测介质直接接触而磨损,在压电晶片下粘合一层保护膜2。保护膜可用薄塑料膜、不锈钢片或陶瓷片。压电晶片及保护膜比较薄脆,使用过程中必须小心保护,不能按压压电晶片,也不能用尖状物刻划,更不能测量压力较高的密闭容器。

图2-26所示为某气介式超声液位计原理图。采用单探头结构,发射换能器和接收换能器用一个探头实现,发射、接受超声波时由电子开关切换。测量时,时钟电路定时触发输出电路,向换能器输出超声电脉冲,同时触发计时电路开始计时。当换能器发出的声波经液面反射回来时,被换能器收到并变成电信号,经放大整形后,再次触发计时电路,停止计时。计时电路测得的超声波从发射到回声返回换能器的时间差,经运算得到换能器到液面之间的距离 h(即空高)。已知换能器的安装高度 L(从液位的零基准面算起),便可求得被测液位的高度 H。最后在指示仪表上显示出来。

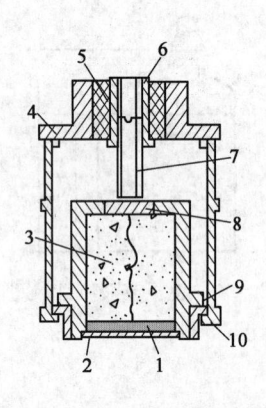

图2-25 压电晶体探头的结构
1—压电晶片;2—保护膜;3—吸收块;4—盖;
5—绝缘柱;6—接线座;7—导线螺杆;
8—接线片;9—座;10—外壳

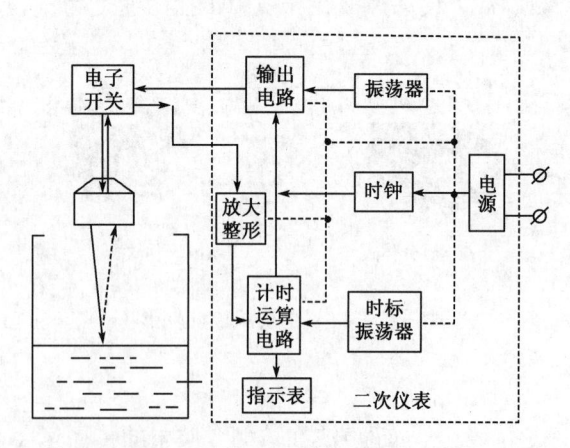

图2-26 超声波液位计原理图

气介式超声波液位计,声速受气相温度的影响较大,因此需要采取相应的修正补偿措施,以避免声速变化所引起的误差。

3. 特点及应用

超声波液位计有以下特点:

(1)超声波液位计无可动部件,结构简单,寿命长。

(2)仪表不受被测介质黏度、介电系数、电导率、热导率等性质的影响。

(3)可测范围广,液体、粉末、固体颗粒的物位都可测量。

(4)换能器探头不接触被测介质,因此,适用于强腐蚀性、高黏度、有毒介质和低温介质的液位测量。

(5)超声波液位计的缺点是检测元件不能承受高温、高压,声速又受传输介质的温度、压力的影响,有些被测介质对声波吸收能力很强,故其应用有一定的局限性。另外,电路复杂,造价较高。

四、雷达式物位计

1. 测量原理

雷达式物位计,是近些年来推出的一种新型的物位测量仪表,采用了微波雷达测距技术,测量范围大、测量精度高,稳定可靠。仪表无可动部件,安装使用简单方便。雷达式物位计具有耐高温、耐高压,不与被测介质接触,实现非接触测量的特点,适用于大型储罐、腐蚀性液体、高黏度液体、有毒液体的液位测量。其较高的性能和维护方便性使之成为近几年来罐区液位测量的首选仪表。

雷达式液位计是利用微波的回波测距法测量液位到雷达天线的距离,即通过测量空高来测量液位。微波从喇叭状天线向被测介质发射微波,微波在不同介电常数的气液界面上会产生反射,反射微波(回波)被天线接收。微波的往返时间与界面到天线的距离成正比,测出微波的往返时间就可以计算出液位的高度。

雷达式液位计的基本原理如图 2-27 所示,雷达波往返时间 t 正比于天线到液面的距离:

$$d = \frac{t}{2} C \tag{2-8}$$

$$H = L - d = L - C \frac{t}{2} \tag{2-9}$$

式中 C——电磁波的传播速度,km/s;

d——被测液面到天线的距离,m;

t——雷达波往返的时间,s;

L——天线到罐底的距离,m;

H——液位高度,m。

雷达式物位计由变送器和显示器组成,几种常用的雷达式物位计如图 2-28 所示。

雷达式物位计有喇叭形天线式、导波管式、导波杆式、导波缆式几种不同的形式。其变送器、显示器电路相同,只是雷达波的发射、接收方式不同,适用于不同的测量环境。

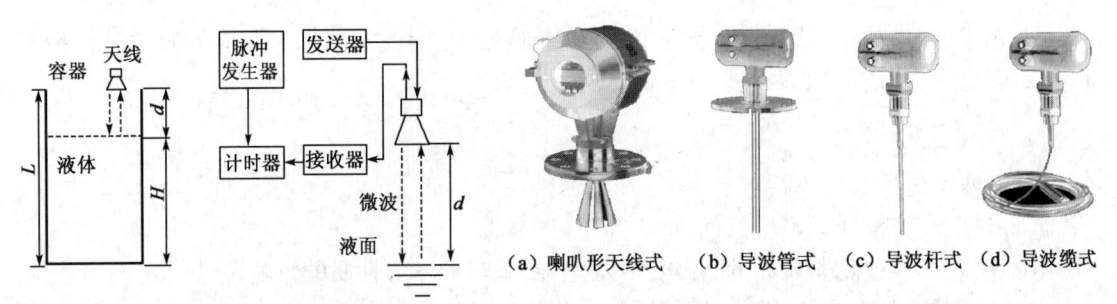

图 2-27 雷达式液位计测量原理

(a)喇叭形天线式 (b)导波管式 (c)导波杆式 (d)导波缆式

图 2-28 雷达式物位计类型

2. 导波雷达物位计

导波雷达物位计[图 2-28(b)、(c)、(d)]的雷达波脉冲以光速沿钢缆或导波杆传播,当遇到被测介质表面时,雷达物位计的部分脉冲被反射形成回波并沿相同路径返回到脉冲发射装置,发射装置与被测介质表面的距离同脉冲在其间的传播时间成正比,经计算得出物位高度。由于导播雷达物位计的雷达波经过液面反射后,仍有剩余能量沿导波杆向下传播,经过油水界面时,会有第二个反射波反射回来。与液面测量相似,测量雷达波往返时间即可计算出脉冲发射装置到油水界面的距离,得到油水界面高度。因此导波缆、导波杆式雷达物位计可同时测储油罐液位、油水界面。

导波雷达物位计的特点在于:采用了回波处理新技术,可以识别虚假回波,使测量更准确;采用数据平滑方法,对检测信号进行处理,来消除噪声干扰;可以测量低介电常数的介质。

3. 安装与应用

雷达式液位计的安装如图 2-29 所示。

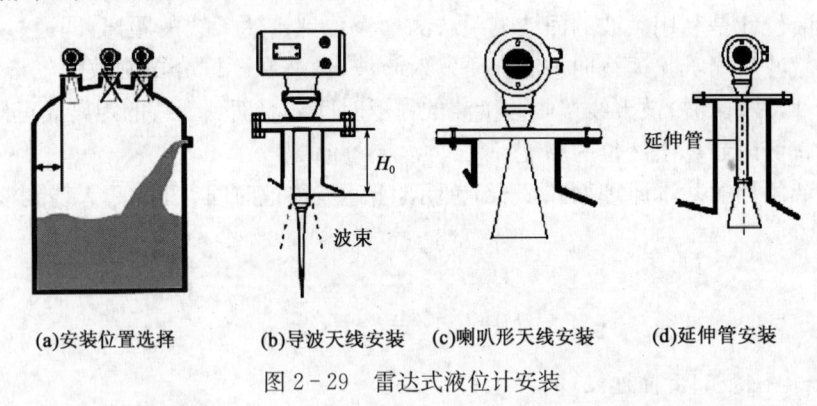

(a)安装位置选择 (b)导波天线安装 (c)喇叭形天线安装 (d)延伸管安装

图 2-29 雷达式液位计安装

(1)不可安装于进出料口的上方,由罐内壁到安装短管的外壁应大于罐直径的 1/6,且天线距离罐壁应大于 30cm,露天安装时建议安装不锈钢保护盖,以防直接的日照或雨淋。

(2)信号波束内应避免安装任何装置,如限位开关、温度传感器等,以防产生干扰回波。

(3)喇叭形天线必须伸出接管,否则应使用天线延长管。若天线需要倾斜或垂直于罐壁安装,可使用 45°或 90°的延伸管。

(4)测量范围取决于天线尺寸、介质反射率、安装位置及最终的干扰反射,但天线探头下有一定范围的盲区。盲区一般为 0.3~0.5m。

4.常见故障现象及处理

有些工况下使用雷达式液位计,会因为传感器安装位置不当及条件所致,出现一些问题。

1)介质的相对介电常数

由于雷达式液位计发射的微波沿直线传播,在液面处产生反射和折射,微波的有效反射信号强度被衰减,当相对介电常数小到一定值时,会使微波有效信号衰减过大,导致雷达式液位计无法正常工作。为避免上述情况的发生,被测介质的相对介电常数必须大于产品所要求的最小值,否则需要用导波管。

2)温度和压力

雷达式液位计发射的微波传播速度 C 决定于传播媒介的相对介电常数和磁导率,所以微波的传播速度不受温度变化的影响。但对高温介质进行测量时,需要对雷达式液位计的传感器和天线部分采取冷却措施,以便保证传感器在允许的温度范围内正常工作。

3)导波管:使用导波管和导波天线,主要为了消除有可能因容器的形状而导致多重回波所产生的干扰影响,或是在测量相对介电常数较小的介质液面时,用来提高反射回波能量,以确保测量准确度。当测量浮顶罐和球罐的液位时,一般要使用导波管,当介质的相对介电常数小于制造厂要求的最小值时,也需要采用导波管。

4)物料特性对测量的影响

液体介质的相对介电常数、液面湍流状态、气泡大小等对微波有散射和吸收作用,从而造成对微波信号的衰减,这将影响液位计的正常工作。

五、射频导纳物位计

1.测量原理

射频导纳物位计是在电容式物位计的基础上发展起来的,其防挂料性能更好、工作更可靠、测量更准确、适用性更广。

电容式物位传感器是由内、外两个圆筒形极板组成同轴电容器,如图 2-30 所示。被测液体充入内外电极筒之间,液位的变化,改变了传感器电极间的介电常数,从而引起电容量的变化,实现液位测量。用于金属容器时,可以把金属容器作为外电极,传感器探头只有内电极。测量导电液体时,内电极外覆以绝缘塑料套管,导电液体相当于外电极通过金属罐外壳引出。

当液位高度为 h 时,同轴电容器的电容量等于上部气体介质部分形成的电容与下部液体部分形成的电容并联。液位从零开始增高时,其电容量的变化 C_x 与液位高度 h 成正比。

在测量黏性导电介质时,由于介质沾染电极相当于增加了液位的高度(因为介质是作为电容器的一个极板),产生了所谓的"虚假液位",见图 2-31。虚假液位大大影响仪表精度,甚至使仪表不能正常工作,因此用电容法测量黏性导电介质液位时应考

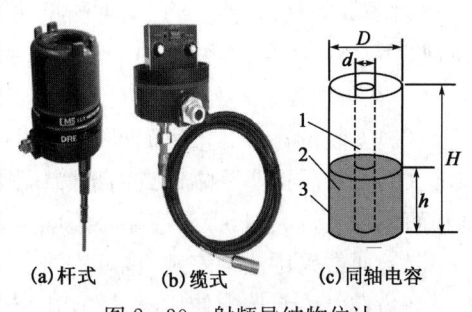

(a)杆式　(b)缆式　(c)同轴电容

图 2-30　射频导纳物位计

1—内极板;2—被测介质;3—外极板

虑虚假液位引起的影响。

射频导纳技术是一种新型液位测量方法,它能减小或消除由被测导电介质电极挂料引起的测量误差,从而提高电容式液位计的测量准确度。"射频导纳"中的射频是指频率100kHz左右的高频交流电;导纳是指电阻、电容、电感阻抗的倒数。射频导纳测量方法是利用高频交流电测量物位电容的方法。

射频导纳物位计的探杆内电极外套绝缘层,自身无外电极,与金属罐体组成同轴电容。物位计中只有电容、电阻成分,阻抗 $Z_x=R+1/\omega C$。

物料部分和挂料部分的电容分别为 C_w、C_g 并联,其总电容 $C_x=C_w+C_g$,一般电容测量方法无法将这两部分电容区分测量出来。

对于导电性液体,液位以下电极与外壳间电阻很小,在电路上可以看成是只有电容 C_w。由于任何物料都是不完全导电的,薄薄的挂料层相当于一个电阻,传感器被挂料覆盖的部分在电路上相当于一个电容 C_g 和一个电阻 R_g 串联。

如图2-31(c)所示,在激励电压 V_g 作用下,挂料电流 I_g 的相位落后于物位电流 I_w 的相位,如果在每个周期的 π/4 相位时进行电流测量,则此时挂料层电流的幅值为零,测得的电流中只包含物位电流 I_w。就可以获得物位真实值,从而排除挂料的影响。

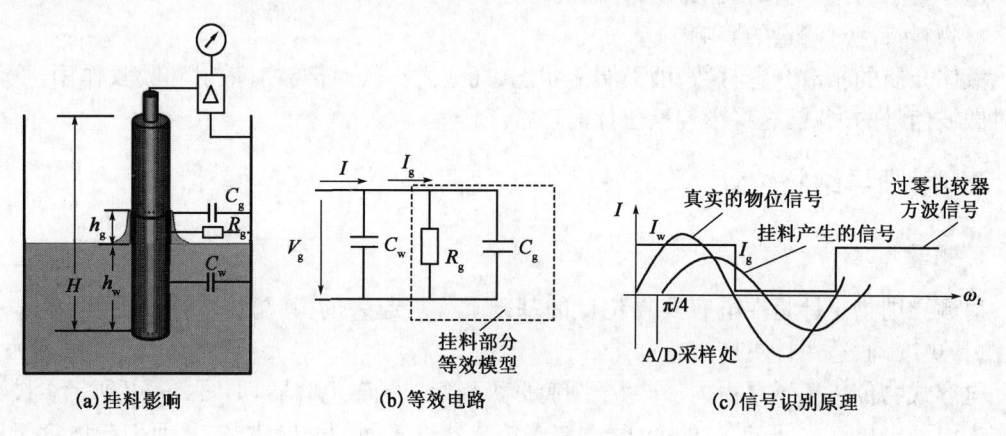

(a)挂料影响　　(b)等效电路　　(c)信号识别原理

图2-31　射频导纳测量原理

2. 安装与应用

射频导纳物位计主要是用来测量油水界面,可用在三相分离器、电脱水器上,也可用于沉降罐、污水罐、净化油罐、缓冲罐等界面的测量,见图2-32。

1)在脱水器、分离器上的安装

(1)安装位置应尽量远离进出料口,以免探头受物料冲击而影响测量。

(2)安装后探头距罐壁或内部障碍物至少0.2m以上。内部带有搅拌的场合,若搅拌较强烈,而量程又较大时,探头底端必须固定。

(3)通常采用法兰安装,也可直接焊一个安装管座到罐顶或人孔盖上。

(4)在电脱水器上使用时,要在电极栅板上开一个600mm×600mm方孔,以保证高压电极与地之间正常运行时的安全距离(通常为300mm)。探头非作用段长度,应能保证探头插过最下一个极板50mm。

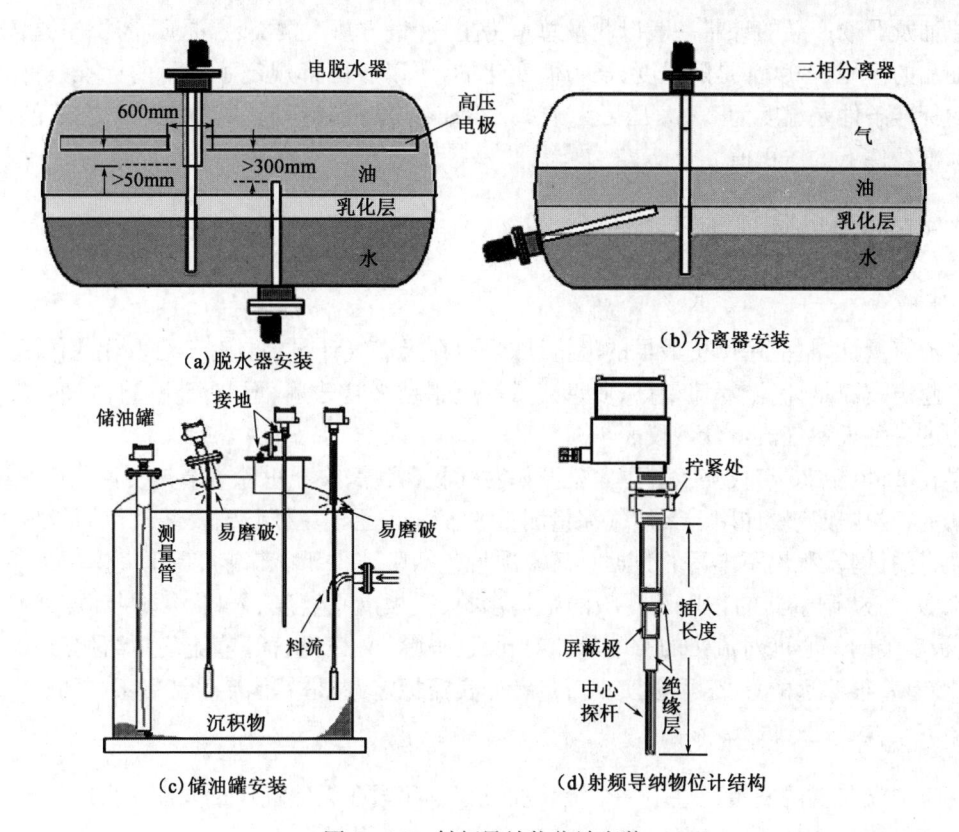

图 2-32 射频导纳物位计安装

(5)若安装在非金属罐上,还应加装地电极,以增加测量可靠性。

2)大罐安装

硬杆探头长度一般小于 5m,软缆可以做得很长,当罐内有搅拌或波动较大时,应加辅助支撑。硬杆采用侧面固定,软缆采用地锚或重锤固定。

(1)沉降罐和污水罐等拱顶罐,不能装在进油(水)口附近,要避开内部障碍物及料流冲击,若选用的是柔性探头,其本身有一定的晃动,所以一定范围内不应有障碍物(距罐壁最小 0.5m)。

(2)仪表一般不要安装在测量井内,因为测量井较易堵塞。如若安装座倾斜或过细长,均有可能磨破探头的绝缘外皮,造成短路。安装支架必须接地可靠。

(3)硬杆探头量程小于 3m,且底部无测量死区,也可采用斜向上或斜向下安装。

(4)对于不导电的非金属罐,一般还应加装地电极,以增加测量可靠性。

注意:在拧紧或拆下探头时,只能拧探头安装螺纹上部的六方平面,否则可能会影响探头的密封性能,更不能图省事拧变送器壳体,否则会损坏内部连接电缆。

第四节　流量检测仪表

流量测量是指导生产操作,监控设备运行,确保安全、优质生产的需要,也是进行产量评定、进行经济核算的需要。

原油及石油产品的计量一般以测量总量为主,计量方法有两类:一是质量法;二是体积法。由于油品的体积、密度都是随温度、压力而变化的,所以各国都规定了计量的标准条件。我国规定的标准条件是温度为20℃,压力为101.325kPa。实际计量时,应将工作状态下的体积换算为标准条件下的体积值。

一、天然气孔板流量计

1. 概述

节流流量计,是应用历史最早的流量计之一,在天然气计量中具有不可取代的作用。虽然近年来超声波流量计、漩涡流量计、质量流量计应用越来越普遍,但节流流量计仍然是国内外最常用的一种天然气流量计量仪表。

早在20世纪20年代美欧等国家就开始对孔板、喷嘴、文丘里管等节流装置进行大规模的深入研究,对孔板流量计用于天然气流量测量的各种问题,包括制造、安装及使用等各方面进行了大量的试验,积累了丰富的数据。研究项目包括阻流件干扰影响、高压气体压缩系数、可膨胀系数、流动调整器的作用及孔板的结构参数、孔板的平直度、入口边缘锐利度、管道粗糙度、孔板安装的偏心度对流量的影响等。对孔板、喷嘴、文丘里管等节流装置结构形式实现了标准化,有着很深远的意义,可以实现流量计非实流标定,这是其他流量计做不到的。

2. 节流流量计的标准化

标准节流装置的发展经过了一个漫长的过程。我国在天然气计量方面一直以孔板流量计作为主要的流量测量手段,曾经使用原苏联27-54规程作为行业标准。

根据国家标准GB 2624—1981《流量测量节流装置》,1983年颁布行业标准SYL 04—1983《天然气流量标准孔板计量方法》,1996年根据GB/T 2624—1993和ANSI/API2530/AGAReportNo.3修订为SY/T 6143—1996《天然气流量的标准孔板计量方法》。

随着ISO5167:2003在国内的实施,中石油油气计量及分析方法专业标准化技术委员会提出并归口,由中国石油集团工程设计有限责任公司西南分公司石油工业天然气流量计量站为起草单位,起草了石油天然气行业标准SY/T 6143—2004《用标准孔板流量计测量天然气流量》。

2008年参考ISO5167:2003和ANSI/API2530/AGAReportNo.3颁布国家标准GB/T 21446—2008《用标准孔板流量计测量天然气流量》。

3. 节流流量计原理

差压式流量计由节流装置、引压管路和差压计组成,如图2-33所示。

节流装置是使流体产生收缩节流的节流元件和引出压力的取压装置的总称,用于将流体的流量转化为压力差。节流元件的形式很多,但以孔板应用最为广泛。

引压管路是连接节流装置与差压计的管线,是传输差压信号的通道。通常,导压管上安装有平衡阀组及其他附属器件。

差压计用来测量压差信号,并把此压差转换成流量指示记录下来。差压变送器是常用的差压计。

流体之所以能够在管道内形成流动,是由于它具有能量。流体所具有的能量有动压能和静压能两种形式。流体由于有压力 p 而具有静压能,又由于流体有一定的速度 v 而具有动压能。这两种形式的能量在一定的条件下,可以互相转化。但是根据能量守恒定律,流体所具有的静压能和动压能,连同克服流动阻力的能量损失,在无外加能量的情况下,总和是不变的,其能量守恒。

因此,当流体流速增加、动压能增加时,其静压能必然下降,静压力降低。节流装置正是应用了流体的动压能和静压能转换的原理实现流量测量的。

下面我们以图 2-34 所示同心圆孔板为例来说明节流装置的节流原理。

图 2-33 差压式流量计的组成
1—差压变送器;2—三阀组;
3—引压管路;4—节流元件

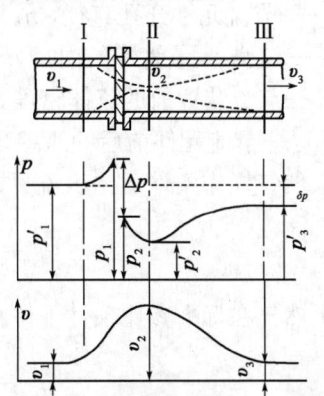

图 2-34 流体流经孔板时的压力和速度变化

流体在管道截面 Ⅰ 以前,以一定的流速 v_1 流动,管内静压力为 p_1'。在接近节流装置时,由于遇到节流元件孔板的阻挡,靠近管壁处流体的有效流速降低,一部分动压能转换成静压能,靠近管壁处流体的静压力升高至 p_1,大于管中心处压力,从而在孔板入口端面处产生径向压差,使流体产生收缩运动。此时管中心处流速加快,静压力减小。由于流体运动的惯性,流过孔板后,流体会继续收缩一段距离。随后流束又逐渐扩大,流速减小,直到截面 Ⅲ 后又充满全管,恢复到原来的流动状态。

由于节流元件造成的流束局部收缩,使管中心流体流速加快,动压能增加,静压力降低,节流元件前后产生了压力差。压力差的大小与流量有关。流量越大,流束的收缩越显著,动压能与静压能的转换也越显著,则产生的静压差也越大。只要测得节流元件前后的静压差大小,即可确定流量,这就是节流装置测量流量的基本原理。

需要说明的是:要准确测量管中心截面 Ⅱ 处的压力是有困难的,因为截面 Ⅱ 的位置随流量而变,事先无法确定。因此,实际测量时,是在节流元件前后管壁上选择两个固定取压位置来测量节流元件前后的压差。如孔板的静压差是取孔板前后端面处的压力之差。

流束在充分恢复后的静压力不能恢复到原数值。这是由于实际流体流经孔板时会产生局部涡流损耗和摩擦阻力损耗所致,即为流体流经节流元件的压力损失。

4. 流量方程式

根据伯努利方程和流动连续性方程,可推得流体的体积流量与压差之间的关系式为:

$$q_V = \frac{C}{\sqrt{1-\beta^4}} \varepsilon \frac{\pi}{4} d^2 \sqrt{\frac{2\Delta p}{\rho}} \tag{2-10}$$

$$\beta=\frac{d}{D}$$

式中 q_V——体积流量，m^3/s；
C——流出系数；
ε——可膨胀系数；
β——直径比；
d——节流元件开孔直径，m；
D——上游测量管道的内径，m；
ρ——节流装置前的流体密度，kg/m^3；
Δp——节流元件前后的压差，Pa。

(1)天然气操作条件下体积流量计算方程：

$$q_{Vf}=\frac{C}{\sqrt{1-\beta^4}}\varepsilon\frac{\pi}{4}d^2\frac{\sqrt{2\Delta p\rho_1}}{\rho_1} \tag{2-11}$$

(2)天然气在标准参比条件下体积流量计算方程：

$$q_{Vn}=\frac{C}{\sqrt{1-\beta^4}}\varepsilon\frac{\pi}{4}d^2\frac{\sqrt{2\Delta p\rho_1}}{\rho_n} \tag{2-12}$$

式中 ρ_1——天然气在孔板前端面工况下的密度，kg/m^3；
ρ_n——天然气在标准状态(293.15K、101.325kPa)下的密度，kg/m^3。

(3)天然气流量计算实用方程：

$$q_{Vn}=A_{Vn}CE\varepsilon d^2 F_G F_Z F_T \sqrt{p_1\Delta p}=k\sqrt{\Delta p}$$

$$k=A_{Vn}CE\varepsilon d^2 F_G F_Z F_T \sqrt{p_1} \tag{2-13}$$

$$E=\frac{1}{\sqrt{1-\beta^4}}$$

式中 q_{Vn}——标准条件下天然气的体积流量，m^3/s；
A_{Vn}——体积流量计量系数，随采用单位而定；
C——流出系数；
d——孔板开孔直径，mm；
ε——可膨胀系数；
Δp——孔板前后压差，Pa；
p_1——孔板上游侧取压孔绝对静压力，MPa。

(4)流量方程中各参数的确定。

①计量系数 A 是单位换算常数，取决于计量单位。

a. 当方程采用单位：q_{Vn} 为 m^3/s，d 为 mm，Δp 为 Pa，p_1 为 MPa 时，$A_{Vn}=3.1794\times10^{-6}$；

b. 当方程采用单位：q_{Vn} 为 m^3/h，d 为 mm，Δp 为 Pa，p_1 为 MPa 时，$A_{Vn}=0.011446$；

c. 当方程采用单位：q_{Vn} 为 m^3/d，d 为 mm，Δp 为 Pa，p_1 为 MPa 时，$A_{Vn}=0.2747$。

②流出系数 C：利用不可压缩流体(液体)对标准节流装置进行校准表明，在给定的安装条

件下,对于给定的节流装置,流出系数 C 仅与雷诺数 Re 有关。对于不同的节流装置,只要这些装置是几何相似,并且流体的雷诺数相同,则 C 的数值都是相同的。

对于确定安装条件下的一次装置 C 仅与 Re 有关。而 Re 本身与流量 q 有关。因此,理论上 C 和 q 最终值都必须利用迭代法求出。具体计算公式参见标准 GB/T 21446—2008。

③可膨胀系数 ε:当流体不可压缩时(液体),ε 等于 1;当流体可压缩时(气体),ε 小于 1。实验表明 ε 实际上与雷诺数无关。对于给定节流装置的给定直径比 β,ε 只取决于压力比 $\frac{p_2}{p_1}$(下游取压口处与上游取压口处的绝对静压之比)和等熵指数,ε 可查有关标准或手册得到,如从 GB/T 2624.2—2006《用安装在圆形截面管道中的差压装置测量满管流体流量 第二部分:孔板》的表 A.12 可查得标准孔板的可膨胀系数 ε 值。

④相对密度系数 F_G。

$$F_G = \sqrt{\frac{1}{G_{nr}}}, G_{nr} = \frac{\rho_n}{\rho_{na}} \qquad (2-14)$$

G_{nr} 为天然气的真实相对密度。ρ_n、ρ_{na} 分别为标准状态(293.15K、101.325kPa)下天然气、空气的密度,kg/m^3。

⑤超压缩系数 F_Z。

$$F_Z = \sqrt{\frac{Z_n}{Z_1}} \qquad (2-15)$$

Z_n、Z_1 分别为实际状态、标准参比状态下天然气的压缩因子。

⑥流动温度系数 F_T。

$$F_T = \sqrt{\frac{T_n}{T_1}} \qquad (2-16)$$

T_n、T_1 分别为标准温度(293.15K)、天然气实际温度(K)。$T_1 = 273.15 + t(℃)$。

⑦直径 d 及直径比 $\beta = d/D$。d 与 q_V 为平方关系,其精度对流量总精度影响较大,应考虑工作温度对材料热膨胀的影响,公式中取值为工作温度下的直径。标准规定管道内径 D 必须实测,需在上游管段的几个截面上进行多次测量求其平均值。因此,当不是成套供应节流装置时,在现场配管应充分注意这个问题。

⑧密度 ρ:为工作状态下节流元件前的实际密度。可在节流元件前用密度计实际测定,或者根据节流元件前的温度、压力以及介质物性参数查有关表格求得。ρ 是在流量测量中容易产生误差的量,因为 ρ 会随着被测介质的工作状态而变,不能简单地定为常数,可以通过在节流装置前设置温度、压力变送器实测,并通过二次仪表进行修正补偿。

节流装置在进行设计计算时,是针对特定的工艺条件进行的。一旦节流装置结构尺寸、取压方式、工艺参数等条件改变时,必须另行计算,不能随意套用。例如按大流量设计计算的孔板,用来测量小流量时,就会引起流出系数 C 的变化,从而引入较大测量误差,因此必须加以必要的修正。有关节流装置的设计计算请参阅有关资料。对于流量计使用者而言,C、ε 在流量计设计时确定,工艺状态不变时可以视为常数。

5. 标准孔板节流装置

GB/T 2624—2006 规定:标准节流装置中的节流元件为孔板、喷嘴和文丘里管。GB/T

21446—2008规定用于天然气流量计量的差压式流量计只用孔板。

孔板节流装置包括孔板、孔板夹持器(法兰)、上下游测量管。孔板是将流量转换为差压的关键元件(一次元件);孔板夹持器用于固定孔板、取出压力。

1) 标准孔板

标准孔板是一块具有圆形开孔并与管道同心的环形平板。其轴向截面图见图2-35,迎流一侧是具有锐利直角边缘的圆筒部分,顺着流向的是一段扩大的圆锥体喇叭口。

用于不同管径的标准孔板,其结构形式基本上是几何相似的。孔板对流体造成的压力损失较大,而且一般只适用于洁净流体介质的测量。

孔板上、下游两端面A和B必须是平直的和平行的。孔板的节流孔直径$d \geqslant 12.5mm$。直径比$\beta = d/D$应满足$0.10 \leqslant \beta \leqslant 0.75$。孔板厚度$E$和节流孔的厚度$e$按标准要求加工制作。孔板下游侧应切成斜角$F$应为$45° \pm 15°$。

2) 取压装置

孔板夹持器用以取出孔板前后压力,并固定孔板,垂直、同心地安装在测量管道上,方便拆卸取出孔板,以便清洗检查或更换。

由图2-34可知,取压位置不同,即使是用同一节流元件,在同一流量下所得到的差压大小也是不同的,故流量与差压之间的关系也将随之变化。标准节流装置规定的取压方式有角接取压、法兰取压、D和$D/2$取压三种,标准孔板取压装置如图2-36所示,阀式孔板取压装置见图2-37。

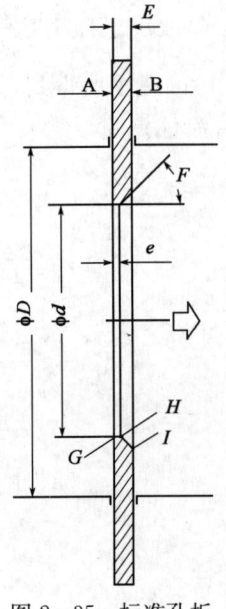

图2-35 标准孔板

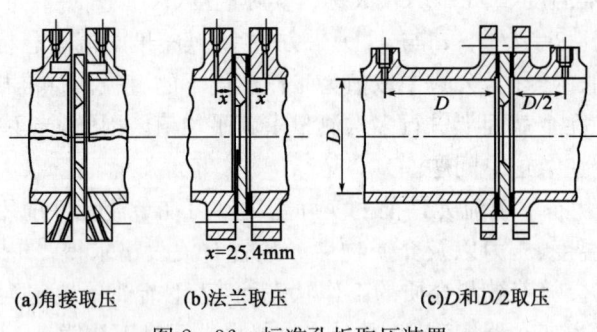

(a) 角接取压　(b) 法兰取压　(c) D和$D/2$取压

图2-36 标准孔板取压装置

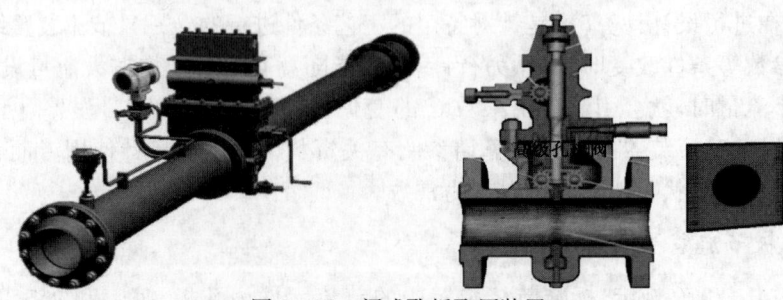

图2-37 阀式孔板取压装置

(1)角接取压:是最常用的一种取压方式,取压点分别位于节流元件上、下端面处,适用于孔板和喷嘴两种节流装置。它又分为环室取压和单独钻孔取压两种方法。

环室取压:紧贴节流元件两侧端面有一道环形缝隙,环隙通常应在整个圆周上穿通管道连续而不中断,否则每个环室应至少由4个开孔与管道内部连通。流体产生的静压经缝隙进入环室,起到均衡管内各个方向静压的作用,然后从引压孔取压力进行测量,如图2-36(a)上半部分所示。这种方法取压均匀,测量误差小,对直管段长度要求较短,但加工和安装复杂,一般用于400mm以下管径的流量测量。

单独钻孔取压:是在紧靠节流元件两侧的两个夹持环(或法兰)上钻孔,直接取出压力进行测量,如图2-36(a)下半部分所示,取压孔轴线应尽可能与管道轴线垂直,与节流元件上、下端面形成的夹角应小于或等于3°。这种方法常适用于管径大于200mm的流量测量。

(2)法兰取压:在距节流元件上、下端面各1in(25.4mm)的位置上钻孔取压,如图2-36(b)所示。一般要求在法兰上钻孔取压,上、下游取压孔直径应相同。取压孔轴线应与管道中心线垂直。此种取压方式仅适用于孔板。它较环室取压有加工简单、金属材料消耗少、容易安装、容易清理赃物和不易堵塞等优点。

3)上下游直管段

孔板流量计上下游直管段的几何尺寸应符合GB/T 21446—2008的技术要求。标准规定孔板上游10D、下游4D的直管段(测量管),用厚壁钢管镗制加工,保证孔板上下游直管段长度、圆度、直度和管道内壁相对粗糙度K/D符合要求。

圆度:上游取压孔前0~0.5D范围内3个截面各等角距4个内径测量值与平均值间相对误差≤0.3%。直度:管道直线偏差/管长≤0.4%。

直径:孔板上游2D~10D管内径测量值与平均值间相对误差≤0.3%,孔板下游2D管内径测量值与平均值间相对误差≤0.5%。

管壁相对粗糙度:用表面粗糙度测试仪测量上游10D至下游4D范围内管内壁粗糙度符合标准要求。

在孔板流量计安装、使用、维修过程中,要保证上下游直管段长度、内径及粗糙度。保证无错位、无焊瘤,不能有肉眼可见的弯曲和塌陷。

6.孔板节流装置的安装

(1)孔板应与测量管轴线垂直,上游端面斜度<0.5%并小于1°。

(2)孔板的开孔应与测量管同心、同轴,孔板的轴线与上下游测量管轴线之间的距离应满足:$e_x<0.0025D/(0.1+2.3\beta^4)$。

(3)密封垫片的内径应比测量管内径大0.5~1.0mm,厚度宜控制在0.5~10mm之内。

(4)调节阀需要时须安装在孔板下游,而不能在上游。

(5)孔板与不同类型阻流件之间允许直管段长度不小于规定长度(任何情况下上游最大145D,下游最大8D)。现场条件达不到规定长度时,可通过上游加装管束式整流器或整流板缩短直管段长度。

(6)温度计最好在下游5D~15D范围内安装。

(7)孔板夹持器必须保证夹紧环对中,并不得凸入测量管内。

(8)应将孔板、夹持器、上下游直管段先行组装,检查合格后再装入管道。

(9)新装测量管路应在管道吹扫后再进行孔板安装。

7. 天然气流量积算仪

1)原理 天然气流量积算仪[图2-38(a)]是配合标准孔板节流装置使用的一体化天然气流量计。它以高精度单晶硅谐振式复合传感器为测量元件,在外观结构上与流量积算器、显示器、通信接口融为一体,通过自动测量流体的差压、压力、温度并作温压补偿,按GB/T 21446—2008自动计算天然气流量,并就地显示、储存和上传计量结果。

(a)天然气流量积算仪　　(b)孔板式流量积算仪安装

图2-38 孔板式流量积算仪安装示意图

流量积算仪是基于微处理器的智能型仪表,选用32位或64位的微处理器,其内存的容量至为4Mb以上,满足流量计算及数据存储的要求。计算软件含有多种可选择的商贸计量标准,通过简单的组态或选项进行计量标准选择并锁定。正常计算时,不应受其他计量标准的影响。根据流量计的类型选择有关计算标准,AGA3、ISO5167、GB/T 21446等。根据选用的相关标准,完成标准体积流量(101.325kPa,20℃)、质量流量、能量流量等瞬时流量的计算和各自的累计流量计算。它能存储不少于90d的累计流量、压力、温度、报警等数据资料;采用LCD显示方式,可任意选择显示内容,方便观察与操作。

2)主要功能和特点

(1)智能实时温压补偿;

(2)微功耗技术,电池供电;

(3)一体化结构,携带安装方便;

(4)单向过载能力强,无须三阀组;

(5)"一键式"示值校准,操作简单;

(6)报表日志记录完善,便于溯源;

(7)数字传感器,温度、静压影响忽略不计;

(8)远程多表联网,支持有线RS485和无线ZigBee接口;

(9)差压量程宽,特别适合有高低峰用气时段的民用燃气计量;

(10)参数设置、在线检表、示值校准、报表日志查询不用 PC 机。

3)主要技术指标

(1)累计流量准确度:±0.02%;

(2)瞬时流量准确度:±0.05%;

(3)环境温度范围:−25~70℃;

(4)防爆类型:本安型,防爆标志:Exib Ⅱ BT4;

(5)差压测量范围:0~100kPa,准确度:±0.2%FS;

(6)压力测量范围:0~20MPa,准确度:±0.2%FS;

(7)温度测量范围:−30~70℃,准确度:±0.5℃。

二、腰轮流量计

1. 组成与原理

腰轮流量计也称罗茨流量计,属于容积式流量计,主要用于原油累计总量的计量。容积式流量计测量的精确度与流体的密度无关,也不受流动状态的影响,因而是原油计中精度最高的一类仪表之一。目前,应用于油气集输系统原油计量的容积式流量计还有刮板式流量计、双转子式流量计等。

腰轮流量计测量部分由壳体及一对表面光滑无齿的腰轮构成(图 2-39)。在腰轮与壳体、上下盖板内壁之间围成的月牙形柱体空间(图中阴影部分)称为"计量室",其容积经过精确标定为 V_0。

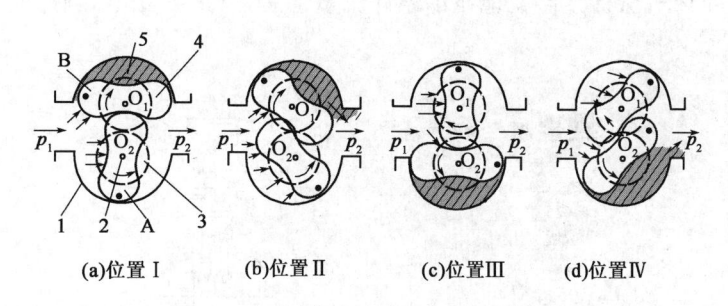

图 2-39 腰轮流量计工作过程示意图
1—壳体;2—转轴;3—驱动齿轮;4—腰轮;5—计量室

一对腰轮在流量计进、出口流体的压力差作用下,交替地产生旋转力矩,通过隔板外固定在腰轮轴上的一对驱动齿轮实现两个腰轮相互驱动,同步、反向旋转,流体就不断被腰轮形成的计量室分割、隔离,从入口排到出口。从(a)到(d)再到(a),腰轮转动 1/2 周,刚好排出 2 个计量室体积的被测流体,所以,腰轮每转 1 周将排出 4 个计量室体积的被测流体。通过腰轮流量计的累计流量、瞬时流量分别为:

$$Q=4NV_0, q_V=4nV_0 \qquad (2-17)$$

式中　N——腰轮的转数;

　　　n——腰轮的转速;

　　　V_0——计量室容积;

　　　q_V——体积流量;

Q——累计流量。

只要测出腰轮的转数 N 和转速 n，就可以计算出被测流体的累计流量和瞬时流量。

腰轮流量计的显示部分（表头），主要用来显示流体总量。在大型腰轮流量计中，有的还具有瞬时流量显示、定量计量、容差调整、温度补偿、信号远传等装置。

腰轮流量计的就地显示表头采用机械计数器进行流量积算。腰轮转数 N 通过磁性联轴器传递到表头，流量计通过单位体积（$1m^3$）流体，使腰轮转 N_c 转时，经传动齿轮减速，使机械计数器末位数字轮（个位）转 1/10 圈，数字轮示数增加一字，以显示出流体总量增加一个单位体积（$1m^3$）。计数器的数字轮上除有数字外，字轮两侧均有齿轮，以配合字轮上方的进位齿轮实现十进位功能。

一般腰轮流量计的累加计数器有 5～7 位，有的流量计有与末位数字轮同步的指针和刻度盘，读数分辨率更高一些。

为了实现流量的远距集中显示和流量计标定需要，可以在表头内设置发讯装置，将腰轮转数转换成相应的电脉冲数，远传后由显示仪表对脉冲信号进行累计、计数处理，以显示流体的流量与总量。

发讯器有电磁式、光电式两种。光电式利用带孔或玻璃光栅的发讯盘间隔性避开光源和光电管，从而产生电脉冲信号。脉冲信号的个数正比于流体体积量。

2. 结构类型

腰轮流量计主要由壳体、腰轮、驱动齿轮、磁性耦合联轴器、精度修正器、计数器等组成。其流量信号的显示以机械计数器就地显示累计流量为主，可另配光电式脉冲转换器转换成电脉冲信号输出。

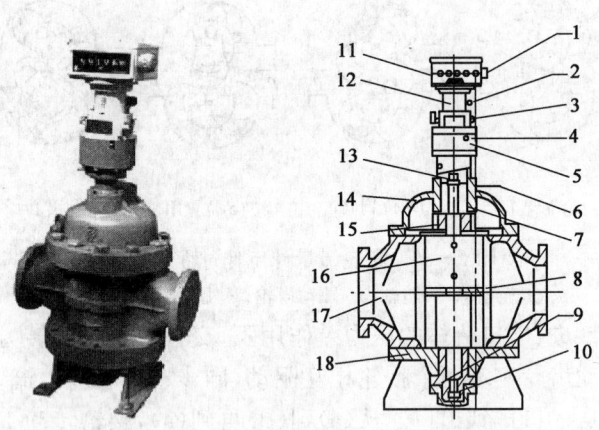

图 2-40 LL 型立式腰轮流量计结构

1—回零按钮；2—转数输出轴；3—精度校正器；4—压注油器；5—磁性耦合联轴器；6—径向轴承；7—腰轮轴；8—中间隔板；9—止推轴承；10—轴承座；11—机械计数器；12—传动齿轮箱；13—连轴座；14—上盖；15—驱动齿轮；16—腰轮；17—壳体；18—下盖

从结构形式上来看，腰轮式流量计有立式和卧式两种（图 2-40、图 2-41）。立式腰轮流量计腰轮主轴垂直安装，下端有硬质耐磨合金制成的平面滑动止推轴承，承受腰轮重量。中间隔板将腔体计量室分隔成两段,使之相互隔离。

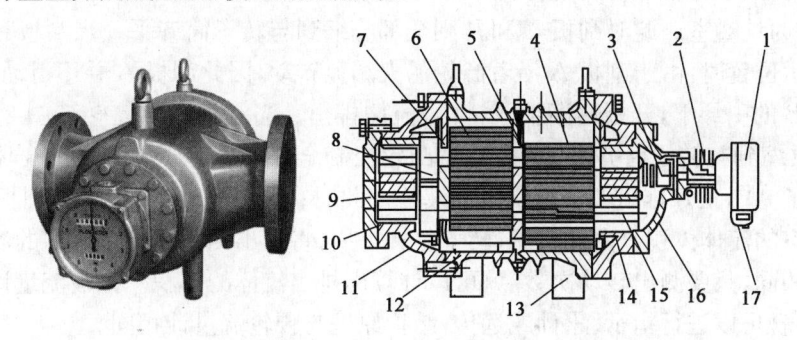

图 2-41 卧式腰轮流量计结构
1—指示部分;2—散热片;3—磁性耦合联轴器;4—腰轮;5—中间隔板;6—腰轮;7—隔板;8—驱动齿轮;9—轴承盖;10—石墨轴承;11—端盖;12—壳体;13—底座;14—石墨轴承;15—主轴;16—端盖;17—发讯器

三、凸轮刮板流量计

刮板流量计也是一种较常见的容积式流量计,适用于测量含有机械杂质的流体。

1. 结构组成

凸轮刮板流量计主要由转子、凸轮、刮板、滚柱及壳体组成,见图 2-42。壳体的内腔为圆形,转子也是一个空心圆筒体,在筒壁上径向互为 90°的位置开了四个槽,两对刮板 A、C 以及 B、D 分别由两根连杆连接,相互垂直,在空间交叉,互不干扰。每块刮板的内侧各装有一个小滚柱,这四个小滚柱都紧靠在一个固定不动的凸轮上并沿凸轮边缘滚动,从而使刮板可以在槽内沿径向伸出或缩进。

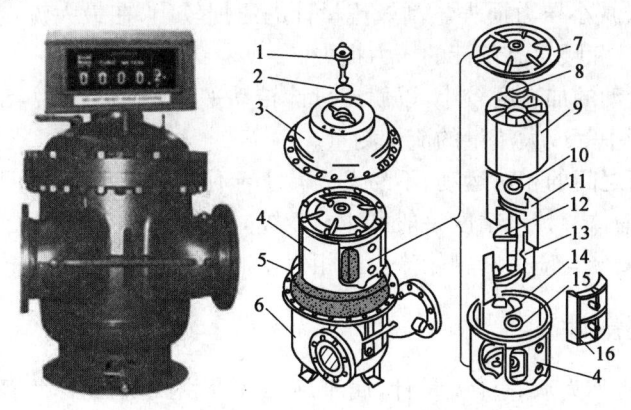

图 2-42 凸轮刮板流量计结构图
1—出轴密封;2,5—O 形密封圈;3—上盖;4—内壳;6—外壳体;7—内盖;8—轴承座;9—转子筒;10,15—轴承;11—刮板;12—凸轮及轴;13—滚子;14—定位臂;16—挡块

2. 工作原理

凸轮刮板流量计的工作原理可以用图 2-43 说明。当流体通过时,在流量计进、出口压差的作用下,刮板被流体推动带动转子筒一起转动。图 2-43(a)位置时,在凸轮 90°大圆弧处,

刮板A和D在滚子导引下,伸出转筒,并压向壳体内壁。这样由壳体、刮板、转子筒形成一密封的空间,即为计量室。此时刮板C和B则全部收缩到与转子筒齐平。当刮板和转子筒到图2-43(b)所示位置时,由于刮板A沿着凸轮的大圆弧转动,因此刮板A并不滑动收缩,但刮板D却在刮板B的引导下,开始逐渐缩入槽内,流体排出。当刮板和转筒转到图2-43(c)位置时,刮板D收缩到与转子筒齐平,刮板B由凸轮控制全部伸出转子筒并压向壳体内壁。刮板A和转筒转了90°,正好排出一个计量室的液体。此时在刮板A和后一相邻刮板B之间又封住一个计量室的流体体积。由此可见,转子每转一周,将排出四份计量室体积的流体。与前述腰轮流量计相同,只要测出转动次数,就可以计算出排出流体的体积。刮板流量计将转子的转动传给表头,就可以进行指示、累计或远传,结构原理与腰轮流量计相同。

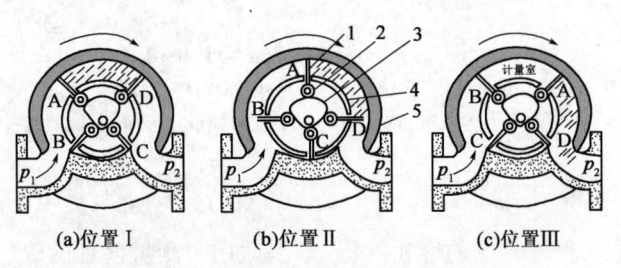

图2-43 凸轮刮板流量计工作原理示意图
1—刮板;2—滚柱;3—凸轮(固定);4—筒型转子(转筒);5—壳体

3. 特点与应用

(1)刮板流量计结构上转了部分横截面积小、占用空间小,计量室体积比其他容积式流量计都大,所以同样量程下,其体积与重量较小。

(2)由于刮板的特殊运动轨迹,使被测流体在通过流量计时不产生涡流,不改变流动状态,这有利于提高精度、减小压力损失。刮板流量计的压损较小,在最大流量时不超过30kPa,均小于椭圆齿轮流量计和腰轮流量计的压力损失。

(3)刮板径向滑动的加速度较小,以使流量计转动平稳。总体来说,刮板流量计的振动及噪声均很小,适合于中等或大流量的流量测量。

(4)刮板与外壳之间的相对运动,不易发生转子卡住现象,能够适用于各种不同黏度和带有少量固体杂质的液体。计量精度一般可达0.2级。

刮板流量计的安装与应用和腰轮流量计相似。

四、双转子流量计

双转子流量计也称为双螺杆流量计,属于新一代容积式流量计,广泛应用于油田集输计量、化工、油库、罐车灌装等部门,特别适用于原油、精炼油、轻烃等工业液体的计量。流量计可现场指示,并可配发讯器,输出电脉冲信号,远传到二次仪表或计算机,组成自动控制、自动检测和数据处理等系统。

1. 结构与工作原理

双转子流量计的螺杆结构外形及工作过程见图2-44。

双转子流量计由一对特殊齿型的螺旋转子、半圆内壁外壳及两端隔板组成,螺旋转子由两端轴承支撑。两个螺旋转子直接啮合,无相对滑动。螺旋转子两个相邻齿与外壳间形成的空腔构成计量室。

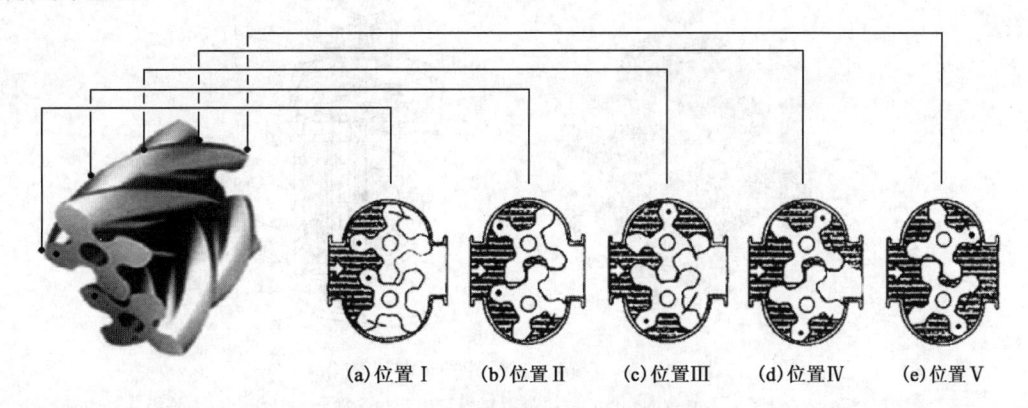

(a)位置Ⅰ　(b)位置Ⅱ　(c)位置Ⅲ　(d)位置Ⅳ　(e)位置Ⅴ

图 2-44　双螺杆结构与流量计工作过程

在进、出口压力差的作用下,螺旋转子所有齿面前后均受径向分力作用,推动两个转子相向旋转。图 2-44 中上转子顺时针转动,下转子逆时针转动,图中从(a)到(e)各图代表一对螺旋转子每步转动 45°时的某一个横截面的变化,也可以看成是同一时刻双螺旋不同截面处的工作状况。

在双螺旋转子相向转动过程中,转子齿间构成的计量室带动液体从入口向出口移动。

同一时刻,每一个转子在同一横截面上受到流体的旋转力矩虽然不一样,但两个转子分别在所有横截面上受到旋转力矩的合力矩是相等的。因此两个转子各自作等速、等转矩旋转,排量均衡无脉动。螺旋转子每转一周可输出 8 倍计量室空腔的容积,因此,转子的转数与流体的累计流量成正比,转子的转速与流体的瞬时流量成正比。转子的转数通过磁性联轴器传到表头计数器,显示出流过流量计的流量。

双转子流量计主要由本体、一对螺旋转子、磁性联轴器、减速机构、调整齿轮、计数器及发讯装置组成,如图 2-45、图 2-46 所示。螺旋转子的转数,通过磁性联轴器和一系列齿轮组成的减速机构,传到表头计数器。

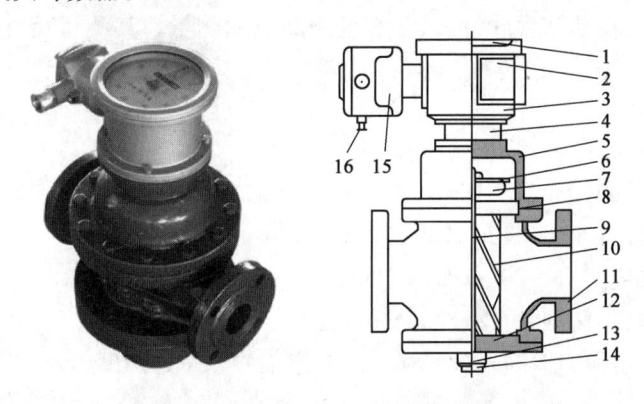

图 2-45　双转子流量计外形与结构Ⅰ

1—仪表盘;2—减速机构;3—表头;4—连接座;5—上盖;6—磁性联轴器;7—定位齿轮;8—上隔板;9—轴;10—转子;11—主体;12—下隔板;13—止推轴承;14—底盖;15—远传发讯器;16—电缆密封接头

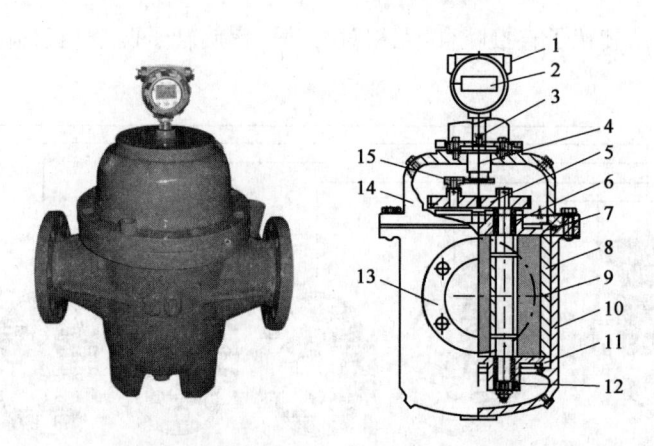

图 2-46 双转子流量计外形与结构Ⅱ
1—电缆密封接头；2—电子表头；3—耦合器；4—磁性联轴器；5—定位齿轮；6—轴承；7—上隔板；8—内套；
9—计量室；10—主体；11—下隔板；12—止推轴承；13—进出口法兰；14—上盖；15—减速齿轮

双转子流量计除有直读式计数器就地指示流量外，还可配接脉冲发生器，将正比于通过流量计体积流量的转子旋转次数转换成脉冲信号，可方便地与流量积算仪或计算机连接。

除了机械计数器显示表头外，可选择使用电子式表头。电子式表头显示功能丰富，除了可显示累计流量外，还可以显示瞬时流量、工作温度、工作压力等。气体双转子流量计还可以进行温度压力补偿，将工况下累计流量、瞬时流量转换为标况下的值。电子式表头可以采用3.6V锂电池供电（只供显示），也可以采用24V DC外电源供电。外电源供电情况下，可以输出方波脉冲信号，也可以输出4~20mA标准信号、RS485数字信号等。

2. 双转子流量计特点和性能指标

双转子流量计结构简单、外形尺寸小、重量轻、安装容易。一对螺旋转子是计量腔体内唯一的运动体，是经过特殊设计、精密加工装配的核心零件。有的双转子流量计在两转子轴上增加了精密定位齿轮，使两只转子间在转动时达到彼此互不接触。该流量计工作时运转平稳、噪声小、磨损少、准确度高、黏度适应性强，可以允许被测液体中的微细颗粒通过，从而不易卡堵，适用于稀油、轻质油、稠油和含砂量大、含水量大的原油测量。其测量精度高、流量范围宽、重复性好、压力损失小。

主要技术性能指标：

(1) 允许基本误差：±0.2%、±0.5%。

(2) 工作压力：1.6MPa、2.5MPa、4MPa、6.4MPa。

(3) 被测介质温度：−40~120℃、100~200℃。

(4) 适用介质黏度：0.1~200mPa·s、200~500mPa·s。

(5) 流量计材质：不锈钢、铸钢、316不锈钢。

(6) 脉冲发讯器电源：12V DC、24V DC。输出信号频率：≤1000Hz。信号幅值：≥5V。工作电流：≤8mA。

3. 容积式流量计安装与应用

应用容积法测量流量，实质上是累加检测流体体积的办法。因此，与其他流量检测方法相比,流量大小受流体密度、流态、工作状态等条件的影响较小,因而可以得到较高的检测精度。

1)流量计安装

容积式流量计在水平管路及竖直管路上的安装如图2-47所示。

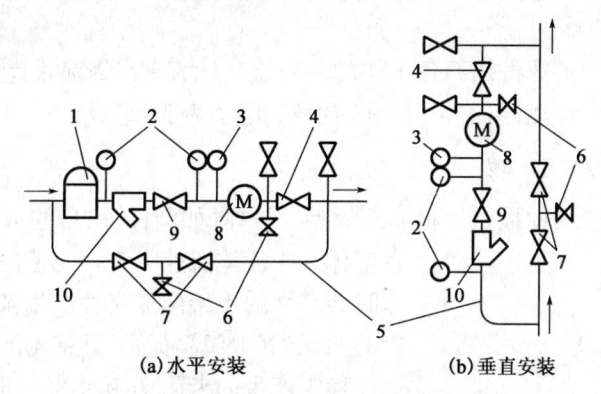

图2-47 容积式流量计安装
1—消气器;2—压力表;3—温度计;4—调节阀;5—旁通管路;6—检漏阀;7—旁通阀;
8—流量计;9—开关阀;10—过滤器

(1)安装时应远离高温环境并避开有腐蚀性气体和潮湿的场所。为了滤除流体中的杂物,表前应安装过滤器,并定期清洗。为了避免液体中的气体进入流量计引起测量误差,表前应安装消气器。为了防止压力波动和过大的水击,必要时可在表前安装缓冲罐、膨胀室、安全阀或其他保护装置。

(2)当对流体的流量有控制要求时,应在表后安装流量调节阀。

(3)为了在仪表故障及检修时不断流,必须设置旁通管路。此时需注意在水平管道上安装时,流量计一般安装在主管道中,如图2-47(a)所示;而在垂直管道上安装时,为防止垢屑等从管道上方落入流量计,应将其装在旁路管道中,如图2-47(b)所示。当然也可采用流量计并联运行方式,一台流量计出故障时另一台可替换使用。

(4)旁通管路中安装阀门应工作可靠。若旁通阀泄漏,会造成非计量误差。为此旁通管路可由两个阀串联控制,在两个阀间的管路上,设置一小阀检漏。

2)流量计的应用与维护

容积式流量计是一种较为准确的流量测量仪表,其累计流量的精度用于液体介质,一般为0.5级,高的可以达到0.1~0.2级。用于气体介质的精度低些,一般为1.0~1.5级。量程比一般为10:1。但其结构复杂,加工制造较为困难,成本较高。只有在正确安装、使用和及时维护的前提下,才能使流量计在规定的精度范围内正常工作。

(1)启动流量计前,打开旁通阀,冲洗管道中残留的杂物,并使流量计进出口压力平衡。之后先缓慢打开进出口阀,关闭旁通阀,使流量计投入运行。

(2)流量计在原油中有较大颗粒的砂粒时容易出现砂卡,所以要适当选取过滤器滤网的目数。在原油温度突然升高时流量计内外膨胀不均也会造成流量计卡死,注意不要使原油温度剧烈变化。

(3)正常使用时,应注意流量计两端的压差,如果突然增大(一般应不大于120kPa),应考虑是否转子卡死,应切换流量计或打开旁通,停下来清洗过滤器或检修。

(4)流量计停运时,对原油、渣油等容易凝固的介质,要用蒸汽进行扫线。扫线时,热蒸汽的温度不能超过流量计的温度范围。蒸汽扫线以后,应把残留的积水放掉,防止流量计锈蚀或冻裂。

五、漩涡流量计

漩涡流量计是基于流体振荡原理工作的一种流量计。有涡街流量计和旋进漩涡流量计两种。漩涡流量计通常由检测器(测量管)和转换器(电子表头)组成。

1.涡街流量计的结构原理

在测量管中垂直于流向插入一根非流线型柱状体(如圆柱、三角柱或T形柱等)作为漩涡发生体。当流体流速大于一定值时,流体绕过漩涡发生体时会在柱的下游两侧交替产生漩涡,形成旋转方向相反的两涡列(卡门涡街)。其结构原理如图2-48所示。

稳定产生的卡门涡街频率f和漩涡发生体两侧流体的平均速度v_1成正比:

$$f = St \frac{v_1}{d} \quad (2-18)$$

式中 v_1——漩涡发生体两侧流体的平均流速,m/s;
 d——漩涡发生体的迎流面最大宽度,m;
 f——单位时间内单列漩涡产生的个数,Hz;
 St——斯坦顿数。

St是一个无量纲系数。当管道内流体的雷诺数Re保持在2×10^4至7×10^6范围内,St便保持不变,但不同形状的漩涡发生体St不同。例如,三角柱$St=0.16$,圆柱体$St=0.20$。所以,测得漩涡频率f即可求得漩涡发生体处流体的流速v_1,进而计算出流体的体积流量:

$$q_V = A_1 \frac{d}{St} f = \frac{f}{K_w} \quad (2-19)$$

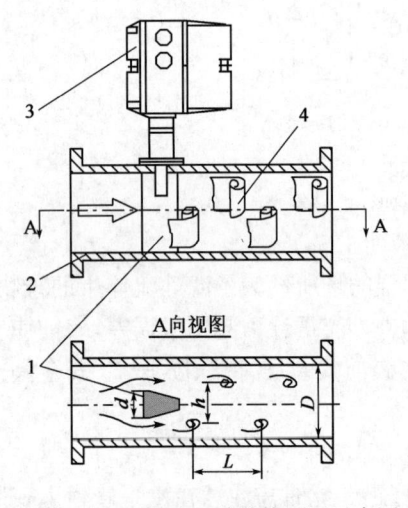

图2-48 涡街流量计结构原理示意图
1—漩涡发生体;2—测量管;
3—转换部分;4—卡门涡街

式中,A_1是管道内漩涡发生体处的流通截面积,K_w为流量计的仪表系数。当管道尺寸和漩涡发生体尺寸一定且流体雷诺数Re在规定范围内时,K_w为常数。

仪表系数仅与漩涡发生体及管道的形状尺寸有关,能用于多种介质测量,无须标定。

漩涡检测方法有热敏电阻式、差压式、超声波式、应变式等多种。涡街流量计的电子表头一般可以指示瞬时流量,也可以指示累计流量。通常,流量计由电池供电用以就地指示,也可以外接电源实现脉冲输出,也可转换为4~20mA标准统一电流信号输出。

2.旋进漩涡流量计的结构原理

旋进漩涡流量计是利用流体强迫振荡原理而制成的一种漩涡进动型流量计,其外形与结构原理如图2-49所示。

当流体进入流量计后,首先通过一组由固定螺旋形叶片组成的起旋器后被强迫旋转,形成一股具有旋进中心的涡流。流量计内部管腔截面类似文丘里管,在收缩段由于节流作用,涡流的前进速度和涡旋速度都逐渐加强,在此区域内的流体是一束沿着流量计轴线高速运动的漩涡流。当漩涡流进入扩散段时,因管内腔突然扩大,流速急剧减小,一部分流体形成回流,在回流作用下,流体的中心改为围绕着流量计的轴线作螺旋状进动,即所谓旋进。流体的旋进是贴近扩散段的壁面进行的,旋进频率与流速成正比,因而测得漩涡流的进动频率即可确定被测体积流量值。

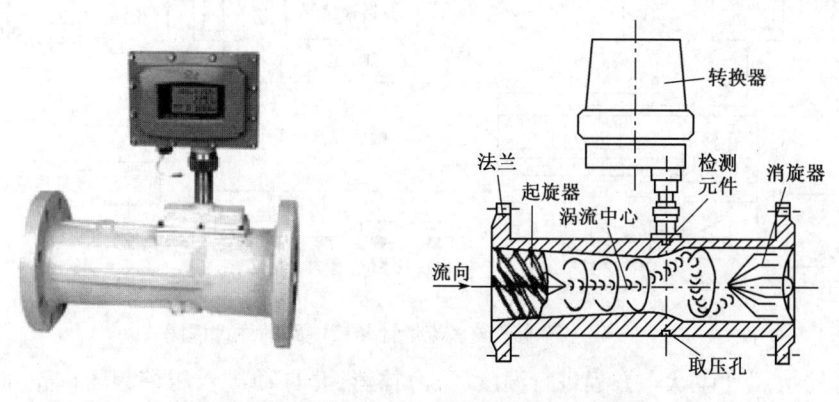

图 2-49 旋进漩涡流量计的结构作原理图

旋进漩涡流量计由传感器和转换器组成。传感器包括表体、起旋器、消旋器和检测元件等。

表体通常由不锈钢或铸铝合金制成,由入口段、收缩段、喉部、扩张段和出口段组成。

起旋器是具有特定角度的螺旋叶片,固定在表体收缩段前部,用以强迫流体产生漩涡流,由不锈钢或合金钢等耐磨材料制成。

消旋器是用直叶片制成的辐射状或网络状除旋整流器,固定在表体的出口段,其作用是减弱流体的漩涡状况,使其比较平顺地流出去,从而避免和减少漩涡流对下游仪表性能的影响。

由于旋进漩涡流量计所检测的是贴近表体扩张段壁面的漩涡进动频率,而不是漩涡分离频率,所以其检测元件一般采取接触式检测,贴近壁面安装在靠近扩张段的喉部,有热敏、压电、应变、电容等几种。

3. 转换器

转换器又称流量积算仪,由温度和压力检测通道、流量信号检测通道、微处理器单元、显示模块、输出信号接口等组成。涡街流量计和旋进旋涡流量计的转换器组成原理相似,见图2-50。

以智能型漩涡流量计为例,压电晶体传感器安装在靠近壳体扩张段的喉部,可检测出漩涡进动的频率信号。压电传感器检测的微弱电荷信号经前置放大器放大、滤波、整形等电路处理,剔除外来干扰信号,即可转换成与流体流速成正比的脉冲信号,并同固定在表体上的温度传感器、压力传感器检测到的温度、压力信号一起,送入微处理器进行运算处理,最终把测得的流体流量直接显示于LCD屏上,显示出测量结果(瞬时流量、累计流量及温度、压力数据)。

温度传感器一般采用Pt100铂电阻为温度敏感元件,其电阻值与温度成对应关系。压力传感器采用扩散硅压力敏感元件,其压敏电阻随介质压力变化,经测量桥路转换为电压输出。压力、温度信号经放大及模数转换后送CPU处理。

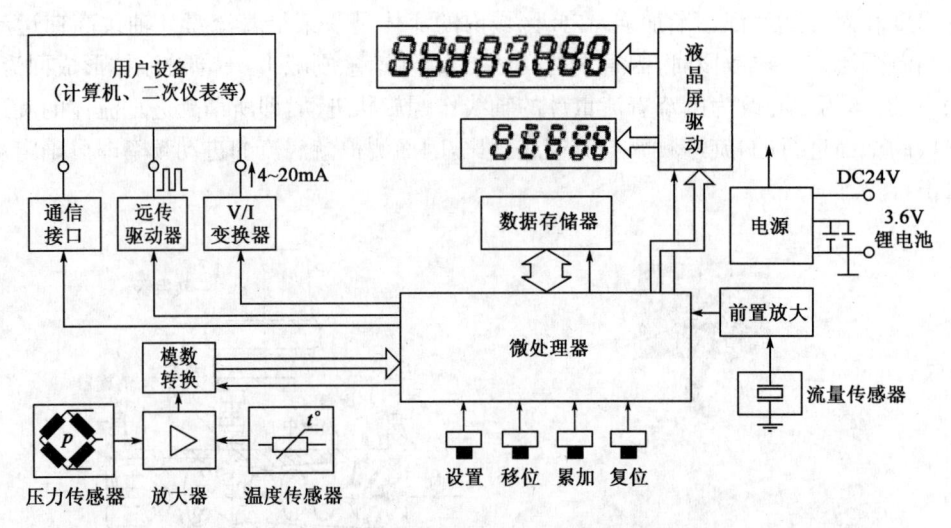

图 2-50 智能型漩涡流量计转换电路的原理框图

微处理器按照气体状态方程进行温度、压力补偿,并自动进行压缩因子修正,将工况下的气体瞬时流量、累计流量转换成标准状态(标况)下的值。换算公式如下:

$$q_n = \frac{p_a + p}{p_n} \cdot \frac{T_n}{T} \cdot \frac{Z_n}{Z} q_V \tag{2-20}$$

式中　q_n——标况下的体积流量,m^3/h;

　　　q_V——工况下的体积流量,m^3/h;

　　　p_a——当地大气压力,kPa;

　　　p——流量计取压孔测量的表压,kPa;

　　　p_n——标准状态下的大气压力,101.325kPa;

　　　T_n——标准状态下的温度,293.15K;

　　　T——被测流体的温度,K;

　　　Z_n——气体在标况下的压缩系数;

　　　Z——气体在工况下的压缩系数。

4. 漩涡流量计的特点及应用

1)漩涡流量计的特点

(1)可用于测量液体、气体和蒸汽的流量。旋进漩涡流量计因起旋器的限制一般测量气体及蒸汽流量,涡街流量计测量液体流量。

(2)结构简单、牢固,故障少,维护量小,安装维护方便,费用较低。管道内没有运动部件,涡街流量计压力损失较小(约为孔板流量计 1/4~1/2)。

(3)量程比宽,可达 10∶1 到 20∶1。测量精度高,约为 1~2 级左右。直接输出与流量成正比的脉冲频率信号,适用于总量计量。

(4)在一定雷诺数范围内,输出频率信号不受流体性质(密度、黏度)和工作状态(压力、温度)变化的影响。

(5)为保证漩涡的稳定性,上、下游必须有足够长的直管段,上游侧 15~30D,下游侧

5~10D。必要时还应在上游侧加装整流器。

(6)起旋器易受流体中固体颗粒的磨损,漩涡发生体结垢或介质中纤维缠绕,会改变仪表系数,所以不适合测量脏污流体。

(7)流量计对管道的机械振动比较敏感,对漩涡的形成产生较大的影响,从而使仪表产生附加误差,降低仪表精度。

2)安装与使用注意事项

漩涡流量计安装运行参考图2-51。

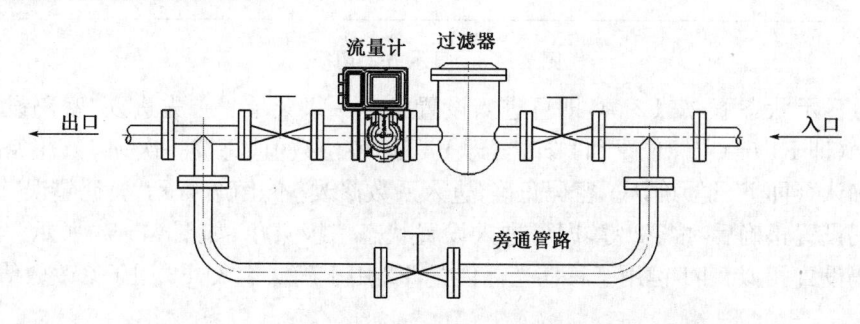

图2-51 流量计安装运行图

(1)流量计可水平或直立安装,并使表壳上箭头方向与介质流向一致。安装段管道不得有强烈震动和强磁场的干扰。

(2)安装时不要使流量计承受过大外力,防止流量计变形、损坏;密封用的垫圈不得凸入管道内部。

(3)流量计外接电源与信号电缆连接,需压紧出线口密封螺塞,保证密封不进水汽。

(4)被测流体须符合流量计的使用范围。例如测量气体时流速范围为4~60m/s,测量液体时流速范围是0.38~7m/s,测量蒸汽时流速范围不超过70m/s。

(5)敏感元件要保持清洁,经常吹洗,防止检测元件被沾污后影响到测量精度。

(6)因为旋进漩涡流量计主要用来测量气体或蒸汽的流量,所以需要温度和压力补偿。

(7)流量计前必须装过滤器;投入运行时,应先通过旁通扫线保证无异物进入流量计。开启时应缓慢开启流量计的上、下游阀门,以免瞬间气流过急而冲坏起旋器。

(8)当介质中含气量大时,应在过滤器前装消气器,流量计运行时应保证液体充满管道。

3)参数设置

某智能漩涡流量计表头屏显工作状态下显示如图2-52所示。首行提示行显示工作状态(OK表示正常),第二行显示标况瞬时流量(Nm^3/h),可切换成显示工况体积流量(m^3/h),第三行显示标况累计流量(Nm^3),第四行显示工作状态,即测量管处的天然气温度、压力。标况体积流量就是根据工况体积流量和所测量的工作状态,由式(2-13)换算出来的。

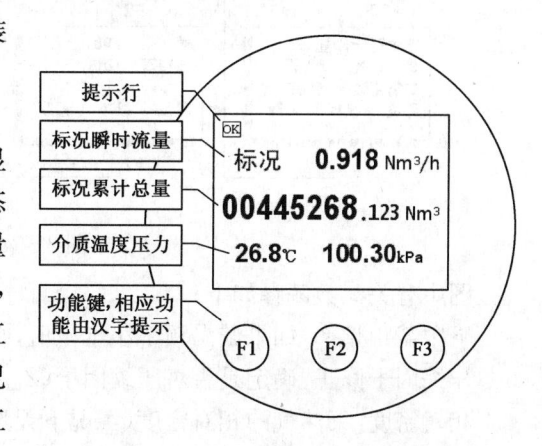

图2-52 某漩涡流量计显示面板

按F3键可以切换显示方式:在"标况瞬时流量—工况瞬时流量—脉冲信号频率"间切换,如图2-53所示。

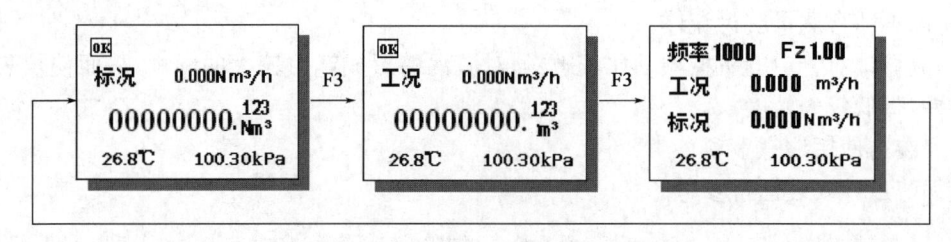

图2-53 显示方式切换

在参数显示状态下,按F2键,即可进入设置状态一级菜单。首先进入"密码设置"菜单,通过"移位"(即F1键)光标位置和"修改"(即F3键)各位数值(每按一次加1),将密码设置正确后,按"确认"(即F2键)确认。密码正确,进入系数修改;不正确,提示"密码错误"。

在密码设置正确后,按F2键,即可进入设置状态一级菜单,如图3-54所示。参数设置方法与密码设置相似。F1键用于移动光标位置,F2用于确认输入,F3用于修改数值。

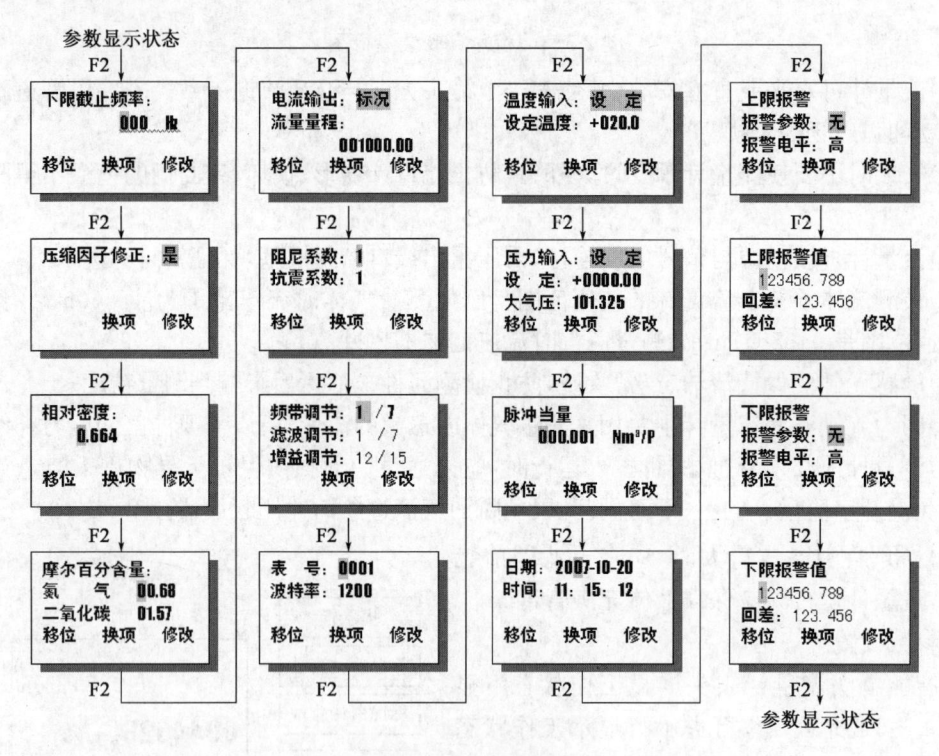

图2-54 参数设置

图中有关参数解释如下。

下限截止频率:如果漩涡频率小于该值,则瞬时流量为零,用于小信号切除。

压缩因子修正:确定是否对压缩因子(Z_n/Z)进行修正。

相对密度:天然气的相对密度(工况下天然气实际密度与空气标准密度之比)输入,用于标况流量换算。密度参数由气分析报告提供。

摩尔分数:天然气中氮气和二氧化碳的摩尔分数输入,用于扣除非天然气成分。该参数由气分析报告提供。

电流输出:对应 20mA 的电流输出的瞬时流量量程 m^3/h(标况、工况可选)。

阻尼系数:设置动态响应速度,值越大,阻尼越大。

抗震系数:设置环境震动不敏感性,值越大抗震滤波强。

频带、滤波和增益调节:前置放大器的频带、滤波和增益调节。

表号和波特率:用于 RS-485 通信。表号有效范围:0000~9999;波特率的有效范围:1200/2400/4800/9600。

温度输入/设定:温度信号的采集方式(人工设定或传感器自测)和补偿温度设置。

压力输入/设定:压力信号的采集方式(人工设定或传感器自测)、补偿压力和大气压设置。

脉冲当量:脉冲输出时,1 个脉冲所代表的流体体积值。

日期/时间:实时时钟设定。设置内容包括年、月、日、时、分和秒。

报警参数:上、下限报警设置方法相同。报警参照参数可以是:无、工况流量、标况流量、温度上限、压力上限。报警电平可选高电平报警或低电平报警。选择有报警时可选报警参数值及回差(不灵敏区)。

5. 流量计运行与维护

初次启动流量计,在启动流量计前应扫线彻底,避免杂质卡死流量计。具体方法:关闭流量计的前后阀口,打开旁通阀,使流体从旁通阀流过,冲洗管道中残留的杂物。

流量计的启动:先缓慢地打开流量计前的开关阀,使液体充满流量计后,再缓缓打开流量计后的调节阀,观察流量计运转状况后,缓慢关闭旁通阀门,使流量计正常运行。

流量计应定期进行维护,主要维护内容如下:
(1)检查流量范围是否超出铭牌所示的最大流量。
(2)观察运转中流量计壳体内是否有规则噪声,是否有较大杂质和异物进入流量计内。
(3)更换内部零件后应重新进行标定。
(4)正常使用中的流量计,每隔两年应标定一次。
(5)当采用机械计数表头时,应按期注油润滑。

六、电磁流量计

1. 测量原理

电磁流量计根据电磁感应原理制成,主要用于测量导电液体的体积流量。电磁流量计原理如图 2-55 所示。

在磁感应强度为 B 的均匀磁场中,垂直于磁场方向安装内径为 D 的不导磁管道,当导电液体在管道中以平均流速 v 流动时,导电流体就切割磁力线。B、D、v 三者互相垂直,在两电极之间产生的感应电动势为:

$$E=BDv \quad (2-21)$$

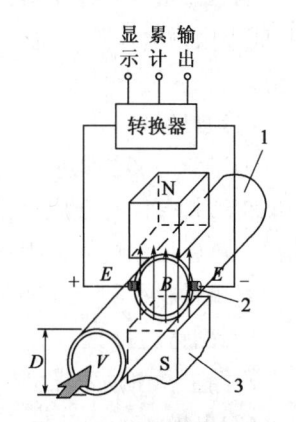

图 2-55 电磁流量计的原理示意图
1—测量管;2—检测电极;3—磁极

式中　E——感应电动势，V；
　　　B——磁感应强度，T；
　　　D——测量管内直径，m；
　　　v——导电液体的平均流速，m/s。

由此可知导电液体的瞬时体积流量（m³/s）为：

$$q_V = \frac{\pi D}{4B} E \tag{2-22}$$

当测量管结构一定、稳恒磁场条件下，体积流量 q_V 与感应电势 E 成正比，而与流体的物性参数和工作状态无关。因而电磁流量计具有均匀的指示刻度。

电磁流量计的磁场由励磁系统提供。磁场强度不但要强，而且还要均匀、恒定。除了直流磁场，也可以采用正弦波交流磁场、低频矩形波磁场、三值低频矩形波磁场及双频矩形波磁场等。

2. 结构特点

电磁流量计由电磁流量传感器和转换器两大部分组成，其外形和结构如图 2-56 所示。

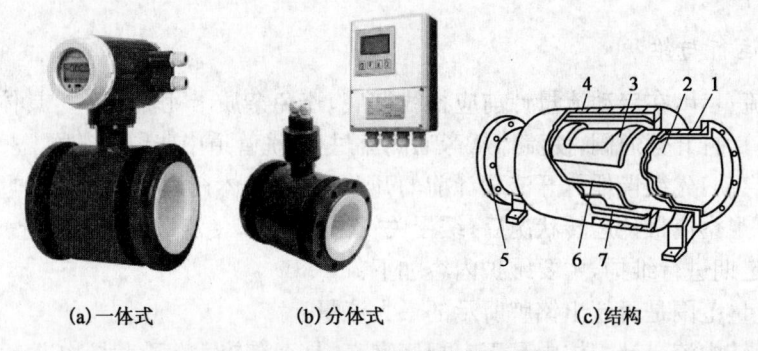

(a) 一体式　　(b) 分体式　　(c) 结构

图 2-56　电磁流量计外形与结构
1—测量管；2—内衬管；3—励磁线圈；4—外壳；5—安装法兰；6—电极；7—铁芯

电磁流量传感器主要由测量管组件、磁路系统、电极等部分组成。测量管上下装有励磁线圈，通以励磁电流后产生磁场穿过测量管。一对电极装在测量管内壁与液体相接触，引出感应电势。

(1) 测量管。

为避免磁场被测量管屏蔽，测量管必须由非导磁的金属或非金属制成，如不锈钢、铝合金和工程塑料等。在金属测量管内壁装有绝缘衬里，保证电极与测量管间绝缘。为了减少测量管在交流磁场中的涡流损耗，应选用高阻抗材料。

衬里材料一般有聚四氟乙烯、氯丁橡胶、聚氨酯橡胶、陶瓷。

(2) 磁路。

磁路主要由励磁绕组和铁芯组成，有变压器铁芯式、集中绕组式、分段绕组式三种结构形式。

(3) 电极。

电极安装在与磁场垂直的测量管两侧管壁上，其作用是把电势信号引出。电极通常需要直接与被测流体接触，要求耐磨、耐腐蚀、导电性好。电极材料有不锈钢、哈氏合金、钛、钽等。

电磁流量变换器用于对感应电势信号进行放大处理与流量指示。一般可以指示瞬时流量、累计流量,也可以实现脉冲输出和 4~20mA 标准统一电流信号输出。由于励磁的需要,一般不能实现两线制接线,通常需要 24V DC 或 220V AC 电源才能工作。

3. 电磁流量计的主要特点

(1)电磁流量计可用于各种导电液体流量的测量,尤其适用于脏污流体、腐蚀性流体及含有纤维、固体颗粒和悬浮物的流体;不能测量气体、蒸汽以及电导率低的石油产品和有机溶剂。

(2)电磁流量计测量结果不受流体的温度、压力、密度、黏度、流态变化的影响,因此,电磁流量计只需经水标定后,测量其他导电液体无须标定。

(3)电磁流量计的测量范围宽(量程比达 100∶1,口径 6mm~2.5m),流速范围 0.3~12m/s。传感器结构简单,测量管内无阻流部件,几乎没有附加压力损失,运行能耗低。

(4)电磁流量计没有机械惯性,所以反应灵敏,可测量瞬时脉动流量。

(5)电磁流量计容易受外界电磁干扰的影响,对接地和抗电磁干扰要求较高。

(6)电磁流量计内衬材料和电气绝缘材料的限制,不能用于测量高温液体,一般不能超过 120℃,也不能用于低温介质、负压力的测量。

4. 电磁流量计的安装与应用

(1)传感器的安装地点应远离大功率电动机、大变压器、变频器等强磁场设备,以免外部磁场影响传感器的工作磁场。

(2)安装流量计时应加设截止阀和旁通管路以便仪表维护和对仪表调零。在测量含有沉淀物流体时,为方便清洗可加设清洗管路。

(3)电磁流量计上、下游要有一定长度的直管段,如果上游有弯头、三通、阀门等阻力件时,应有 5D~10D 的直管段长度。

(4)电磁流量传感器可以水平、垂直或倾斜安装,并保证测量管内始终充满液体,避免产生气泡。水平或倾斜安装时两电极应取左右水平位置,否则下方电极易被沉积物覆盖、上方电极被气泡绝缘。

(5)尽量避免让电磁流量计在负压下使用。因为测量管负压状态,衬里材料容易剥落。

(6)传感器的测量管、外壳、引线的屏蔽线以及传感器两端的管道都必须可靠接地。使液体、传感器和转换器具有相同的零电位,绝不能与其他电气设备的接地线共用,这是电磁流量计的特殊安装要求。

对于一般金属管道,若管道本身接地良好时,接地线可以省略。若为非接地管道,则可用粗铜线进行连接,以保证法兰至法兰和法兰至传感器是连通的,见图 2-57(a)。对于非导电的绝缘管道,需要将液体通过接地环接地,如图 2-57(b)所示。

对于安装在带有阴极防腐保护管道上的传感器,除了传感器和接地环一起接地外,管道的两法兰之间须用粗铜线绕过传感器相连,即必须与接地线绝缘,使阴极保护电流与传感器之间隔离开来,如图 2-57(c)所示。

电磁流量计投入运行时,必须在流体静止状态下做零点调整。正常运行后也要根据被测流体及使用条件定期停流检查零点。定期清除测量管内壁的结垢层。

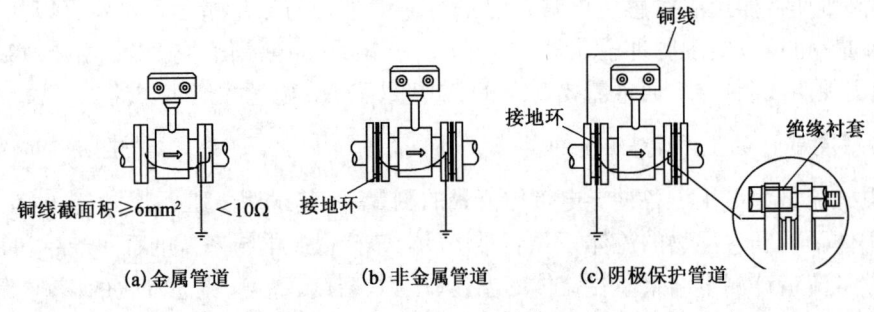

(a)金属管道　　(b)非金属管道　　(c)阴极保护管道

图 2-57　电磁流量计接地

七、质量流量计

科氏力质量流量计是一种直接式质量流量仪表。科氏力是指在一根转动的直管内流动的流体受到的垂直于管壁的一种惯性力。

1. 科氏力流量计的测量原理

若在以角速度 ω 旋转管道中以匀速 v 流动的流体,则管道受到流体所施加的科氏力的大小为:

$$F_c = 2\omega L \cdot q_m \tag{2-23}$$

式中　ω——旋转角速度;
　　　L——管道长度;
　　　q_m——质量流量。

因此测量旋转管道中流体产生的科氏力就能测出流体的质量流量。不断旋转的管子不能用于实际测量。目前利用科氏力构成的质量流量计有直管、弯曲管、单管、双管等多种形式。我们以单 U 形管结构为例,分析它的工作原理,如图 2-58 所示。

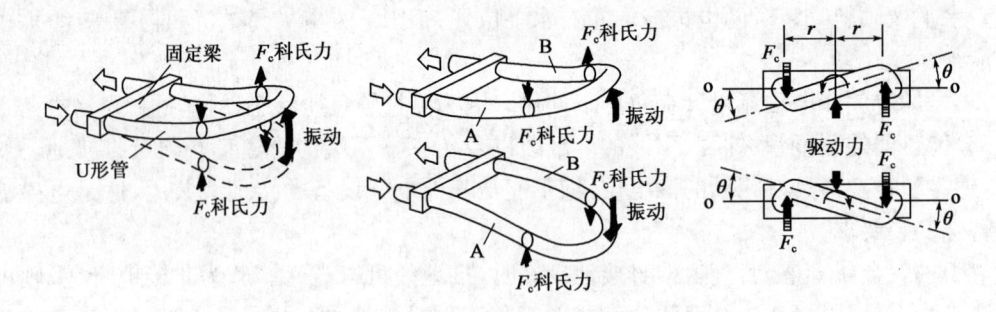

图 2-58　U 形管科氏力作用原理

U 形管在外力驱动下,以固有振动频率绕固定梁做上、下振动,频率约为 80Hz 左右,振幅接近 1mm。当流体流过 U 形管时,可以认为管内流体一边沿管子轴向流动,一边随测量管绕固定梁正、反交替"转动",对管子产生科氏力。

当流体按图示方向流入、U 形管绕固定梁向上"转动"时,对管段 A 来说,流体是由转轴向外流动,流体的切向速度由零逐渐加大,表明流体受到了管子施加的与转动方向一致的切向力,流体能量增加,其反作用力(科氏力 F_c)必与管段转动趋势相反。对管段 B 来说,流体是从外端流向转轴,流体的切向速度逐渐减小至零,表明流体受到了管子施加的与转动趋势相反的切向力,流体则将能量释放给管子,科氏力 F_c 与管 B 转动趋势相同。U 形管上 A、B 段方向相反的科氏力使 U 形管扭转变形。

在振动的另外半个周期,U 形管向下"转动",扭曲方向则相反。随着周期性振动,U 形管受到一方向和大小都随时间变化的扭矩 M_c,使测量管绕 O—O 轴做周期性的扭曲变形。扭转角 θ 与质量流量及刚度 k 有关。因此

$$q_m = \frac{k}{4\omega L r} \cdot \theta \tag{2-24}$$

所以被测流体的质量流量 q_m 与扭转角 θ 成正比。如果 U 形管振动频率一定,则 ω 恒定不变。所以只要在振动中心位置安装两个光电检测器,测出 U 形管在振动过程中,测量管通过两侧的光电探头的时间差,就能确定 θ,即质量流量 q_m。

2. 结构类型

科氏力质量流量计由检测器和转换器两部分组成。

检测器用以激励检测元件——测量管的振动,并将测量管的变形转换为电信号输出。检测器内安装测量管、电磁驱动线圈,驱动测量管反复振动,使测量管产生扭曲变形,通过光电或电磁传感器将测量管的变形量(或相位差)转变为电信号。

转换器把来自传感器的电信号进行变换、放大后输出与质量流量成正比的 4~20mA 标准信号、频率/脉冲信号或数字信号,以显示质量流量。

科氏力质量流量计的类型取决于测量管的形状。除了 U 形管以外,现在已开发的测量管有 Ω 形、B 形、S 形、环形等多种,见图 2-59。其驱动装置、变形原理、信号检测与 U 形管基本相同。

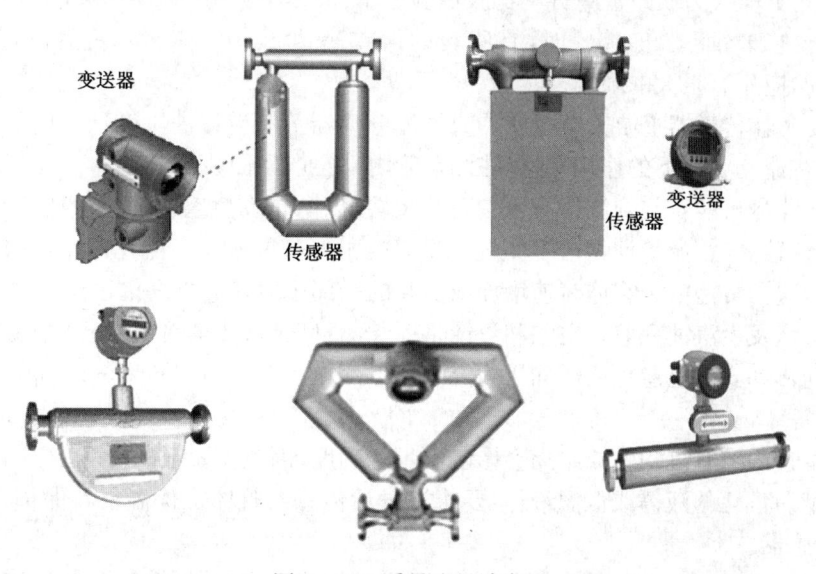

图 2-59 质量流量计类型

3. 特点

(1)能够直接测量质量流量,仪表的测量精度高,可达 0.2 级。测量精度与被测介质的温度、压力、密度、黏度、电导率等因素影响很小。

(2)可测量一般介质、含有固形物的浆液以及含有微量气体的液体,中高压气体,尤其适合测量高黏度甚至难以流动的液体。

(3)不受管内流动状态的影响,对上游侧流体的流速分布也不敏感,因而安装时仪表对上下游直管段无要求。测量管易于维护和清洗。

(4)流量范围宽,量程比可达 10∶1 到 50∶1,有的高达 100∶1。

(5)在测量质量流量的同时,还可获得流体的密度信号,可由质量流量和流体密度计算测量油、水混合液体的浓度。

4. 安装与应用

(1)安装位置应远离振动的设备,检测器两边管道用支座固定,但检测器外壳必须为悬空状态,必须离开地面,也不能与其他物品相接触,可以有效预防外界振动影响测量。

(2)安装时要保证流量计的法兰盘与管道中的法兰盘同心。检测器实现无应力安装的要求,拧固定螺栓时要保证多个螺栓均匀受力,不可强迫对位,以免一次表上产生扭矩或弯矩,防止管道的横向应力,使检测器零点发生变化,影响测量精度。

(3)检测器的安装位置必须远离变压器、大功率电动机等磁场较强的设备。

(4)检测器安装时注意流量计上标注的流向标志应与管道中的液体流向相同。安装位置应使管道内流体始终保证充满测量管,因此要保证被测液体中不能带气,流量计上游管道口径不能小于流量计口径,可以大于或等于流量计口径。流量计下游管道需要有一定的背压,不能直接处于开放状态,防止管道内液体不能充满,造成测量不正确。

多家公司的科氏力质量流量计的比较试验显示:液体中夹杂气体的影响在含气 1% 时,其误差为 1%～15%;而含气 10% 时,有些表的误差高达 15%～80%。可见,质量流量计对液—气两相的应用有很大的限制。

(5)需要时在传感器上游安装过滤器或气体分离器等装置以滤除杂质。由于固体颗粒或者空化现象在流动状态下的作用,流体在测量管内部会产生冲蚀。

(6)流量计尽可能安装到流体静压较高的位置,以防止发生空穴和汽蚀现象。否则,原油中析出天然气较高时,流量计无法工作。当管道内压力等于或低于流体汽化压力时发生空穴和汽蚀现象,这常常是由于流体流速增加而引起的局部压力降造成汽化,当汽化的气泡(空穴)产生内破裂,将发生汽蚀现象。空穴和汽蚀将引起测量误差,甚至损坏传感器。这就需要在接管、阀门的选择和安装上避免流速和压力降的突然变化。如控制阀同流量计串联时,阀门应放在仪表下游等。

(7)测量管内壁有沉积物或结垢会影响测量精确度,因此需要定期清洗。

(8)测量易汽化的液体或低温液体,要将流量计传感器整体加保温材料保护,以免结露或结霜损坏传感器。

(9)安装方式如图 2-60 所示,对于在水平方向管线上安装的传感器,如果流体是液体或浆液,建议测量管安装于管线下方;如果流体是气体或需要自排空时,建议测量管安装于管线上方；对于安装在竖直方向管线上的传感器，测量管可位于管线侧方安装，如果流体是液体、浆液或需要自排空时，建议流体自下而上流过传感器；如果是气体，建议流向朝下。

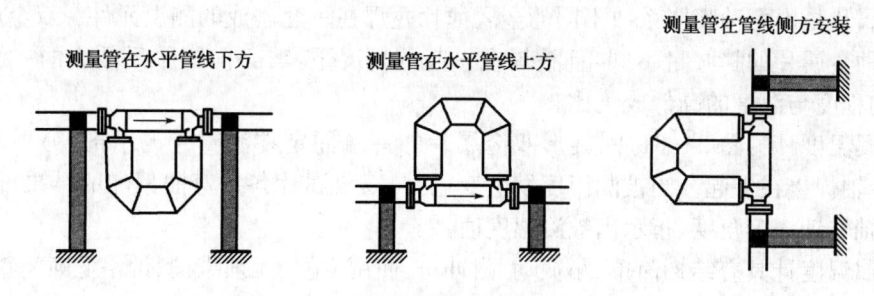

图 2-60　质量流量计传感器的安装位置

5. 故障排除

质量流量计故障排除见表 2-2。

表 2-2　质量流量计故障排除表

故障现象	故障原因	排除方法
相差零点 dp 值不稳	安装不正确	按要求正确安装
相差零点 dp 值忽大忽小	清零无效果	检查表的接线并接好
显示"停振"	表接线是否断开？使用时间太长应该清洗管道	检查表的接线并接好；否则清洗管道
密度不准	初次现场安装时	调整密度系数 b
显示"密度太小"或密度时大时小	管道中有气体	排出气体或在流量计前增加气液分离装置
死机（开机显示不变）	关机时间太短就开机，或电源插头接触不良	使插头接触良好，关机后保持 10s 再开机
流量出现负值	在有流量时误清零，或选了 dp-0 阀门关闭不严	不选 dp-0，关上下阀门后重新清零
上位机通信无信号	查 A、B 双绞线无断线	A、B 调换接
上位机通信时好时坏	查上位机程序是否正确	更换质量好的 RS232/485 转换器

第五节　温度检测仪表

在石油化工生产过程中，温度既可反映生产过程进行的程度，又可对生产过程起控制作用。例如，油气集输生产的油气分离、脱水、外输、轻烃处理过程必须在适当的温度下才能正常进行，温度直接对生产过程起着决定性的影响。

温度测量仪表的分类方法很多，按测温方式可分为接触式和非接触式两大类；按工作原理可分为膨胀式、电阻式、热电式、辐射式等多种。目前在油气田集输站库用于温度测量的仪表主要有双金属温度计和热电阻温度计。

一、双金属温度计

双金属片是由两种膨胀系数不同的金属薄片叠焊在一起制成的测温元件。双金属片受热后由于两种金属片的膨胀量不同,且叠焊在一起的情况下,势必向膨胀系数小的一侧弯曲变形,弯曲的程度与温度的高低成正比。

双金属温度计见图 2-61,螺旋形双金属片的一端固定在测量管的下部,另一端为自由端,与指针轴焊接在一起。当被测温度发生变化时,双金属片各点弯曲累加的结果,使自由端带动指针轴转动一定角度,指示出被测温度值。

双金属温度计具有结构简单、耐振动、耐冲击、使用方便、无须维护、价格低廉的特点,适于振动较大场合的温度测量。目前国产双金属温度计的使用温度范围为 $-80 \sim 600℃$,精度等级为 1~2.5 级。

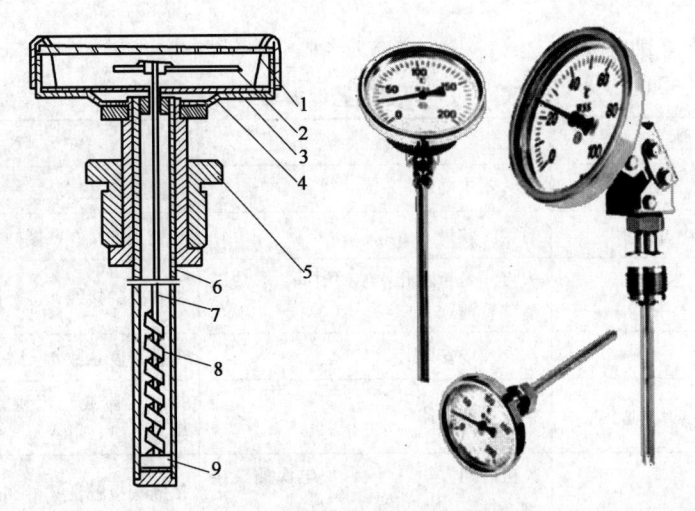

图 2-61 双金属温度计
1—表玻璃;2—指针;3—刻度盘;4—表壳;5—安装压帽;6—金属保护管;
7—指针轴;8—双金属螺旋;9—固定端

二、热电阻温度计

热电阻温度计在工业生产中被广泛用来测量 $-200 \sim 850℃$ 范围内的温度。热电阻温度计由热电阻、连接导线和显示仪表组成。

1. 常用热电阻

1) 铂热电阻

由于铂材料金属物理、化学性能稳定,易于提纯,是目前制造热电阻的最好材料。铂热电阻精度高、灵敏度低、测温范围宽,测量温度范围 $-200 \sim 850℃$。

目前,我国工业用铂热电阻常用的有两种,其 0℃ 时电阻 R_0 分别为 10Ω 和 100Ω,分度号分别为 Pt10、Pt100。铂热电阻结构如图 2-62 所示。

2) 铜热电阻

由于铂是贵重金属,因此,在一些测量精度要求不高且温度较低的场合,可以采用铜热电阻。铜热电阻线性好,灵敏度比铂电阻高,容易提纯、加工,价格便宜。但是铜易于氧化,一般只用于$-50\sim150$℃以下的低温测量。

(a) 云母管架电阻体　　　　(b) 陶瓷管架的电阻体(上)玻璃管架铂丝电阻体(下)

图2-62　热电阻体外形

目前,我国工业上用的铜电阻有Cu50和Cu100两种,0℃时电阻分别为50Ω、100Ω。

2. 热电阻的测量原理

热电阻测量,常用电桥电路,见图2-63。图中热电阻的引线采用了三线制,可消除环境温度造成引线电阻变化产生的测量误差。

R_1、R_2、R_3为桥路固定电阻,R_a为零位调节电阻,热电阻通过三根导线和电桥连接。引线电阻$r_1=r_2=r_3=r$。桥路输出电压$V_{CD}=V_{CA}-V_{DA}$。当环境温度变化时,引线电阻r_1、r_3的变化产生的桥路电压$\Delta V_{CA}=\Delta V_{DA}$,相互抵消,不会产生温度误差。

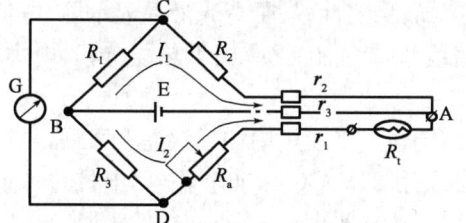

图2-63　热电阻测温电桥的三线连接法

3. 一体化温度变送器

一体化温度变送器外观如图2-64所示。

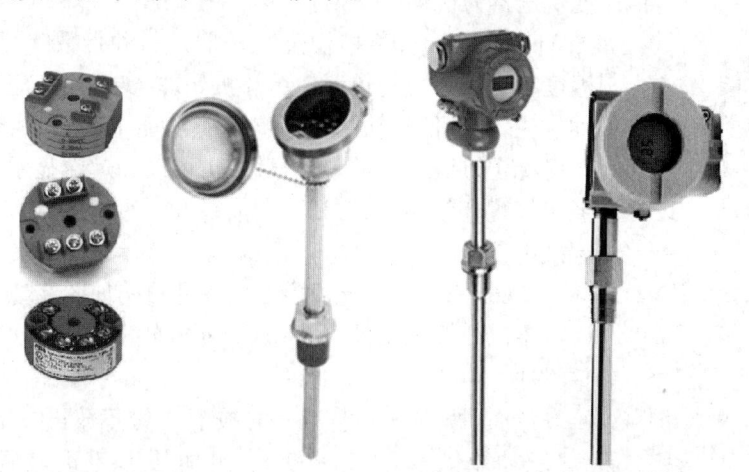

(a) 温度变送模块　　(b) 一体化温度变送器　(c) 数显温度变送器

图2-64　一体化温度变送器

一体化温度变送器由测温元件和变送器模块两部分构成。测温元件包括下部的保护管及里面的热电阻、引线及陶瓷绝缘管。变送器模块是一个集成电子电路模块,用于把热电阻的输出信号 R_t,转换成为 4~20mA DC 标准统一信号输出或 RS485 等数字信号输出。有的一体化温度变送器具有数显表头,就地指示被测温度。一体化温度变送器一般具有非线性补偿电路,输出电流信号与温度呈线性关系。

配热电阻的一体化温度变送器分度号,有 Pt10、Pt100、Cu50 和 Cu100 四种。油气集输系统用于温度测量的范围一般在几十摄氏度到几百摄氏度之间,一般统一用 Pt100 热电阻温度计,便于维护与管理。

温度变送器额定电源电压为 24V,额定负载电阻 250Ω,但允许用于 12~35V 的电源电压下,不过负载电阻应适当改变。

一体化温度变送器的基本误差不超过量程的±0.5%,环境温度影响约为每1℃变动不超过 0.05%,可用于−25~80℃的环境中。它具有体积小、不需调整维护、无须补偿导线、抗干扰能力强等特点。电路部分全部采用硅橡胶或树脂密封结构,适应生产现场环境。根据需要可以配装显示表头,就地指示被测温度。

变送器模块采用全密封结构,用环氧树脂浇注,具有抗震动、防腐蚀、防潮湿、耐温性能好的特点,可用于恶劣的环境。

智能一体化温度变送器采用二线制电路,产品精度高、稳定性好、带背光液晶显示屏、方便现场观察,测量端采用不锈钢外壳,头部为铝质防水接线盒,产品广泛应用于热能工程、电力、石油化工等流程工业的温度测量。

变送器在出厂前已经调校好,使用时一般不必再做调整。当使用中如果误差变大后,可以用零点、量程两个电位器进行微调。调校变送器时,必须用 24V DC 标准电源,用电位差计或精密电阻箱提供校验信号,多次重复调整零点和量程即可达到要求。

4. 智能数显温度变送器

智能数显温度变送器采用 HART 协议通信方式,或采用 RS485 现场总线通信方式。下面以 AE520-TB 型智能温度变送器为例加以介绍。

AE520-TB 型智能温度变送器是一种带数字显示的一体化数显温度变送器。变送单元由单片机处理,实现冷端温度自动补偿,非线性校正,数字信号输出;稳定性高、功能丰富;表头带两个功能键,可现场标定、调整;能够就地显示,也可以和远端显示仪表、计算机监控系统等配套使用,24V DC 供电,输出 4~20mA 或 1~5V DC 的直流标准电信号。

AE520-TB 型智能温度变送器外形图如图 2-65 所示。

以下以温度测量范围−40℃~100℃的温度变送器为例,说明其调整方法。

图 2-65 AE520-TB 型智能温度变送器外形图

开始时,按 A→B 键(表示先按下 A 键不放再按下 B 键),再按 A 键,显示功能代号 0001~0008。此时按 B 键进入显示以前的设定值,而按 A 键开始调整最低位值,每按一次显示数值增加 1;按 B 键移位到高一位。需要在某一位数值后插入小数点时,要按 B→A 键(表示先按下 B 键不放再按下 A 键)。数据设定好后,按 A→B 键,保存设定数据,同时转换到下一个功能。下面各功能调整方法基本相同。

(1)显示值的零点设定:功能代号 0001。将值设为－40℃。

(2)显示值的满量程设定:功能代号 0002,将值设为 0100。

(3)增益和补偿数据:功能代号 0003,将值设为 0001。

(4)温度偏移修正值:功能代号 0004。假设测量误差＋1℃,值设为 00－1。

(5)零点温度值:功能代号 0005。将温度传感器置于 0℃ 热源中,稳定后,将值设为 0000。

(6)满量程温度值:功能代号 0006。将温度放入 100℃ 热源中,稳定后,将值设为 0100。现场温度校准时,可在温度变送器测量现场温度的情况下,通过对比就地显示的标准玻璃水银温度计,将键入的数据设为现场温度,就实现校准功能。

(7)零点电流值:功能代号 0007。此时 4～20mA 回路电流约为 5mA 左右。设此时串在回路的精密电流表显示的电流为 5.21mA。通过 A、B 键将显示值设为 05.21,按 A→B 键保存退出。

(8)标定满量程电流:功能代号 0008。此时 4～20mA 回路电流约为 19.5mA 左右,设此时串在回路的电流表显示的电流为 19.31mA,通过 A、B 键将显示值设为 19.31,按 A→B 键保存退出。

三、温度测量仪表的安装

为确保测量的准确性,感温元件的安装基本上应按下列要求进行。

(1)感温元件与被测介质能进行充分的热交换。因此,不应把感温元件插至被测介质的死角区域。

在管道中,感温元件的工作端应处于管道流速最大处。例如,双金属式温度计应使保护管的末端应越过流束中心线约 5～10mm;热电阻保护管的末端应越过流束中心线,铂电阻约为 10～20mm,见图 2－66(a)。

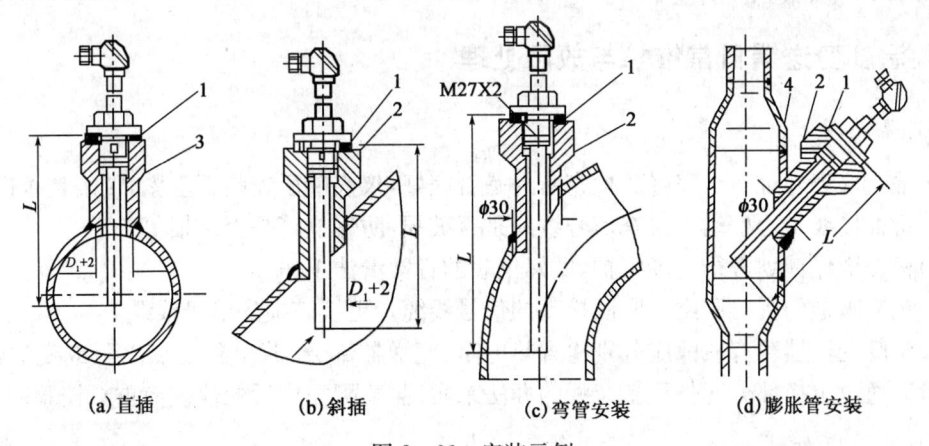

(a)直插　　(b)斜插　　(c)弯管安装　　(d)膨胀管安装

图 2－66　安装示例

1—垫片;2—45°连接头;3—直连接头;4—膨胀管

(2)要保证温度测量仪表的最小插入深度。对于工艺管道,为增大插入深度,可将感温元件斜插安装,若能在管路弯管处安装,则可保证最大的插入深度,见图 2－66(b)、(c)。若安装感温元件的工艺管径过小时,应接装膨胀管,见图 2-66(d)。

(3)感温元件应与被测介质形成逆流。安装时,感温元件应迎着介质流向插入,至少与被测介质流向成 90°角;非不得已时,切勿与被测介质形成顺流,否则容易产生测温误差,见图 2-66(b)、(c)。

(4)在安装感温元件的地方,应该进行保温处理,避免感温元件外露部分的热损失所产生的测温误差。例如测量 500℃左右的未保温设备,由于辐射对流造成表面热量流失,所测出的温度值往往会比实际值偏低 3~4℃。

设备管道温度较高时,要避免设备表面与感温元件之间的热辐射所产生的测温误差。必要时,可在感温元件与设备内壁之间加装金属板防辐射罩。另外,避免热电阻与火焰直接接触,否则会使测量值偏高。

(5)要根据被测介质的工作压力、温度及介质性质,合理地选择感温元件保护套管的壁厚与材质。凡安装承受压力的温度计,要根据温度范围选择密封垫圈,必须保证高温下的密封性。感温元件安装于如加热炉烟道等负压设备中时,必须用如耐火泥或石棉绳堵塞空隙,保证其密封性,以免外界冷空气袭入,降低测量指示值。在测量低温设备(如轻烃处理装置)时,更要注意测温元件的保温和密封,防止温度保护管内潮气冷凝,使热电阻引线短路。

(6)安装时应考虑易于观察、维护方便,所以温度计一般应垂直或倾斜安装。温度计不得已水平安装时,出线孔向下防止下雨时进水。但玻璃水银温度计不得水平安装,更不得倒装。

(7)为保证高温下工作的温度计保护管的强度,安装时应尽可能保持垂直,防止保护管在高温下产生弯曲下塌变形。若必须水平安装时,则不宜过长,且应装有用耐火黏土或耐热合金制成的支架。

(8)在介质具有较大流速的管道中,安装感温元件时必须倾斜安装。为了避免感温元件受到过大的冲蚀,最好能把感温元件安装于管道的弯曲处。

(9)在薄壁管道上安装感温元件时,需在连接头处加装加强板。当介质工作压力超过 10MPa 时,必须加装保护外套。

四、温度变送器日常维护与故障处理

1. 日常维护

(1)检查仪表外观是否完好。检查密封是否完好,仪表前后盖是否上紧,仪表是否进水。
(2)检查接线是否松动。检查信号线缆是否破损,防爆挠管是否破损等。
(3)根据维保计划进行现场维护,做好仪表的日常清洁工作。
(4)更换破损的密封胶圈。紧固松动的信号线缆。更换破损的信号线缆。
(5)温度变送器若有故障应分别检查热电阻、变送器部分,若单独是热电阻或变送器部分故障,可以通过更换部分元件重新装配的办法来实现,装配完毕后的仪表应重新校验。

2. 故障诊断处理

1)示值不稳定

(1)检查保护管内是否有金属杂质、灰尘,应除去金属杂质、清扫灰尘水滴等。
(2)检查是否有外界干扰,应避开干扰源,重新配线并接地。

(3) 检查接线柱间是否脏污或热电阻短路,应找到短路点,加强绝缘。
(4) 检查电子线路板电流输出是否错误,应定期对仪表进行校验。

2) 显示过大

(1) 检查热电阻或引出线是否断路,修复焊接断路点或应更换电阻丝。
(2) 检查接线端子是否松开,拧紧接线端子螺丝。

3) 显示值为负值

(1) 检查电阻体是否有短路现象,应找出短路点,加强绝缘。
(2) 检查是否保护管内积潮气,使铂电阻阻值小于正常值。
(3) 检查是否保护管内有热电阻体及引线上积有灰尘、接线柱间脏污及热电阻短路。

4) 指示温度明显不对

(1) 热电阻丝长期使用腐蚀变质产生漂移,更换热电阻。
(2) 温度变送模块老化漂移,须进行定期校验重新调整。

5) 温度数据显示 9999

(1) 瞬间电流大、雷击,导致电路板烧坏,更换电路板。
(2) 表内进水,导致表内锈蚀,变送器不能正常工作。应加强表体的密封。
(3) 变送器电路板老化,导致示值漂移,测温产生过大偏差,应更换电路板。

第六节　含水分析仪

油气集输系统除了使用常规的压力、流量、温度、物位测量仪表外,还有油、气、水处理过程中原油密度、含水率、污水含油率、可燃气体及有毒气体浓度等参数的专用测量仪表。

一、电容式原油含水分析仪

不管是油田,还是炼厂,原油的含水率都是原油质量监测的主要指标,也是作为油田、管道公司、炼油厂之间进行油品贸易、外输过程中净油量结算的重要依据。

目前,原油的含水率测量,仍然以人工取样、蒸馏化验原油含水量为主。由于受到人工取样的离散性及主观因素的影响,测量结果连续性差、误差较大,远远不能满足工业测量的需要。因此,推广原油含水、密度在线自动测量已势在必行。

1. 基本测量原理

电容式原油含水分析仪是根据原油和水的介电常数差异较大的性质,测量原油中微量水的含量。一般,水的介电常数为 81,而无水原油的介电常数约为 1.8～2.3。由于介电常数的不同,会使不同含水量原油的等效介电常数发生很大变化,从而引起电极尺寸和形状一定的电容器的电容量发生变化,这就是用电容法测量原油含水率的基本原理。

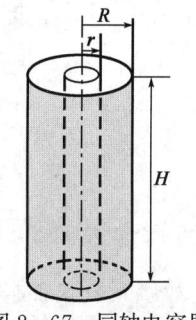

图 2-67　同轴电容器原油含水率测量

含水分析仪所使用的同轴圆柱形电容器如图 2-67 所示,当内外电极间的环形空间内充满介电常数为 ε 的不导电液体介质时,电容器的电容量为：

$$C=\frac{2\pi\varepsilon H}{\ln\frac{R}{r}}=k_0\varepsilon \tag{2-25}$$

式中　C——电容器的电容量；
　　　H——同轴电容器的高；
　　　R——同轴电容器的外电极内半径；
　　　r——同轴电容器的内电极外半径；
　　　ε——介质的介电常数。

当原油含水量增加时，等效介电常数 ε 增加，电容 C 增大。所以只要测出 C，就可得到原油的含水率。

2. 类型与结构

FKC 系列原油在线含水分析仪采用射频穿透吸收和双频电容式原理，非接触测量，无活动部件，测量分辨率高，油品适应性强，无前后直管段的要求，对流态流速不敏感。分析仪内置温度传感器，仪器无须外接温度变送器便可进行温度测量显示和对含水率测量结果进行温度补偿。采用中文文字、数字就地显示，三键非接触式按键，方便用户对隔爆类防爆表头仪表的操作。RS485/MODBUS 智能通信接口，支持数据远传和软件现场升级。

FKC 系列原油在线含水分析仪有插入式、带压安装式、管段式，见图 2-68，适合原油含水率的在线测量，包括高含水、低含水原油和外输原油、机油、润滑油微量水分在线测量及其他腐蚀性极强的含水液体介质。

(a)插入式　　　(b)带压安装式　　　(c)管段式

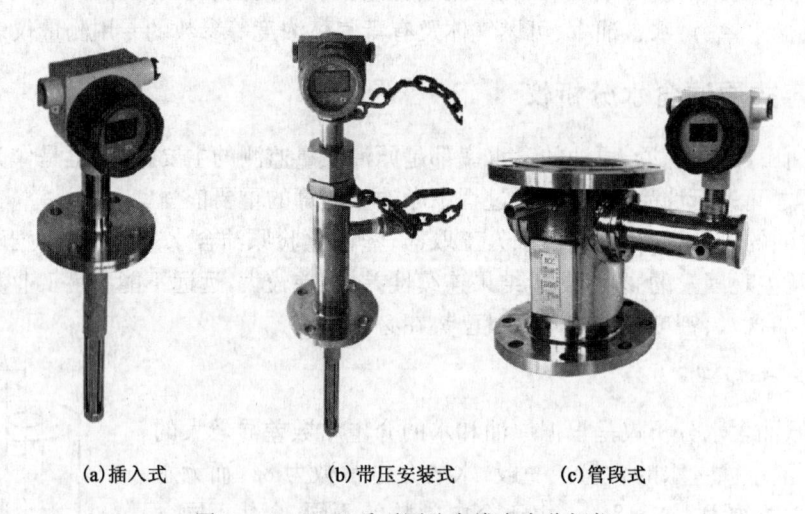

图 2-68　FKC 系列原油在线含水分析仪

3. 安装及标定

带压安装式含水分析仪可以在现场生产过程中带压拆下分析仪探头，进行清洗维护，适用于含石蜡或其他杂质多的生产场所，提高了介质长期测量精度和仪表使用寿命，节约了投入成本。管段式一次仪表为截断法兰式结构，可直接替换油田早期安装的放射性含水率仪表，安装方便快捷。

含水分析仪安装时主要考虑的是要让含水分析仪所接触的介质的含水率具有代表性。因此,安装时防止测量探头处于设备的死角、分层及不流动的地方。插入式探头在管线上安装时一般插入在管线直角弯头处,插入管道中线处,也可以在较粗的管线上垂直、倾斜安装,但必须保证让探头迎着流动方向。在较粗的管道上需分流通过分析仪时,取样管要处于管道中线处。为了防止油样分层,取样口前可加装混流器,两取样口间可加装孔板或阀门,使取样口间产生一定差压,有利于液样流动,见图2-69。

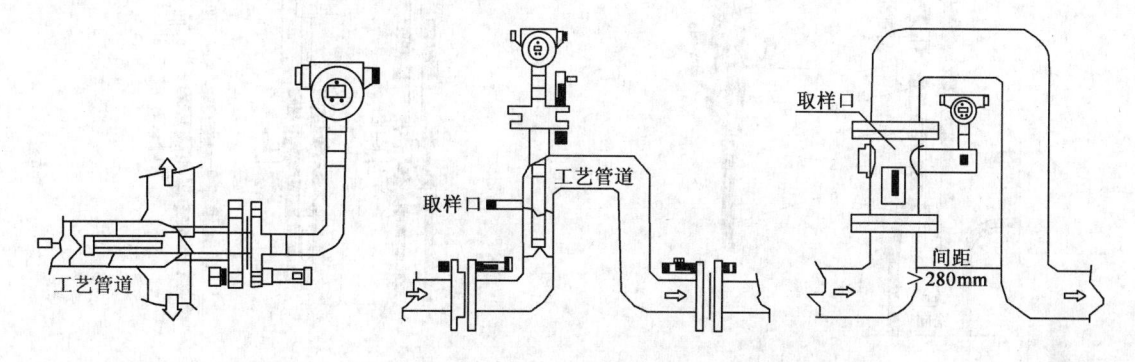

图2-69 FKC原油含水分析仪安装

在现场工艺安装之前必须对仪表范围进行统调,以免在实液标定时出现"零点"或"满度"调不到的问题。在计量装置正常运行后进行含水分析仪的实液标定,可消除原油密度、温度和压力引入的测量误差,因此必不可少。此项工作要由检定员操作进行,标定合格的仪表才允许使用。

二、电磁波谐振式含水分析仪

1. 测量原理

由石英晶体振荡器产生一频率稳定的甚高频交流电压,通过耦合器进入天线,产生高频电磁波。天线、探头外壳之间形成一定的电容,作为谐振电路的调谐电容。当原油的含水率不同时,天线探头的电容量发生变化,谐振电路的振荡电压随之发生相应变化,检波后其整流电压的变化与原油含水率有关。由于采用谐振放大技术,尽管探头电容量变化很小,也能引起较大的振荡电压变化,因此无须再经放大电路就可直接取用,经标定后可由输出的电压的直流成分反映出油样的含水率。

当天线置于纯水中时,谐振电路处于揩振状态,检波后的电压值较高;当天线置于无水油中时,回路失谐,检波后的电压值较低。当天线置于含有一定水分的油中时,回路处于不完全谐振状态,检波后的电压值也处于上述二者之间。因此,测量检波后的电压值即可确定天线处的含水率。

2. 结构与安装

XHJ型电磁波谐振式含水分析仪结构如图2-70所示。

含水分析仪由显示部分、天线探头及连接装置(连接管、球阀、填料密封、取样阀)组成。连接装置用于不停产带压状态下抽出天线探头,以便清洗检修。

插入式含水分析仪安装时,预先将球阀、密封室、密封压盖、取样阀组装成一体。安装按以下步骤进行(图2-71):

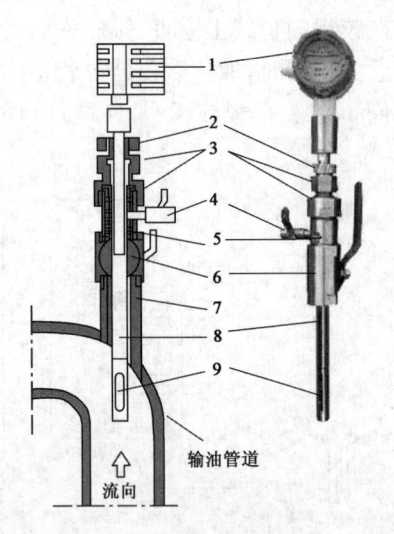

图2-70 电磁波谐振式含水分析仪结构
1—显示部分;2—锁紧螺母;3—保险盖(密封压盖);
4—取样阀;5—密封室;6—球阀;7—连接管;
8—导体杆;9—天线探头

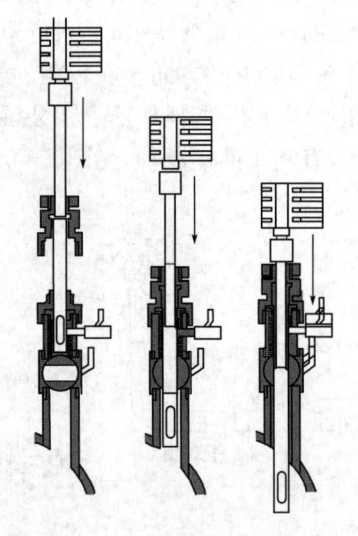

图2-71 插入式含水分析仪的安装

(1)先在输油管的拐弯处打一直径约38mm的孔,加工一段外径1.5in、长80mm的无缝连接管,一端加工1.5in管螺纹,另一端焊在管道开孔上。

(2)将连接管与不锈钢球阀用螺纹连接紧密,关死球阀。

(3)把含水分析仪金属导杆从密封室的顶部,插入球阀的上部。把保险盖拧在密封室上,不可拧紧。

(4)压住含水分析仪的顶部,打开球阀,慢慢把导体杆推进输油管线内,把锁紧螺母拧在保险盖上。

(5)拧紧保险盖,拧紧锁紧螺母。

在正常使用时为了检修或清洗天线,需要按以下顺序卸含水分析仪:

(1)松开锁紧螺母,略微松开保险盖,同时压住含水分析仪顶部,防止原油压力将其冲出。

(2)借助原油压力将仪器慢慢顶起,当有阻拦的感觉时,说明天线尾端已通过球阀,此时可小心关闭球阀。

(3)打开取样阀,将密封室内压力排空。

(4)完全松开保险盖,抽出含水分析仪导体杆,关闭取样阀。

3. 功能及特点

1)主要功能

XHJ含水分析仪上电后自动进入含水率指示状态。各种参数的输入及各功能的实现可以通过遥控器操作,无须断电开盖;也可以通过上位计算机用调试软件调整。

显示器实时显示含水率值、温度值,具有温度自动补偿功能。油包水/水包油状态 LED 指示。含水率 4～20mA 或 RS485 信号输出。标定曲线分别标定(8 个点)。

2)特点

结构简单,传感显示一体化,既可就地显示,又可实现数据远传。现场调校采用遥控器或上微机软件实现,均不用开盖,操作方便。

含水分析仪预置温漂修正曲线,并根据实测原油温度实现温漂自动修正。传感器所有器件胶封固化,防腐性好,性能稳定可靠。

含水分析仪采用安全栅供电,完全隔离安全区和危险区,从而保证了油气环境下的安全要求。

技术指标为:

(1)测量范围:0%～10%(低含水型),0%～99.99%(高含水型)。

(2)测量误差:≤±0.1%(含水率 0%～5%),"油包水"状态≤±1%,"水包油"状态≤±1.5%。

(3)输出信号:4～20mA 或 RS485。

(4)工作温度(油温):≤150℃。

(5)工作压力:≤6.4MPa。

(6)环境温度:-30～85℃。

(7)供电电源:24V DC。

4.使用与调试

XHJ 型含水分析仪显示器及遥控器如图 2-72 所示。

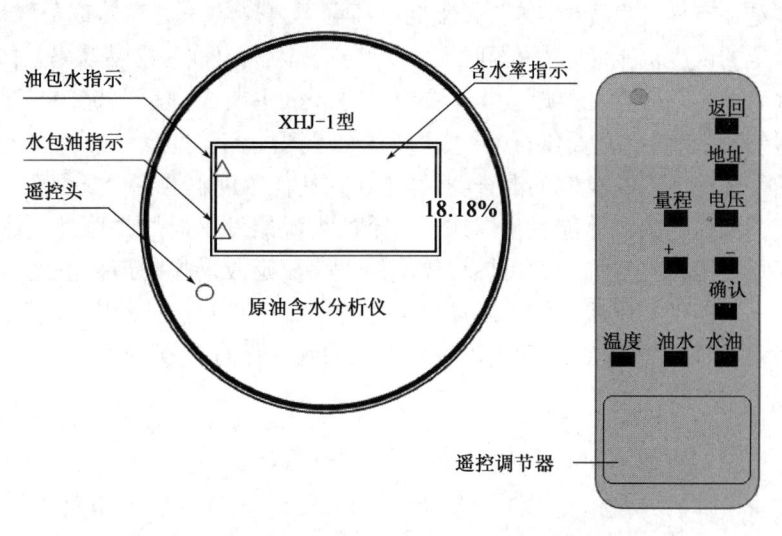

图 2-72 XHJ 型含水分析仪显示器及遥控器

显示器分别用数字及指示灯指示含水率、原油"油包水/水包油"状态指示。通过遥控器,分别按"地址""量程""电压""温度""油水""水油"键,显示器可分别显示对应参数的数值。

按"地址"键,再按"加、减"键确定该含水分析仪地址,最后按"确认"键载入确定值。

含水分析仪能否调试准确,请注意以下几条:

(1) 含水分析仪出厂前已进行过校准，请不要轻易改变内置数据。
(2) 取样时含水分析仪数值波动小，范围±2%以内且持续时间大于5s。
(3) 打开取样阀5s后取样；同时观察含水分析仪读数，若波动大应放弃，最少取样数2～3个。
(4) 若含水率范围大，必须在不同的含水点取样，跨度越大越好。
(5) 规范做样时间，并尽可能延长。
(6) 蒸馏和电脱水二者只能选一个作为对比标准。
(7) 样品化验完后，应取其中间值作为有效数据。

第七节 有害气体报警器

一、有害气体及超浓度报警

油气田是有害气体存在较为普遍的场所，从采油采气井到联合站、集气站、轻烃处理站等各个环节都有可能产生天然气、原油蒸气等有害气体的泄漏，严重危害环境和操作人员的安全。

有害气体是在一定条件下有损人体健康，或危害作业安全的气体，包括可燃气体、有毒气体。

1. 可燃气体

可燃气体是在有氧气环境中，遇明火燃烧或高温下自燃的一类气体或蒸气。可燃气体在空气中达到一定的浓度范围时，遇火源时会发生爆炸。因此也称为易燃易爆气体。

油气集输生产过程中常见可燃气体主要有：天然气（主要成分是甲烷）、原油蒸气（主要成分是 C_1～C_6 烷烃及水蒸气）、液化石油气（主要成分是丙烷、丁烷）等。

由于可燃气体（蒸气）与空气的混合物，并不是在任何浓度下遇到火源都会爆炸的，必须是在一定的浓度范围内遇火源才能发生爆炸。这个遇火源能发生爆炸的可燃气体浓度范围，称可燃气体的爆炸极限。在空气中的可燃气体能使火焰蔓延或爆炸的最低浓度为爆炸下限，最高浓度为爆炸上限。例如甲烷气体的爆炸极限为 4.4%～16%。通常报警器指示的可燃气体浓度并不是真实体积或质量浓度，而是以爆炸下限为满量程的百分比值。

2. 有毒气体

有毒气体根据对人体不同的作用机理分为刺激性气体、窒息性气体和急性中毒的有机气体。常见的有毒气体有一氧化碳 CO、一氧化氮 NO、硫化氢 H_2S、二氧化硫 SO_2、氯气 Cl_2、氰化氢 HCN、芥子气、沙林等。人们在中毒时表现出来的反应有头晕、恶心、呕吐、昏迷，也有一些毒气使人皮肤溃烂，气管黏膜溃烂。深中毒状态为休克，甚至死亡。

有毒气体的浓度危害标准是职业接触限值，我国一般采用"最高容许浓度 MAC"，即在一个工作日内任何时间均不应超过的有毒化学物质的浓度。有毒气体检测的报警点设置也以此作为基准，用 mg/m^3 表示。

3. 有害气体超浓度报警

在具有易燃易爆气体、有毒气体泄漏、聚集可能场所,必须常设可燃气体、有毒气体报警设备。在进入封闭空间(油罐、缺乏良好通风的车间、地下窖井、封闭管沟、船舱等)作业时,都必须时时刻刻地监测工作场所内部的有害气体的浓度。绝大多数的事故发生都是由于在工人进入密闭空间之前及其工作过程中缺乏对于危险气体的检测。

有害气体报警器就是气体泄漏检测报警仪器。当工业环境中可燃或有毒气体泄漏时,气体报警器检测到气体浓度达到设置的爆炸或中毒的临界点时,就会发出报警信号,提醒工作人员采取安全措施,驱动排风、切断、喷淋系统,防止发生爆炸、火灾、中毒事故,从而保障安全生产。

油气集输系统所处理的原油、天然气具有很强的易燃易爆性。生产工艺设备的密封失效或事故,会造成可燃气体泄漏。为了避免爆炸、火灾事故的发生,需要用可燃气体报警仪对危险区域的环境进行检测报警,并带动联锁装置自动开启风机,排除险情。

二、有害气体报警器类型及结构

1. 有害气体报警器的类型

(1)按所检测气体不同,有害气体报警器可分为可燃气体报警器、有毒气体报警器。
(2)按采集气体方式不同,有害气体报警器可分为扩散式、泵吸式。
(3)按安装方式不同,有害气体报警器可分为固定式、便携式。
(4)按传感器测量原理不同,有害气体报警器可分为半导体式、催化燃烧式、固体热导式、光干涉式、红外吸收式、化学式等。

目前可燃气体检测报警器广泛采用催化燃烧式传感器,有毒气体检测报警器广泛采用定电位电解式电化学传感器,而氧气检测报警器广泛采用迦伐尼电池式氧气传感器,其他形式用量较少。

可燃气体报警器、有毒气体报警器虽然所采用的气敏检测元件不同,但其报警器结构组成甚至外形基本相同。有的多合一有害气体报警器甚至可以同时检测多种有害气体浓度。

2. 有害气体报警器的结构

有害气体报警器按照其安装方式不同可分为便携式、固定式两类。

固定式有害气体报警器,一般由检测器和报警控制器组成。检测器的作用是把可燃气体的浓度转换成电信号。控制器有供电电源、信号处理和控制电路。一方面对检测器提供电源,另一方面把检测器送来的信号放大、处理、显示或报警,驱动继电器动作。控制器上可以显示气体浓度(%或 mg/m^3)、指示正常、故障或报警状态,也可以对检测器进行零点校准、灵敏度校准、高/低限报警值的设定。

固定式报警器有一个探测器配一个控制器的点式,也有一个控制器配多个探测器的多通道式。某型可燃气体报警仪探测器、控制器组成及结构如图 2-73 所示。多通道可燃气体报警器,多个探测器共用一个控制器,进行巡回检测、显示报警。有的采用现场总线方式,每一探测器都有内置唯一的通信地址。控制器与探测器间采用总线方式连接,见图 2-73(c),多个探测器共用两条信号线和两条电源线,方便安装,自动化程度高,功能多,精度高。

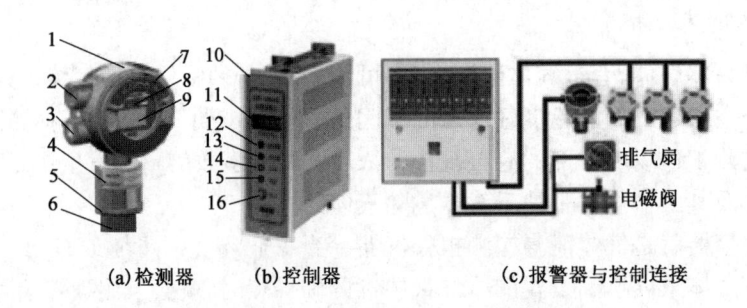

图 2-73 可燃气体报警器组成及结构图

1—检测器壳体；2—接线出线孔；3—备用出线孔；4—传感器座；5—气敏元件保护罩；6—通气格栅；7—检测器盖；
8—工作状态指示；9—LCD浓度显示；10—报警器面板；11—LED浓度显示；12——级报警指示灯；
13—二级报警指示灯；14—自检按钮；15—设置按钮；16—消音按钮

便携式检测报警仪将检测器和控制器在结构上合二为一，体积小便于携带，集有害气体检测、浓度显示、报警于一体；一般采用电池供电，有内置的声、光、振动报警功能；一般用于移动检查、检验；供进入有可能存在有毒气体工作场所的操作人员使用。KP810便携式气体探测器如图2-74所示。

图 2-74 KP810 便携式气体探测器

1,3,8—报警指示灯透明发光窗口；2—液晶显示器；
4—按键；5—USB充电座；
6—气体感应孔；7—蜂鸣器发音孔

3. 计算机气体监控报警系统

计算机有害气体监控报警系统，采用计算机实现集中监测报警及联锁控制，实现了对现场情况的远距离集中监控。系统组成如图 2-75 所示。

计算机气体监控报警系统整合多种有毒气体探测器、可燃气体探测器、报警器控制器机柜、联锁控制执行机构（电磁阀、排风扇、紧急关断阀）、上位计算机等，构成一个集有害气体浓度检测、超限报警、联锁控制、实时数据存储、记录的一套完整的智能监控系统；实现实时数据采集、处理、集中控制、数据与工作状态的上传。气体报警控制器根据各种不同种类的气体设置了不同的报警值，当某个探测器的浓度值达到了其规定的报警值时，气体报警控制器发生声、光报警信号，并将检测浓度及报警状态信息向上位机传送，同时将启动相应的执行机构实现联锁控制。

现场危险区域，使用防爆检测器产品，检测器与报警器机柜（可选单路点式集中安装柜或多通道一体式柜）连接，根据报警器机柜计算机系统的距离，采用相应的 RS485(1km)、光纤(20kM)或无线数据传输功能，直接接入因特网。

系统一般采用中型 PLC 作为集中采集控制器，采用标准的组态界面，进行集中数据显示；具备动态图形显示功能，并能在图形上显示实时数据；适用多种通信协议，兼容多种分站同时运行；支持标准的局域网和广域网数据传输。

各测量点数据可长期记录，能够保证数据的连续性，历史数据永久保存。在线查询操作更方便、迅速，可查。用户可自由定义报表格式，打印报表。

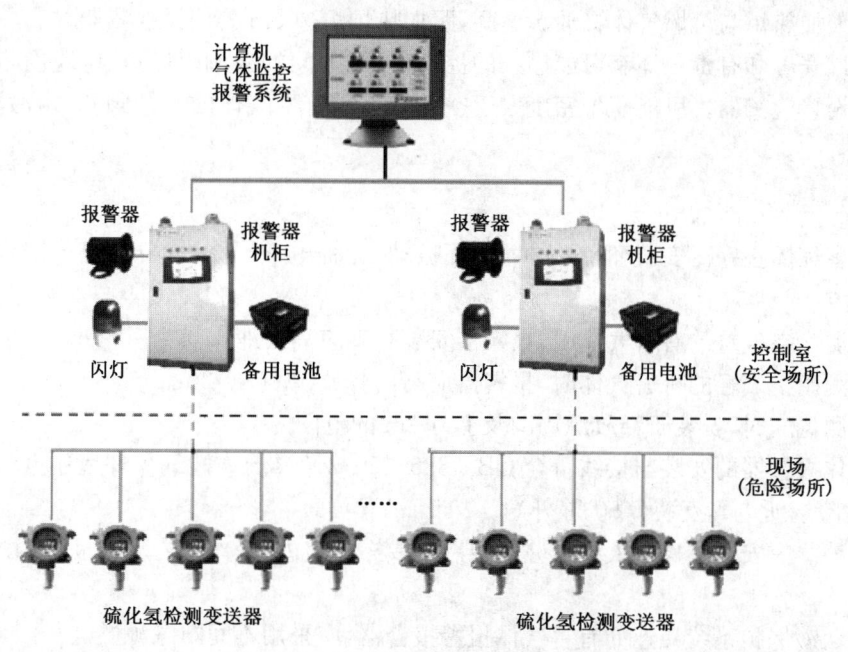

图 2-75 计算机气体监控报警系统

它可同时定义多种气体种类,组合配置,系统维护简单。测点超限具有超限声音报警功能,可一控多、多控一、不同分站间互相自动控制与手动控制,可用软件定义来实现较为复杂的逻辑控制功能。

三、有害气体报警器的安装

1. 选点和布局

可燃气体、有毒气体报警器的选点、布局、选型和安装应符合 GB 50493—2009《石油化工可燃气体和有毒气体检测报警设计规范》的要求。一般采用重点监测或重点监测与区域监测相结合的方式布局。

(1)在可能泄漏可燃气体、有毒气体的位置(释放源),应布置检测器。例如压缩机或泵的密封处;采样口、排污口、放空口;设备和管道的法兰及阀门处,均应设置有害气体检测器。

(2)在露天或敞开式布置的设备区内、检测器位于释放源的最小频率风向的上风侧时,可燃气体探测器与释放源的距离≤15m。有毒气体检测器与释放源的距离≤2m。反之,当检测器处于下风侧时,距离必须缩短,即可燃气体检测器与释放源的距离≤5m,有毒气体检测器与释放源的距离≤1m。在液化烃等产生可燃气体的液体储罐的防火堤内检测器设置原则同上。

(3)在封闭或半敞开厂房内,每隔 15m 可设一台检测器,且检测器距其所覆盖范围内的任一释放源≤7.5m。有毒气体检测器距释放源≤1m。此情况下还应在厂房内最高点气体易于积聚处设置检测器。

(4)液化烃等产生可燃气体的液体装卸设施,如装卸鹤管栈台,在地面上每个车位设一台检测器,且检测器与装卸车口的水平距离≤15m;液化气瓶灌装口与检测器的距离宜为 5~7.5m。

(5)明火加热炉与可燃气体释放源之间,距加热炉炉边 5m 处应设检测器。

(6)可燃气体和有毒气体有可能进入的控制室、配电间的空调引风口、电缆沟与电缆桥架洞口处,宜设置检测器。可能积聚密度大于空气的可燃有毒气体的工艺阀井、排污沟等场所,应设检测器。

2. 安装注意事项

(1)有害气体报警器安装环境:无冲击、无振动、无强电磁干扰的场所,且周围留有不小于 0.5m 的净空。

(2)检测比空气重的有害气体时,报警器安装高度应高出地面 0.3~0.6m。

(3)检测比空气轻的有害气体时,报警器应高出释放源 0.5~2m。

(4)检测氢气时,安装于释放源周围及上方 1m 的范围内。

(5)气体报警器的安装与接线符合 GB 3836.15—2000《爆炸性气体环境用电气设备 第 15 部分:危险场所电气安装(煤矿除外)》。

(6)报警器应安装在操作人员常驻的控制室或操作室内,操作室内应有报警器指示牌或分布图。

(7)与联锁保护系统相连的有害气体报警报警器,应采用不间断电源供电。

四、有害气体报警器的检查与维护

1. 检查

1)固定式

(1)指示灯是否正常;

(2)指示表针动作是否正常;

(3)报警是否正常;

(4)报警器的检测部分是否堵塞;

(5)报警器的引入部分是否松动、老化或损伤。

2)便携式

(1)检查电池电压;

(2)检查吸气泵吸气情况;

(3)检查取样管、过滤器有无污垢和堵塞;

(4)检查电池盒有无电池液外漏和腐蚀。

2. 维护

定期检查指示、报警系统是否正常;每月检查一次零点;每 3 个月标定一次量程;检查报警器防雨罩,防止意外进水,避免检测元件浸水受潮后性能下降。

校验用标准气体:应采用计量行政部门批准、颁布并具有相应标准资质《制造计量器具许可证》的单位提供的标准气体,或经计量认证的标准气体配气装置配制的标准气体。通常采用与被测气体相同的标准气体,一般零点气采用清洁空气作为标准气,量程气采用丙烷气作为标准气体,或说明书上规定的标准气体。报警器校验气路连接见图 2-76。

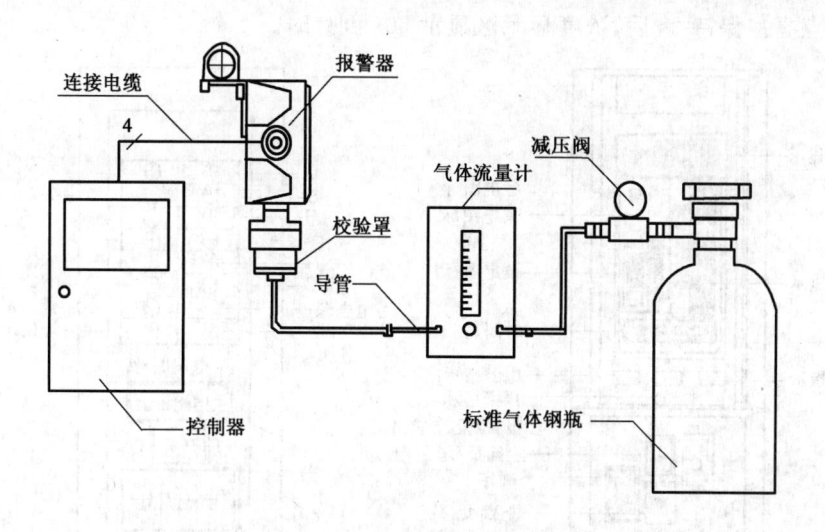

图 2-76 校验报警器连接图

1）零点校验

系统送电,仪器预热自检,30s 后,仪器正常显示测量值,通零点气,调整零点电位器,使显示仪表指示值为零。

2）量程校验

通入 60％LEL 标准气（对 100％LEL 量程）直至仪表显示值稳定,调节量程电位器,使仪表示值与量程气浓度值相符。

报警器的检测元件经长期使用,其灵敏度可能有所下降。在标定量程时,经调整仍达不到要求,如此时无其他异常情况,则说明报警器需要更换新的检测元件。

3）维护注意事项

一般扩散式报警器的催化燃烧型传感器、定电位电解式电化学传感器寿命是 2～3a,泵吸式报警器的催化燃烧行传感器、氧气检测传感器寿命是 1～2a。防止检测元件灵敏度恶化的方法有以下几种：

(1)尽可能减少接触粉尘和烟雾。
(2)避免高温、高湿。避免振动。
(3)避免或减少接触催化剂毒物。
(4)热线型半导体式报警器不得在缺氧的条件下使用。
(5)泵吸式报警器不得无限提高流量。
(6)不得较长时间接触高浓度气体。

五、有害气体报警器的使用与调校

以 JKB-C-OC2 可燃气体报警器为例。可燃气体报警器面板及背面接线如图 2-77 所示。

1. 开机延时

为保证系统正常工作,每次开机,系统都首先进入 60s 延时程序。打开电源,指示灯和液晶显示全部点亮。保持 2s 后,浓度显示区显示 60s 倒计时。

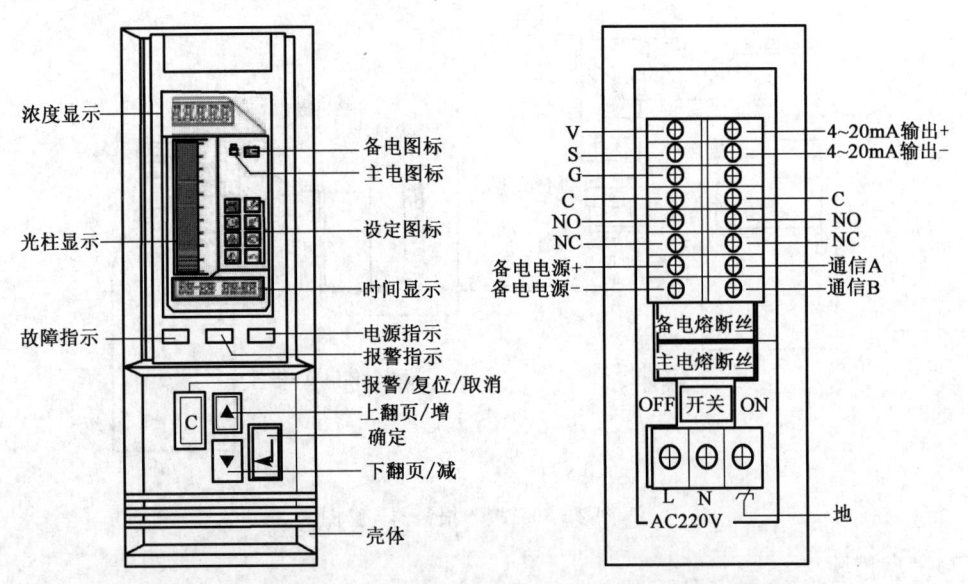

图 2-77 JKB-C-OC2 可燃气体报警器面板及背面接线端子图

2. 系统的设置

1)进入设置选择界面

在监测状态下,5s 内依次按"△""▽""8"键,可进入设置选择界面。液晶屏右侧 8 个图标点亮,此时按"△""▽"键选择设置项(被选中项闪烁),按"8"键即进入该项的设置。在设置过程中,如连续 60s 无按键操作,系统自动返回监测界面。

2)报警门限设置(根据所准备的标准气浓度设置)

在设置选择界面选择"报警下限"设置图标,按"8"键进入。此时只有下限设置图标点亮,浓度显示区显示当前的报警门限。按"△""▽"键改变门限值。设置好后,按"8"键保存设定值并返回设置选择界面。操作过程中按"C"键则不保存设定值返回选择界面。上限设置方法相同。

3. 参数设置

在系统设置选择界面选中"设置"项,按"8"键进入设置状态。设置图标点亮,其他图标熄灭。浓度显示区显示设置参数,共五位:前两位表示设置项,后三位表示设置内容。按"8"键选择设置项并保存上一项,按"△""▽"键编辑设置内容。所有项设置结束,按"8"键返回到选择界面。

系统参数设置共包含 7 项,依次为:

(1)报警模式:01 递增报警,02 递减报警,03 段外报警。本实验取默认值 01。

(2)气体浓度单位:01LEL%,02ppm,03VOL%。本实验取默认值 01。

(3)零点:0~900。本实验取默认值 0。

(4)量程:0~255。本实验取默认值 100。

(5)满量程系数:本实验取默认值 1。

(6)备电监测:本实验没接备用电源,故取默认值 00,系统不检测备电。

(7)通信地址:地址范围 1~170,默认为 01。

4. 查询

可查询上电时间、掉电时间、上限报警、下限报警、故障报警五项信息。

进入查询选择界面,查询图标点亮,其他图标熄灭,同时查询项"上电时间"字段闪烁,其余字段常亮。按"△""▽"键选择查询项,按"8"键进入所选择的查询项,其余字段熄灭。浓度显示区显示查询项条数:前两位显示总条数,后两位显示第几条。中间一位为"—"。时间显示区显示选择项的事件的发生时间。按按"△""▽"键选择事件条数(每项共 5 条)。按"8"键返回选择查询项,按"C"键返回设置选择界面。

5. 调零

使报警器处于正常环境下,进入调零界面,显示区显示浓度值。按"8"键系统调零,显示区显示"0",显示前闪三下。调零后按"C"键返回选择界面。

6. 标定

向报警器通满量程标定气体,显示区显示浓度值。按"8"键系统标定,显示区显示标定气体浓度值,显示前闪三下。标定后按"8"键。

第八节 调 节 阀

调节阀是自动化控制设备——执行器的一种,是自动化系统中用于接受控制系统的控制信号、实现对被控对象被控参数调节的最终设备。执行器有多种类型,调节阀是最常见、应用最广泛的一种执行器。

调节阀由执行机构(机头)和调节机构(阀)两部分组成,见图 2-78。执行机构按控制器送来的控制信号产生相应的直线位移或转角位移,带动调节机构的阀芯产生相应的位移,改变阀芯与阀座的流通面积和流动阻力,实现对流量的调节。

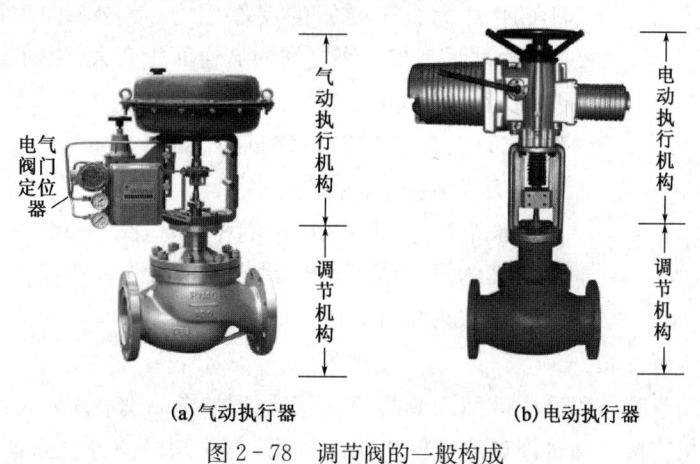

(a)气动执行器   (b)电动执行器

图 2-78 调节阀的一般构成

执行机构有气动执行机构、电动执行机构、自力式执行机构等。

气动执行机构用压缩空气作为能源,驱动膜片或活塞动作,带动阀杆位移。其特点是结构简单、动作可靠、维修方便、防火防爆,而且价格较低,因此应用广泛。即使是采用电动仪表或计算机控制时,只要经过电—气转换器或电—气阀门定位器将电信号转换为气压调节信号,仍然可用气动执行器。

气动执行机构有薄膜式和活塞式两种。气动薄膜执行机构是最常用的执行机构。气动薄膜执行机构的结构简单,动作可靠,维护方便,成本低廉,得到广泛应用。

一、自力式调节阀

自力式调节阀是一种无须外加驱动能源,依靠被测介质自身的能量,按设定值进行自动调节的控制装置。它集检测、控制、执行诸多功能于一身,自成一个独立的控制系统,具有以下特点:无须外加驱动能源,节能,运行费用低,适用于爆炸性危险环境;结构简单,维护工作量小,可以实现无人值守;价格低廉,节约工程投资。以油田常用的三相分离器为例,使用自力式调节阀工程投资仅为使用电动单元组合仪表的三分之一。

自力式调节阀种类很多,按被控参数可分为自力式压力(差压)调节阀、自力式液位调节阀、自力式温度调节阀、自力式流量调节阀等。

自力式调节阀在油田已有十几年的使用历史,已得到了实践的检验和成功的应用。典型应用:油气水三相分离器的压力控制,油室、水室液位控制,除油器压力、液位控制,气液分离器、缓冲罐压力、液位控制;居民区供暖分支管线的流量、温度控制等。

1. 自力式调节阀原理

1)自力式压力调节阀

如图 2-79 所示,自力式阀前压力调节阀,其阀芯初始位置在关闭状态。阀前压力 p_1 经阀芯、阀座节流后,变为阀后压力 p_2,同时 p_1 经过取压管输入上膜室内作用在膜片上,产生的作用力与弹簧的反作用力相平衡,决定了阀芯、阀座的相对位置,从而控制阀前压力。

当 p_1 增加时,p_1 作用于膜片上的力也随之增加。此时膜片上的作用力大于弹簧的反作用力,使阀芯向离开阀座的方向移动,这时阀芯与阀座之间的流通面积变大,流阻变小,p_1 向阀后泄压,直到膜片上的作用力与弹簧反作用力相平衡为止,从而使 p_1 降为设定值。同理,p_1 降低时,动作方向与上述相反。这就是阀前压力调节的工作原理。

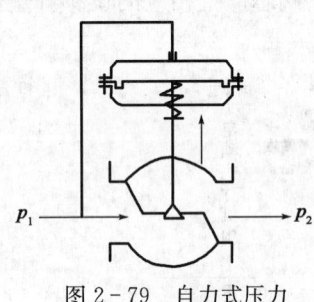

图 2-79 自力式压力调节阀原理

阀后压力调节与阀前的相同,但阀芯反装。

压力设定值可通过调节弹簧反作用力的大小来改变。流量特性一般为快开。

2)自力式液位调节阀

自力式液位调节阀又称浮子液面调节器,其工作原理如图 2-80 所示,浮球通过连杆机构与调节阀的阀杆相连接。通过浮球和连杆机构的作用,调整阀门的开度来使液位保持在适当的高度上。当出液量减少,容器内液位升高时,说明进液量大于出液量,浮球随之升高,并通过连杆机构立即将阀门关小;反之,当液位降低时浮球通过连杆机构将阀门开大,直到进出液量相等,液位稳定为止。这就是进口控制的工作原理。

出口控制与进口控制原理相同,但阀芯反装。

这里,浮球是系统的检测元件,而连杆机构就是一个简单的调节器,阀就是最终执行元件,组成一个完整的液位自控系统。阀的流量特性有直线和等百分比可选。阀体有直通式和角式两种。

3)自力式温度调节阀、自力式流量调节阀

自力式温度调节阀、自力式流量调节阀工作原理与自力式压力调节阀大同小异,在此不再赘述。

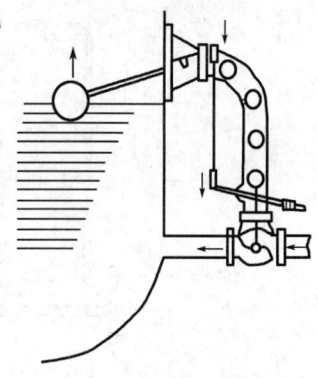

图2-80 自力式液位调节阀原理

2. 自力式压力调节阀结构

图2-81是一种大口径工业用控制下游压力的ZZY型自力式压力调节阀外形及原理图。与上述压力调节阀的区别是膜片上方受流体出口压力作用,下方受弹簧作用,阀芯正装。

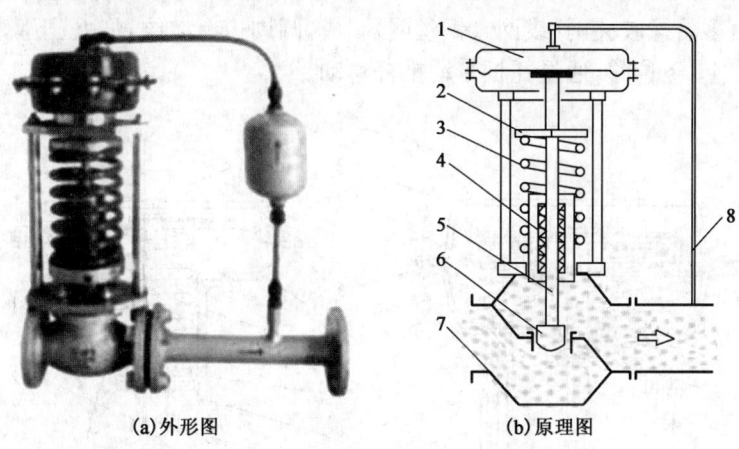

图2-81 ZZY型自力式压力调节阀
1—执行机构;2—设定值调整盘;3—弹簧;阀杆;4—波纹管;5—阀杆 6—阀芯;
7—阀体;8—导压管

整机作用方式确定:

自力式压力调节阀(K型)为控制阀前压力的调节阀,其阀芯的初始位置在关闭位置,当阀前压力逐渐升高,超过设定值时,阀逐渐打开,直至阀前压力稳定在要求的设定值。

自力式压力调节阀(B型)为控制阀后压力的调节阀,其阀芯的初始位置在开启位置,当阀后压力逐渐升高,超过设定值时,阀逐渐关闭,直至阀后压力稳定在要求的设定值。

ZZY型自力式压力调节阀结构形式见图2-82。

二、气动薄膜执行机构

气动薄膜执行机构分有弹簧和无弹簧两种,现以常用的有弹簧正作用执行机构为例说明其工作原理。

(a) K型　　　　　　　　　(b) B型

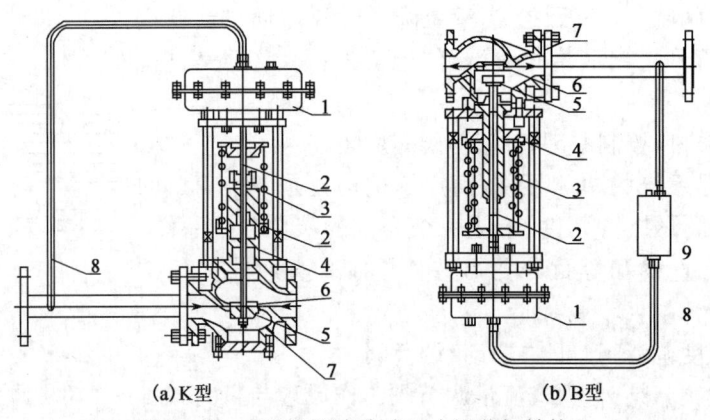

图 2-82　ZZYP 型自力式压力调节阀结构
1—执行机构；2—阀杆；3—弹簧；4—调节盘；5—阀芯；6—阀座；7—阀体；
8—导压管；9—冷凝器

图 2-83 是常用的气动薄膜执行机构结构示意图，有多弹簧式（精小型）和单弹簧式两种，其结构基本相同，都由上膜盖、下膜盖、膜片、托板、推杆、弹簧、调节件、支架和阀杆连接件等组成。盆形膜片由多层橡胶夹网（线网或钢丝网）制成，圆周边有波纹，将上、下膜盖分隔开，气压信号作用下膜片上、下位移，通过托板带动推杆移动。

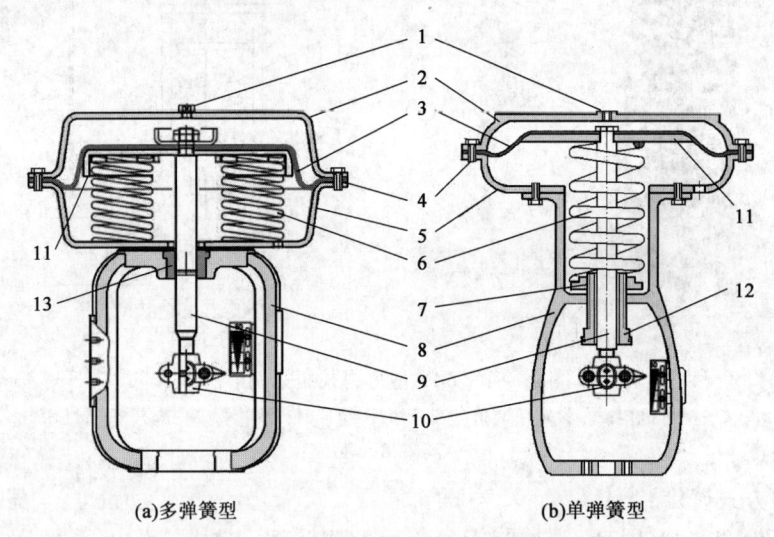

(a) 多弹簧型　　　　　　　　　(b) 单弹簧型

图 2-83　气动薄膜执行机构结构示意图
1—进气孔；2—上膜盖；3—膜片；4—紧固螺栓；5—下膜盖；6—弹簧；7—弹簧座；
8—支架；9—推杆；10—阀杆连接件；11—托板；12—调节件；13—密封件

气压控制信号进入上膜盖和波纹膜片组成的气室时，在膜片上产生一个推力，使推杆下移并压缩弹簧。当弹簧的作用力与信号压力在膜片上产生的推力相平衡时，推杆稳定在一个对应的位置上，推杆的位移即执行机构的输出。

气动执行机构与调节机构（阀）共同工作时，还要受到阀芯上的流体作用力及阀杆与填料的摩擦阻力作用。此时信号大小与推杆位移没有确定关系，需要设置阀门定位器才行。

气动薄膜执行机构分为正作用和反作用两种方式。正作用执行机构进气口在上膜盖上，输入信号增加时,推杆的位移向下;反作用执行机构进气口在下膜盖上,输入信号增加时,推杆的位移向上。因此,反作用执行机构推杆引出处要用密封套进行密封,而正作用执行机构的推杆不需要密封。

通过调节件调整弹簧初始压力,从而改变执行机构的零点位置。

执行机构的输入输出特性呈现线性关系,即推杆位移量与输入信号压力之间成正比。国产气动薄膜执行机构的行程有 10mm、16mm、25mm、40mm、60mm 和 100mm 等六种规格。膜片的有效面积有 200cm^2、280cm^2、400cm^2、630cm^2、1000cm^2、1600cm^2 等六种规格,有效面积越大,执行机构的推力越大。

气动薄膜执行机构可添加手轮机构,在自动控制失效时采用手轮进行操作,提高系统可靠性。

精小型气动薄膜执行机构采用多个弹簧代替原来的一个弹簧,降低了执行机构的高度和重量,具有结构紧凑、节能、输出推力大等优点。

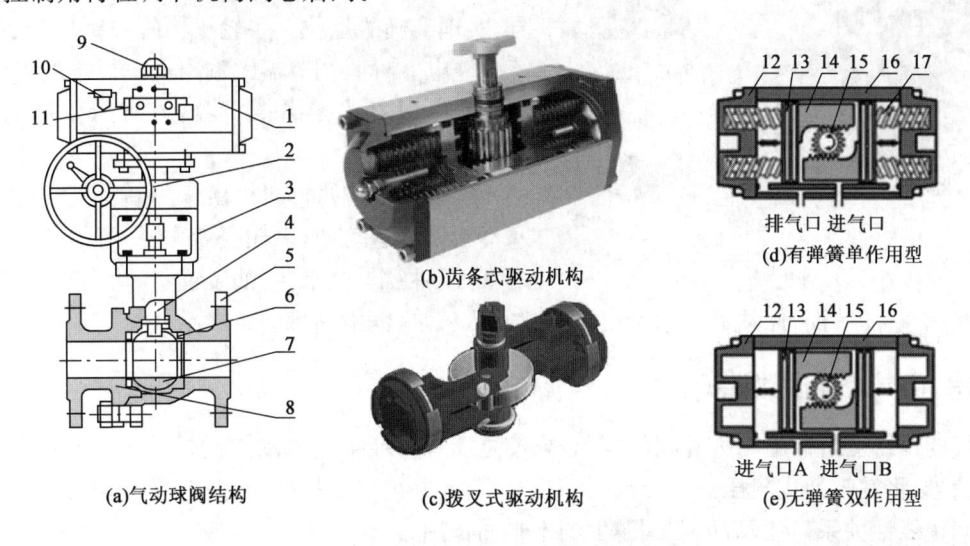

三、气动活塞式执行机构

气动活塞式执行机构主要用于两位式开关控制,广泛用于集输、注水系统污水处理装置的流程切换。外形如图 2-84 所示。

活塞式执行机构有单作用型和双作用型两种,如图 2-85 所示。其主要部件——气缸内活塞随气缸两侧差压的变化而移动。活塞的移动通过拨叉机构或齿条机构驱动阀轴转动,用以控制角行程调节机构阀芯启闭。

图 2-84 气动活塞式执行机构

(a)气动球阀结构　(b)齿条式驱动机构　(c)拨叉式驱动机构　(d)有弹簧单作用型　(e)无弹簧双作用型

图 2-85 气动活塞式执行机构示意图

1—气缸头;2—手轮机构;3—支架;4—阀轴;5—阀体;6—密封圈;7—球阀芯;8—阀体;9—阀位指示发讯器;10—气源过滤减压阀;11—电磁阀;12—气缸端盖;13—活塞;14—齿条;15—齿轮;16—气缸体;17—弹簧

单作用型气动执行机构[图 2-85(d)]有弹簧,只用 1 个进排气口。进气时活塞在气压信号作用下受力向两边移动,压缩弹簧,通过齿条使齿轮—阀轴逆时针转动。当气压信号下降时,弹簧反力大于气体作用于活塞上的力,两活塞向内移动,使阀轴反向顺时针转动。

双作用型气动执行机构[图2-85(e)]无弹簧,有2个进排气口A、B。B口进气、A口排气时两活塞内侧受力向两边移动,通过齿条使齿轮—阀轴逆时针转动。当A口进气、B口排气时,两活塞外侧受力、向内移动,使阀轴反向顺时针转动。

气动活塞式执行机构的输出特性有比例式及两位式两种。两位式是根据输入活塞两侧操作压力的大小,活塞从高压侧被推向低压侧,只有全开、全关两个位置。比例式是在两位式基础上加有阀门定位器,通过控制两侧气压信号的大小,使推杆位移和信号压力成比例关系。

气动执行器必须配备一定的辅助装置,见图2-86,常用的有电磁阀、阀位指示发讯装置、阀门定位器和手轮机构。

电磁阀是用来控制气动阀气缸中进气、排气的小型阀,依靠电磁铁原理工作。控制机构的线圈和铁芯构成电磁铁,通过控制阀体柱塞的移动来挡住或漏出进、排气孔。通过控制电磁线圈的电流通断控制两边气缸的进、排气。

阀位指示发讯装置是一种用于阀门开、关状态指示和远程发信装置。一般用位置开关实现阀门全开、全关到位的信号发送。

阀门定位器的作用是利用反馈原理来改善执行器的性能,使执行器能够按照调节器的控制信号,实现准确的定位。手轮机构的作用是当控制系统因停电、停气、调节器无输出或执行机构失灵时,利用它可以直接操纵执行器,以维持生产的正常进行。

气动活塞式执行机构由于不断排气—进气,活塞不断往复运动,所以耗气量大、易磨损,因此必须配备气动稳压、过滤、喷油装置(气动三联),对气源

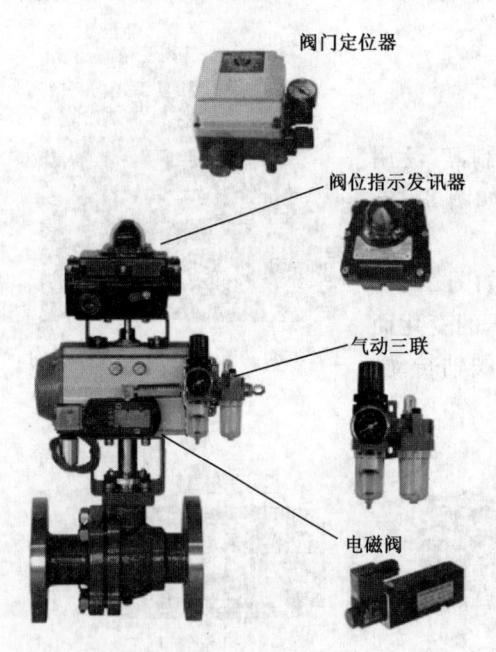

图2-86 气动活塞式执行机构附件图

进行减压、稳压,并将储油器中的润滑油雾化喷入气缸,润滑活塞。

四、电气阀门定位器

气动执行器可以配用电气阀门定位器,使之能够直接接受电动控制器的4～20mA DC标准电信号,将其转换成气压信号控制气动执行机构,并可以维持执行器推杆位移与输入控制信号之间呈线性关系,克服流体在阀芯上的不平衡作用力。

智能电气阀门定位器如图2-87所示。与传统电气阀门定位器相比,工作方式、执行元件完全不同,智能定位器以微处理器为核心,利用了新型的压电阀实现对输出压力的调节。

由阀杆位置传感器将阀门开度转换为4～20mA阀位反馈信号,通过A/D转换变为数字编码信号。输入的4～20mA设定信号也通过A/D转换变为数字编码信号。两路数字编码在CPU中进行对比,计算二者偏差值。

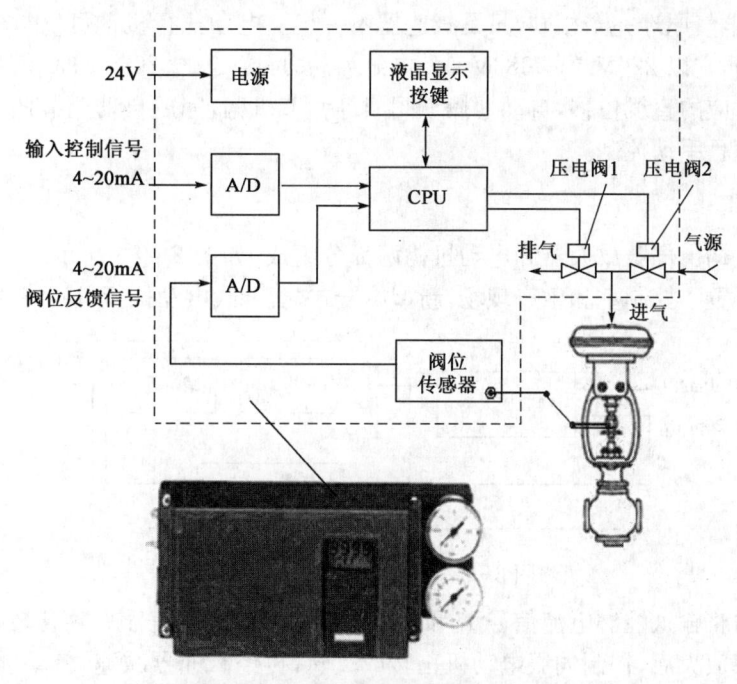

图2-87 智能电气阀门定位器组成

当设定信号大于阀位反馈时,进气压电阀1打开、排气压电阀2关闭,输出执行机构气室压力增大,阀门开度增加。如设定信号小于阀位反馈时,进气压电阀1关闭、排气压电阀2打开,通过排气减小输出执行机构气室压力,阀门开度减小。

进、排气阀的动作,由CPU采用PID脉宽调制(PWM)技术控制,当偏差较大时,CPU输出连续的脉宽信号驱动进排气阀开关、迅速地改变p的大小。当偏差较小时,CPU输出一个较小脉宽的信号,断续、小幅改变p的大小,当偏差很小(进入死区)时,则无脉冲输出,阀位稳定工作。

压电阀的主导元件是一个压电柔韧开关阀,也称作硅微控制阀,由于其质量小,开关惯性非常小,开关频率高,可以达到很高的阀门定位精度。

智能定位器的特点:
(1)安装简易,可以进行自动调校。组态简便、灵活,可以非常方便地设定阀门正反作用,流量特性,行程限定或分程操作等功能。
(2)定位器的耗气量极小。智能定位器只有在减小输出压力时,才向外排气,因此在大部分时间内处于非耗气状态,其总耗气量为20L/h。
(3)具有智能通信和现场显示功能,便于维修人员对定位器工作情况进行检查维修。

五、电动执行机构

电动执行机构受控制器送来的4~20mA控制信号,采用220V AC或380V AC交流电源驱动电动机正转或反转,实现对阀杆的控制。由于不需要专门的气源装置,电动调节信号传递无滞后,使用比较方便。但结构复杂、防爆性能差,故在油气集输生产过程中应用较少。

电动执行机构有角行程和直行程两种。这两种执行机构均是以交流电动机为动力的位置伺服机构，两者电气原理完全相同，只是减速器不一样。电动执行机构可以与变送器、调节器等仪表配套使用，它以 220V AC、380V AC 电源为动力，接受 4~20mA DC 信号，将此转换成与输入信号相对应的直线位移，自动地操纵阀门等调节机构，完成自动调节任务，或者配用电动操作器实现远程手动控制。

1. 工作原理

电动执行机构由伺服放大器和电动机构两部分组成，如图 2-88 所示。传统的电动执行机构两部分分别置于控制室和生产现场，新型电子式、智能式电动执行机构将两者合二为一。

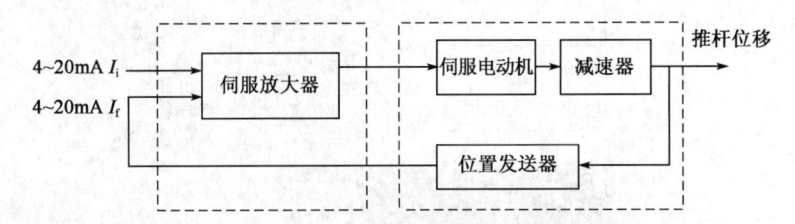

图 2-88　电动执行机构方框图

伺服放大器将输入控制电流信号 I_i 和表示阀位的反馈电流信号 I_f 相比较，其差值信号经伺服放大器功率放大后，控制伺服电动机正转或反转，再经减速器减速，带动推杆位移。若差值为正，伺服电动机正转，推杆位移增加；当差值为负时，伺服电动机反转，推杆位移减小。

推杆位置经位置发送器转换成相应的反馈电流 I_f，回送到伺服放大器的输入端，当反馈信号 I_f 与输入信号 I_i 相平衡，即差值为零时，伺服电动机停止转动，推杆就稳定在与输入信号 I_i 相对应的位置上。推杆位移与输入信号 I_i 成正比关系。

2. 结构组成

电动执行机构见图 2-89，主要有以下几部分组成：

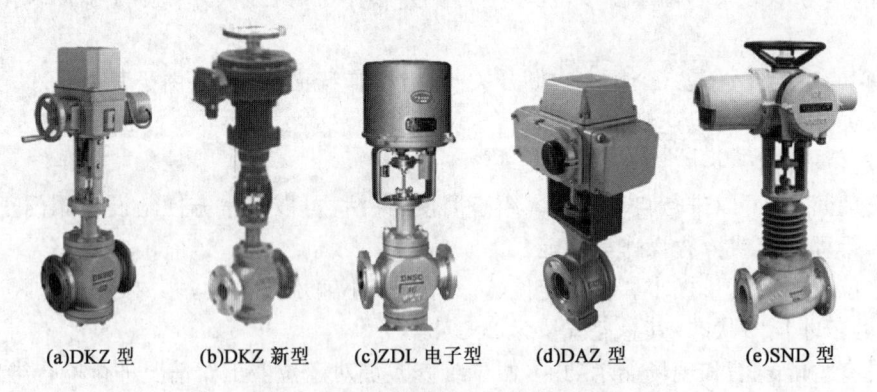

(a)DKZ 型　　(b)DKZ 新型　　(c)ZDL 电子型　　(d)DAZ 型　　(e)SND 型

图 2-89　电动执行机构实物图

(1)伺服电动机：是一个电容移相两相异步电动机，在伺服放大器的控制下可以正、反转动。为了防止惯性转动，一般具有电磁刹车装置。

(2)减速器：作用是把伺服电动机高转速、小力矩的输出功率转换成执行机构输出轴的低转速、大力矩的输出功率，以推动调节机构。它常采用的减速机构有行星齿轮和蜗轮蜗杆两种。

蜗轮蜗杆减速机构与行星齿轮减速机构相比,其减速比大、结构紧凑、传动平稳、具有自锁性,但效率较低,发热量大,齿面容易磨损,成本高。

(3)位置发送器:作用是将电动执行机构推杆位移线性地转换成4~20mA的直流电流信号,用以指示阀位,并作为位置反馈信号I_f,反馈到伺服放大器的输入端,以实现整机负反馈。

位置发送器一般采用差动变压器式、导电塑料电位器式、非接触式位置发送器。

电子式一体化电动执行机构,内置伺服模块和阀门反馈组件,无须另外配置伺服放大器,实现了电动执行机构各组成部分的一体化,连接简单。相对于一般电动执行机构具有体积小、重量轻、控制精度和性能高等优点。

3. 智能电动执行机构

1)结构特点

奥托克(AOTORKCO)IK、IKM智能电动执行机构如图2-90所示,进口罗托克电动执行机构(ROTORK)IQ2、IQ3与之相似。电动机的旋转通过联轴器带动蜗杆转动,使蜗轮及主轴转动,再通过离合器带动输出轴转动。当手动拨杆置于手动位置时,离合器上移,脱开蜗轮与手轮连接,转动手轮驱动输出轴转动。

在输出轴转动的同时,带动一对锥齿轮转动,带动具有多个N极、S极齿的圆片同步转动,并通过两个霍尔阀位传感器产生脉冲信号,通过对两个脉冲信号相位判别识别转向,对脉冲计数计算阀位。

转矩测量是靠检测电动机的电流和磁通实现对输出转矩的连续测量。

电动执行机构采用非浸入式设计,电动机与电气控制部分采用多道密封措施,壳体外的方式选择和就地控制旋钮采用磁耦合连接,通过旋钮上的磁铁控制壳体内的干簧管磁继电器接通控制电路,完成控制功能。

IK、IKM智能电动执行机构自身带有液晶显示,可以分区显示报警信息、输出力矩和开度。

2)性能特点

与执行机构配套的红外设定器,用于在不打开外壳的情况下对执行机构进行设定和故障诊断。由于采用微处理器,执行机构具有丰富的保护功能。

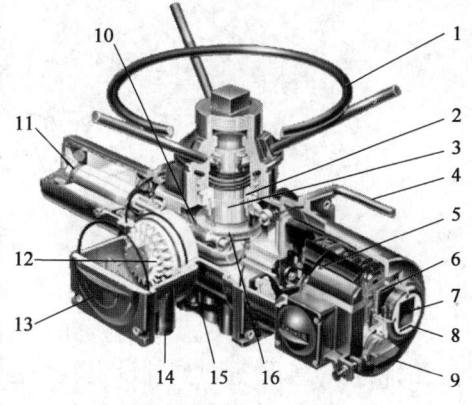

图2-90 奥托克IK、IKM智能电动执行机构
1—手动机构手轮;2—离合器;3—铜主轴;
4—手动拨杆;5—超力矩控制器;6—控制电路板;
7—红外通信接口;8—就地指示;9—就地控制;
10—蜗杆;11—高力矩低惯量电机;12—莲花形接线端子;13—接线端子箱盖;14—出线孔;
15—输出轴连接器(连接阀杆);16—蜗轮

(1)转矩保护:用以防止操作过程中输出轴转矩过大,损坏执行机构和阀门,可由遥控设定器设定。但在电动机接通之后的5~10s时间内,暂时禁止转矩保护功能,已实现阀门卡住时的解卡。

在电动机定子上装有温度继电器,直接检测电动机绕组温度,当电动机过热时,控制电路切断电动机电源。

(2)阀位限位保护:当执行机构运行到高、低限位位置时,电动机停止转动。

(3)自动相序调整:控制电路自动检测三相电源的相序,通过逻辑运算,在开关阀门时自动选择电源交流接触器,保证电动机转向正确,接线时无须考虑电源接线相序。

(4)瞬时反转保护:执行机构正在运行时,接到反方向动作信号时,自动延迟一段时间,防止电动机冲击受损。

(5)电源缺相保护:自动检测电动机三相电源电压和电流,以便在电动机静止及运行状态发生缺相时,停止电动机运行,防止电动机过热。

(6)通信:执行机构除了莲花形接线端子提供多种控制、报警方式的接线外,内部带有现场总线通信卡,实现 FF、Modbus、Profibus 等多种现场总线远程通信,及远程数据采集、诊断与维护。

(7)控制功能:通过适当连接,可以实现就地手动控制、远程全开/全关控制、点动开/关控制(任意阀位停止)、保持式开/关/停控制、远程禁动控制、紧急动作控制(预设全开或全关),可以实现 4～20mA 模拟控制信号对执行器的阀位成比例控制,并具有阀位 4～20mA 输出反馈等功能。

3)执行器控制面板介绍

图 2-91 为执行器控制面板,由显示窗口、状态选择旋钮、就地控制旋钮组成。

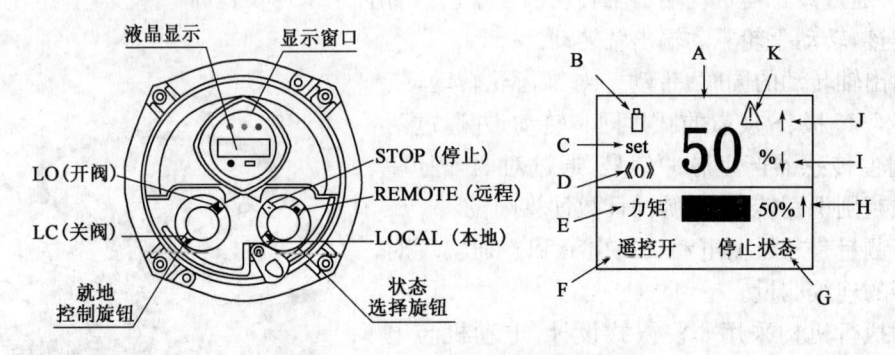

图 2-91 执行器控制面板

(1)显示窗口:用来显示执行器的工作情况和状态的窗口,用户可以通过显示窗口了解执行器的相关信息,并通过红外设定器在显示窗口设定执行器的参数。

(2)状态选择旋钮:用户可通过状态选择旋钮将执行器设置在"就地"(LOVAL)、"停止"(STOP)和"远程"(REMOTE)状态。

(3)就地控制旋钮:用户可通过就地控制旋钮来控制执行器的"开阀"(LO)和"关阀"(LC)操作。

显示窗口:由指示灯和 LCD 显示屏组成。

执行器有三个位置指示灯,分别为绿灯,黄灯和红灯,用来指示阀位在全开、中间和全关位置(全开指示灯和全关指示灯的颜色可通过菜单进行变换,指示灯还可设置成闪烁状态用来表示执行器正在运行或执行器故障报警)。执行器屏幕左下方有一个红外指示灯,用于指示执行器是否接收红外设定器指令,当接收到指令时,该灯闪烁。

LCD 显示屏中各位置符号的含义:

A:阀位指示,当执行器在全关位置时显示"00%"或"工",当执行器在全开位置时显示"100%"或"三",当执行器在中间位置时用百分比数字显示。

B:电池报警指示,当电池电量小于 15% 时执行器会显示电池报警,当电池电量小于 10%

时,电池报警会闪烁,提醒用户需要更换电池。

C:设置状态指示,只有当"set"显示时,执行器才能修改菜单参数。通过在密码菜单中输入正确的密码,可以让"set"显示(通过红外遥控器)。

D:通信指示,在总线控制中,当执行器连接到总线上时,该图标显示。

E:力矩指示,用状态条和百分比指示当前执行器所产生的力矩。

F:命令指示,指示执行器当前正在执行的指令。

G:状态指示,指示执行器当前正在执行的状态或出现的报警。

H:面板设定指示,指示执行器是被设定在"就地""停止"或"远程"状态。如果通过面板上的旋钮设定,则"←"表示"就地"状态,"↑"表示"停止"状态,"→"表示远程状态。如果通过菜单设定面板状态(通过红外设定器),则"◀"表示"就地"状态;"▲"表示"远程"状态;"▶"表示"停止状态。

I:关方向指示,表示执行器的方向为关方向。

J:开方向指示,表示执行器的方向为开方向。

K:报警指示,当执行器出现任何报警时该图标显示。

4)执行器的控制操作方法

执行器可以进行电动操作和手动操作,其中电动操作包括:就地旋钮控制、就地设定器控制、远程开关量控制、远程模拟量控制、现场总线控制。此处重点介绍手动操作、就地旋钮控制、就地设定器控制。

(1)手动操作。

压下手动/自动手柄(图2-92),使其处于手动位置。旋转手轮以挂上离合器,此时松开手柄,手柄将自动弹回初始状态,手轮将保持啮合状态,直到执行器被电动操作,手轮将自动脱离,回到电动机驱动状态。如果需要,可用一个带铁钩的挂锁将离合器锁定在任何状态。

(2)就地旋钮控制。

图2-92 手动操作

将执行器控制面板上的状态选择旋钮旋到"本地"(LOCAL)位置,液晶屏上的"面板设定指示"将显示为"←",表示执行器已经处于就地状态。此时将执行器的就地控制旋钮的"开阀"(LO)端旋到如图2-93(a)位置,执行器将执行开阀操作;同样将执行器的就地控制旋钮的"关阀"(LC)端旋到如图2-93(b)位置,执行器将执行关阀操作。

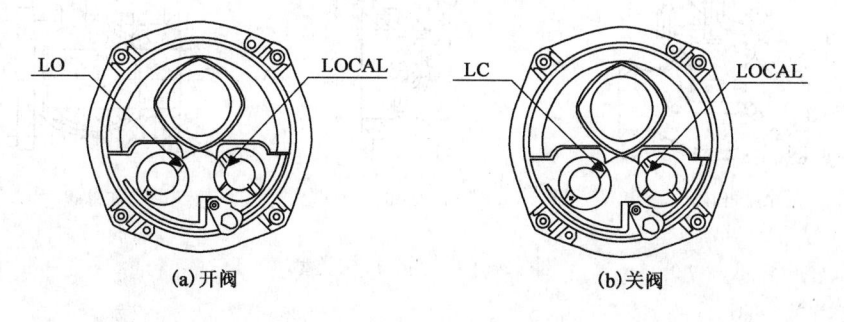

图2-93 控制旋钮状态
(a)开阀 (b)关阀

就地保持控制:在出厂默认情况下,执行器就地控制为"自保持控制",即转动就地控制旋钮,执行器将执行开阀或关阀指令,释放就地控制旋钮,执行器仍然保持原来的工作状态继续运行直到限位位置。如果在执行器运行过程中需要将执行器停止,只需将执行器的状态选择旋钮选到"停止"(STOP)位置,执行器将停止运行。

就地点动控制:通过红外设定器将"就地自保持"菜单设定为"无效",执行器就地控制将由"自保持控制"变换为"点动控制"。此时,如果转动就地控制旋钮,执行器将执行相应的开阀或关阀操作,如果释放旋钮,执行器将停止运行。

(3)就地设定器遥控控制

当执行器处于"本地"(LOCAL)状态,并且"设定器就地控制"菜单被设为"有效"时,按下设定器"←"键,执行器将执行开阀操作,按下设定器"→"键,执行器将执行关阀操作。

如果执行器为"自保持控制"状态,按下"→"键或"←"键,执行器将执行开阀或关阀指令,并一直运行到限位位置。需要停止时,按下"←┘"键。如果执行器为"点动控制"状态,按下"→"键或"←"键,执行器将运行1s左右,然后停止。

六、调节机构特性和使用

1.调节机构类型

根据不同的使用要求,执行器的调节机构很多,见图2-94,主要有以下几种。

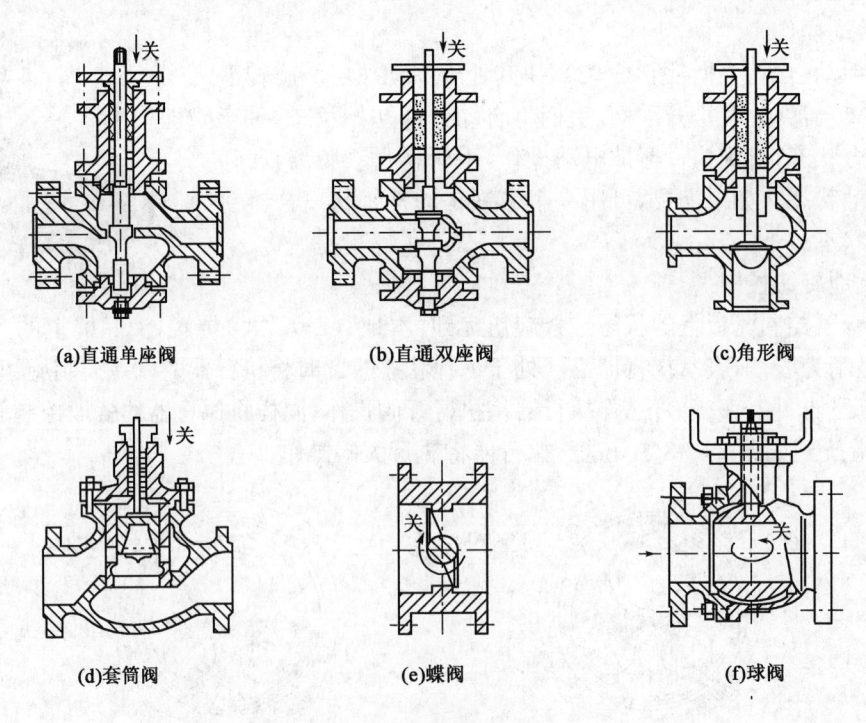

图2-94 调节机构类型
(a)直通单座阀 (b)直通双座阀 (c)角形阀 (d)套筒阀 (e)蝶阀 (f)球阀

(1)直通单座阀。

这种阀的阀体内只有一个阀芯与阀座。其特点是结构简单、泄漏量小。但是流体对阀芯上的不平衡力会影响阀芯的移动,一般应用在小口径、低压差的场合。

(2)直通双座阀。

由于流体作用在上下两个阀芯上的推力方向相反,相互抵消,不平衡力小。但是,上下两个阀芯阀座不易保证同时密闭,因此泄漏量较大。

(3)角形阀。

阀的流路简单、阻力较小,便于自洁,适用于现场管道要求直角连接,介质为高黏度、高压差和含有少量悬浮物及固体颗粒状的场合。

(4)套筒阀。

阀座为一个圆柱形套筒。套筒壁上有特殊形状的孔(窗口),利用套筒导向,阀芯在套筒内上下移动,改变了套筒的节流孔面积,实现流量控制。套筒阀的可调比大、振动小、不平衡力小、结构简单、套筒互换性好。

(5)蝶阀。

蝶阀具有结构简单、重量轻、价格便宜、流阻小的优点,但泄漏量大,适用于大口径、大流量、低压差的场合。

(6)球阀。

球阀的阀芯呈球形体,转动阀芯使之与阀体处于不同的相对位置时,就具有不同的流通面积,以达到流量控制的目的。球阀阀芯有 V 形和 O 形两种开口形式。O 形球阀的阀芯是带圆孔的球体,常用于双位式控制。V 形球阀的阀芯是 V 形缺口球形体,转动球心使 V 形缺口起节流和剪切的作用,适用于高黏度和脏污介质的控制。

2. 流量特性

执行器的流量特性是指流过阀门介质的相对流量与阀门的相对开度间的关系。采用不同的阀芯曲面,可得到不同的流量特性。目前常用的流量特性主要有直线、抛物线、对数(等百分比)及快开四种,见图 2-95。

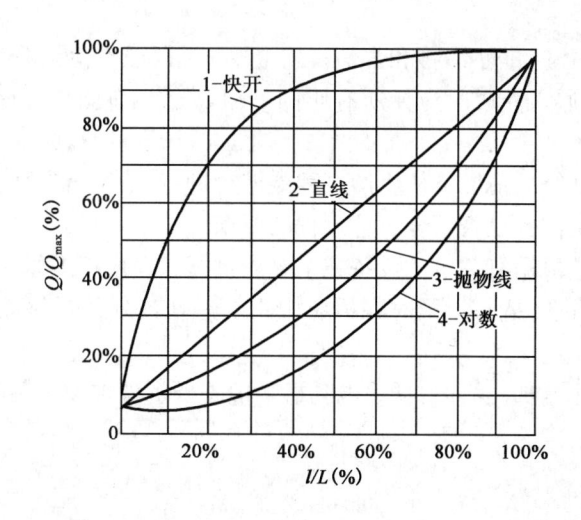

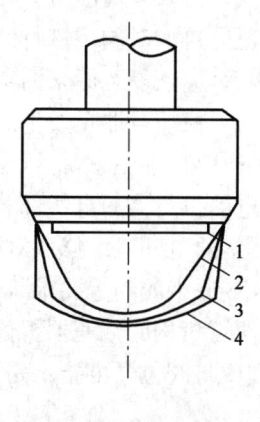

图 2-95 执行器的理想流量特性及阀芯形状

执行器的口径是由执行器流通能力 C 决定的。C 是当阀两端压差为 100kPa，流体密度为 1g/cm^3 时，执行器全开状态下，流经执行器的流体流量值(以 m^3/h 表示)。

执行器的流通能力 C 与阀门的结构有关，主要取决于口径大小。对于液体介质，C 值一般可由下式计算：

$$C = Q\sqrt{\frac{\rho}{10\Delta\rho}} \tag{2-26}$$

由生产工艺提供的流量 Q、介质密度 ρ、阀上压差 Δp，计算流量系数 C，查表即可确定执行器尺寸(公称直径、阀座直径)。

注：介质为气体、蒸汽、高黏液体时，计算公式与式(2-26)不同。

3. 调节阀的安装使用

为了确保执行器在系统投入时能正常工作，并使系统安全运行，新阀在安装之前，应首先检查阀上的铭牌标记是否与设计要求相符。如果是对原系统中执行器进行了大修，除了对基本误差、全行程偏差、回差、死区、泄漏量各项进行校验外，还应对旧阀的填料函和连接处等部位进行密封性检查。

执行器在现场使用中，很多往往不是因为执行器本身质量所引起，而是对执行器的安装使用不当所造成，如安装环境、安装位置及方向不当或者是管路不清洁等原因所致。因此电动执行器在安装使用时要注意以下几方面：

(1) 执行器属于现场仪表，要求环境温度应在 $-25\sim60\text{℃}$ 范围，相对湿度 $\leqslant 95\%$。如果是安装在露天或高温场合，应采取防水、降温措施。要远离震源或增加防震措施。

(2) 执行器一般应垂直安装，特殊情况下可以倾斜，如倾斜角度很大或者阀本身自重太大时对阀应增加支撑件保护。

(3) 安装执行器的管道一般不要离地面或地板太高，在管道高度大于 2m 时应尽量设置平台，以利于操作手轮和便于进行维修。

(4) 执行器安装前应对管路进行清洗，排除污物和焊渣。安装后，为保证不使杂质残留在阀体内，还应再次对阀门进行清洗，即通入介质时应使所有阀门开启，以免杂质卡住。在使用手轮机构后，应恢复到原来的空挡位置。

(5) 为了使执行器在发生故障或维修的情况下使生产过程能继续进行，执行器应加旁通管路。同时还应特别注意，执行器的安装位置是否符合工艺过程的要求。

(6) 电动执行器的电气部分安装应根据有关电气设备施工要求进行。在使用维修中，在易爆场所严禁通电开盖维修和对隔爆面进行撬打。同时在拆装中不要磕伤或划伤隔爆面，检修后要还原成原来的隔爆要求状态。

(7) 执行机构的减速器拆修后应注意加油润滑，低速电动机一般不要拆洗加油。装配后还应检查阀位与阀位开度指示是否相符。

4. 电动执行器故障处理

电动执行器常见故障分析及排除见表 2-3。

表 2-3 电动执行器常见故障分析及排除

故 障 现 象	原 因 分 析	排 除 方 法
执行机构不动作	相线与中线接反	用试电笔检查中线与相线,错时对调重接
	熔断丝断开	更换熔断管
	线路断开或各接点接触不良	对脱焊重新焊好,对各接线点、插座等接触不良要重新接好或更换不良零件
	电动机绕组断路或短路	更换电动机
	用导线短接固态继电器的交流输出两接点,电动机转动,说明分相电容器、固态继电器断路损坏	更换电容、更换固态继电器
	放大器前级故障	依次检查前级输出直流电源及元器件,对损坏元件更换
接通电源后输出轴只一个方向转动	放大器前级不调零。用万用表测量在无信号时放大器前级的输出不为零	断开输入信号和反馈信号重新调零
	两条反馈电流引线接反	更改接线
	两条放大器输出线接反	更改接线
	固态继电器击穿	更换固态继电器
执行机构只能向一个方向转动	一路输出断路,固态继电器损坏或输出电路断线	更换损坏的固态继电器,接线断线重新接好
	控制电路一路失效	更换损坏的三极管
	用万用表测量,电动机一路断线	重新接好断线
执行机构一个方向正常,一个方向输出无力	一个固态继电器软击穿,可以断开坏的一侧固态继电器交流输出两端子,断开后电动机转动正常	更换被断开的固态继电器
	电动机中线接错	更换接线
执行机构两个方向输出无力	电动机分相电容容量降低或软击穿	更换电容
	电动机制动器故障	调整或更换制动器零件
执行机构振荡、阀鸣叫	放大器不调零	放大器在无任何外信号情况下重新调零
	灵敏度调得太高,死区过小	调节放大器灵敏电位器
	电动机制动器失效,阀芯和衬套磨损严重	更换新的摩擦片或重新调整弹簧
	流体压力变化太大,介质流动方向与阀门关闭方向一致	工艺方面解决
	口径选择太大、阀常在小开度工作	更换小口径调节阀
输出线性不好或没有输出信号	导电塑料电位器损坏	更换新电位器
	位发线路板工作不正常	更换损坏的线路板
	位发变压器不好	更换变压器
远程无法启动,反馈故障,指令故障	电动门正常,接线错误	重新接线
	控制机柜开关锈死,线头生锈导致电阻增大,线头沾水造成短路	重新接线

续表

故 障 现 象	原 因 分 析	排 除 方 法
执行器动作正常,但无阀位反馈	测量阀位反馈回路仅有 4~6mA 左右	重新设定,不起作用,更换阀位反馈板,如果问题依然没有解决就要考虑更换主板
	检查计数器圆形磁钢坏或者计数器板坏	更换计数器
阀门关不到位	电动阀门阀杆卡塞,电动头的输出力矩不够大	增大电动头的输出力矩
执行器阀杆无输出	检查手动是否可以操作,如果手自动离合器卡死在手动位置,电动机只会空转	调整手自动离合器
	检查电动机是否转动,如果电动机可以转动,并且已在自动位置,说明指令信号已经到达阀门,可能阀杆断裂	更换阀杆
	手动、电动均不能操作,可能阀门卡死或轴套卡死、滑丝、松脱	调整阀门或轴套
执行器远方/就地均不动作	电动机电源接线不正确	重新接线
	检查手自动离合器是否卡死、松动	调整手自动离合器
	执行器的显示面板有报警显示	按面板提示进行处理
执行器送电就发生跳闸	继电器控制板损坏	更换继电器
	电动机线圈烧毁	更换电动机
手动正常,电动机不能切换	手自动离合器卡簧在手动方向卡死	拆卸手轮,释放卡簧,重新装配好
操作手轮感觉异常	感觉太轻,可能是手轮卡销脱落或断裂	拆卸手轮,释放卡簧,重新装配好
	感觉太重或旋不动。减速器内有异物卡塞;阀芯与衬套或与阀座卡死;阀杆严重弯曲	拆卸阀体,清理除锈垢,润滑,重新装配好
阀动作迟钝	介质黏性太大,有堵塞或结焦现象	清洗
	填料老化,填料压得太紧	松动填料压盖螺栓或更换填料
	灵敏度调得太低,死区过大	调节放大器灵敏电位器
泄漏量大	阀芯或阀座被腐蚀、磨损;阀座松动;阀座、阀芯上有异物	清洗更换
	阀的始点(电开式)或终点(电闭式)未调好	重新调整
填料及上、下阀盖连接处渗漏	填料压盖没压紧,聚四氟乙烯填料老化变质	更换填料、压紧压盖
	阀杆腐蚀;紧固螺母松动,密封垫损坏	更换

第三章　油气集输站库监控方案

第一节　增压/接转站监控

由于各区块增压/接转站采用的工艺流程、生产设备、工艺流程有所不同,本书不能一一列举,仅就一些常用的典型设备监控系统的操作与应用做一简要介绍。

一、油气分离缓冲罐

油气分离缓冲罐液位控制是保证密闭输送、减少油气损耗的关键。油气分离缓冲罐实现的监控功能主要有:进口温度、压力检测;天然气出口压力检测;缓冲罐液位检测、压力检测;装置区可燃气体检测。缓冲罐液位与外输泵变频柜联锁,根据液位自动调节泵的转速。缓冲罐液位控制还可以用节流法实现。

油气分离缓冲罐兼有油气分离及储液功能,其工艺流程及监控功能如图3-1所示。

油气分离缓冲罐监控要求包括:

(1)油气分离缓冲罐进口温度、压力检测(采用双金属温度计、压力表就地指示,或采用压力变送器远传)。

(2)天然气出口压力检测(采用压力表就地指示,或采用压力变送器远传)。

(3)油气分离缓冲罐液位检测(液位计采用磁翻板液位计加远传变送器或用差压式变送器);缓冲罐液位与外输泵变频柜联锁,根据液位自动调节泵的转速,控制系统采用单独或站控PLC实现。

(4)装置区可燃气体检测。

1.节流控制液位调节

如图3-2所示,节流法缓冲罐液位调节系统由液位变送器LT、液位指示控制环节LIC、液位控制阀LCV组成。液位变送器通常选用差压变送器,将液位高度转换成4~20mA标准信号。

在节流法缓冲罐液位调节系统中,通过调节离心泵出口调节阀的开度,实现节流,改变离心泵—管路系统的工作点及流量,实现对缓冲罐的液位调节。

液位指示控制环节可以是单独的PID调节器,也可以是远程监控单元RTU。根据缓冲罐液位测量值PV与给定值SP之差,按PID规律输出4~20mA控制信号给液位控制阀,调节外输泵的流量,以稳定液位高度。控制阀可以是电动调节阀,也可以是气动调节阀(配电气阀门定位器)。

用节流法实现液位控制作用的代价是节流造成能量浪费。油气集输过程中大量使用离心泵节流调节,是油气田主要耗能的原因之一。

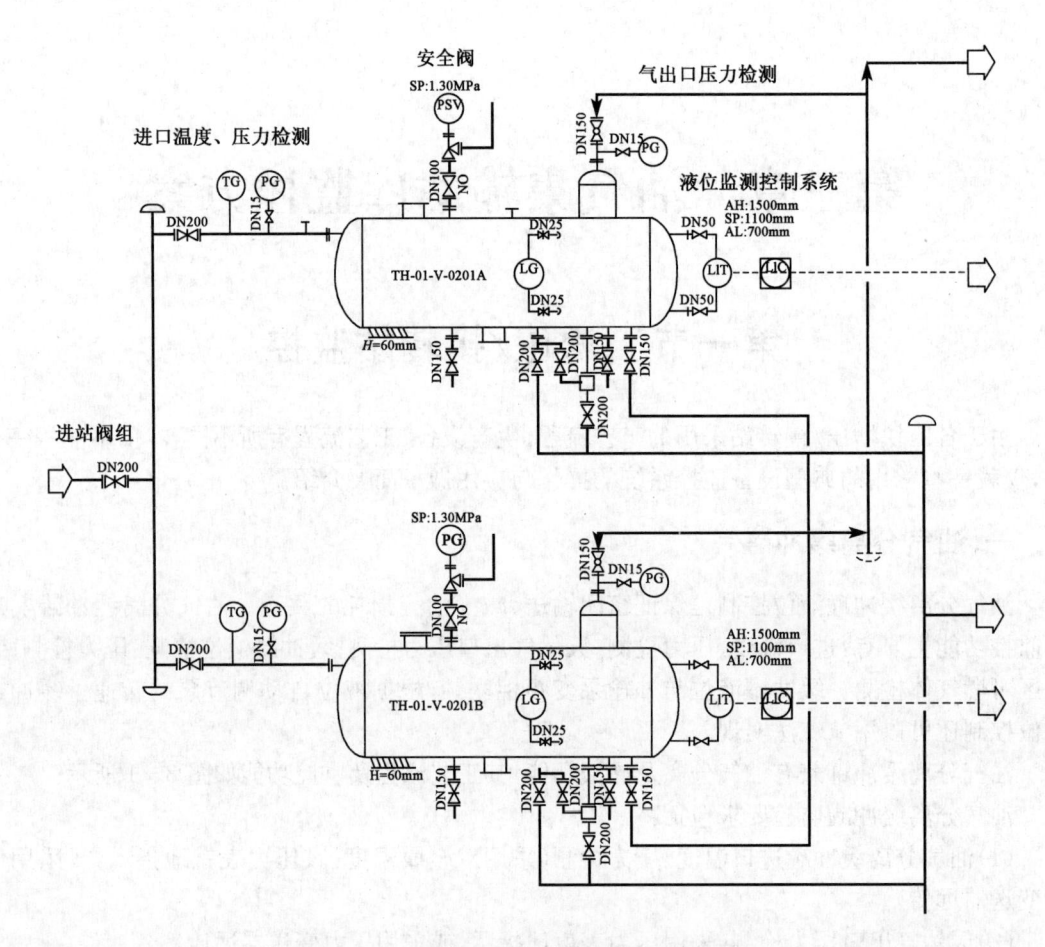

图 3-1 油气分离缓冲罐流程及监控系统

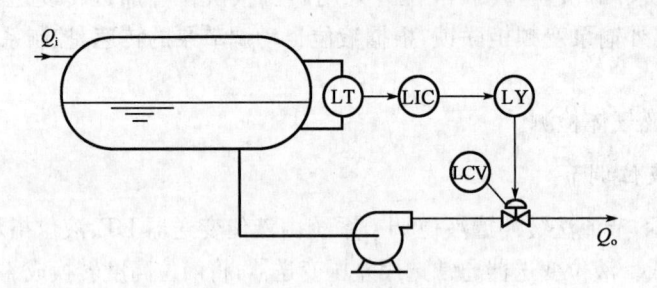

图 3-2 节流法液位调节系统

2. 变频控制液位调节

如图3-3所示,变频器缓冲罐液位调节系统由液位变送器LT、液位指示控制器LIC、变频器I/S、电动机M、离心泵组成。

三相交流变频器(VFD),输出频率可以人工设置(用电位器或面板按钮)。在自动调节系统中,可以用4~20mA直流信号控制。采用变频器调节流量,泵出口不用调节阀,通过变频器控制离心泵转速,改变泵与管路的工作点,可以在宽范围内调节泵的出口压力与流量。

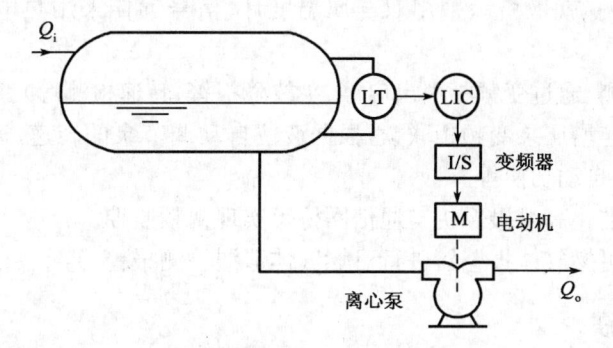

图 3-3 变频器缓冲罐液位调节系统

由于调节阀节流的局部阻力损失,白消耗相当一部分能量。采用变频调速改变离心泵工作点具有明显的节能效果。但要注意使泵效处于较高区域内工作,以获得更好的节能效果。

外输泵组一般是多台并联式工作。由于变频器价格较高,没有必要每台泵各使用一台变频器,可以选用一台变频器与一个切换控制柜。当缓冲罐输入流量变化大时,仅用变频器控制其中一组机泵,其他机泵组在工频下满负荷工作。

二、油气混输增压泵

油气混输增压泵主要是为流体提供能量,满足增压泵站内液量增压的需求。在增压站内,由于需要气液混输,因此不能采用离心泵,一般采用螺杆式增压泵。增压站内通常设两台双螺杆泵橇块式增压泵,并联方式运行,一用一备,见图 3-4。

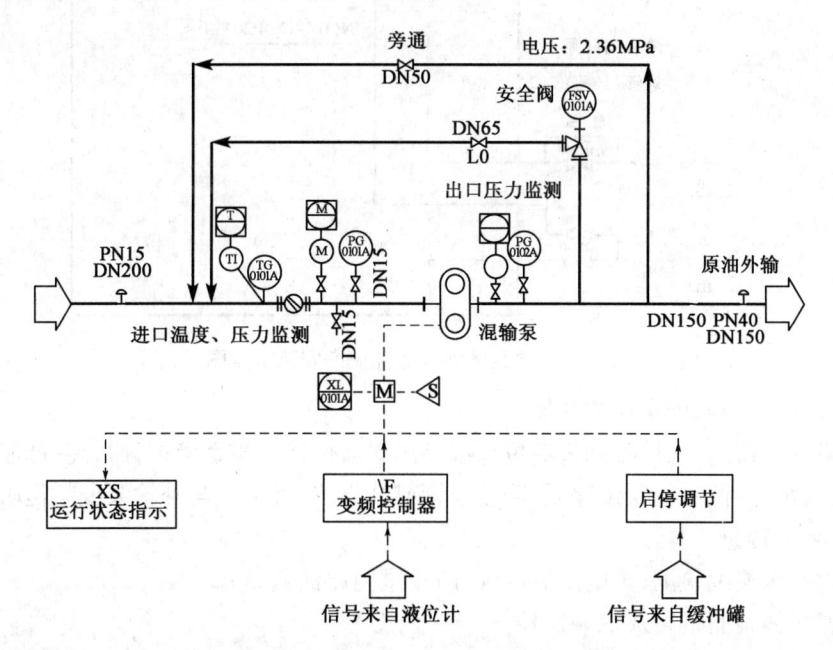

图 3-4 增压泵监控仪表安装示意图

油气混输增压泵监控实现的功能如下:
(1)进、出口压力监测(就地指示采用压力表,信号远传采用压阻式压力变送器)。

(2)进口温度监测(就地指示采用双金属温度计,信号远传采用热电阻一体化温度变送器)。

(3)运行状态检测(通过变频柜引出启停、泵故障报警、转速检测等)。

(4)缓冲罐液位与增压泵变频柜联锁,根据液位自动调节泵的转速、远程启停等;泵进、出口阀门的远程控制及自动切换等。

(5)现场安装标准化高清摄像机与通信网桥等实现视频监控。

(6)现场可以用可燃气体报警器进行可燃气体泄漏检测报警。

三、事故缓冲罐

增压泵站管辖油井较多且为稠油井,一旦外输线故障,需较大面积停井,为此设事故缓冲罐。事故缓冲罐(图3-5)正常处于低位运行,外输线故障时,可作为事故储存功能,事故储存时间为4.5h左右。

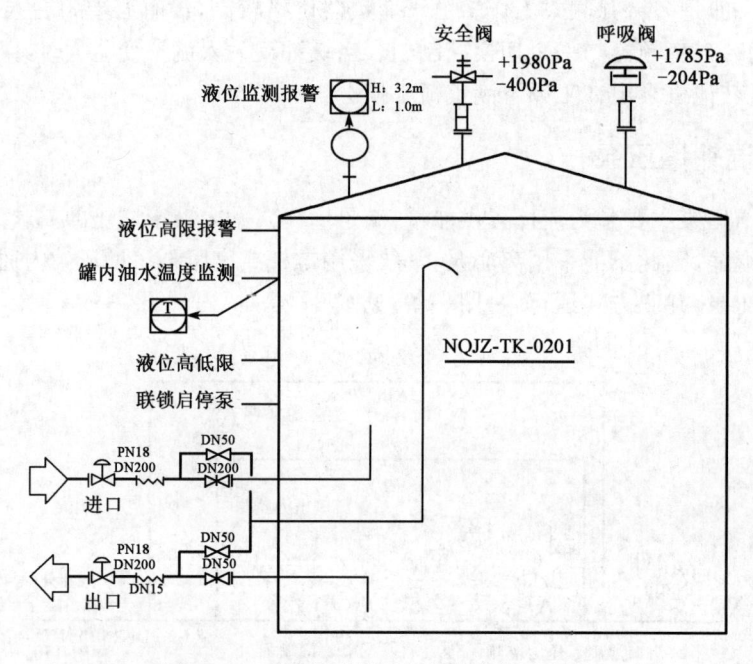

图3-5 事故缓冲罐监控仪表安装示意图

事故缓冲罐自控系统实现的功能:

(1)油罐液位监测(采用磁翻板液位计或差压式液位计或雷达液位计),高、低液位报警,极高液位联锁启泵、极低液位联锁停泵(防止溢罐或抽空)。罐液位与外输泵变频柜联锁,根据液位自动调节泵的转速。

(2)罐内油水温度检测(热电阻温度计,防止罐内原油凝结)。

(3)可燃气体检测报警及视频监控。

四、水套加热炉

水套加热炉监控系统如图3-6所示。

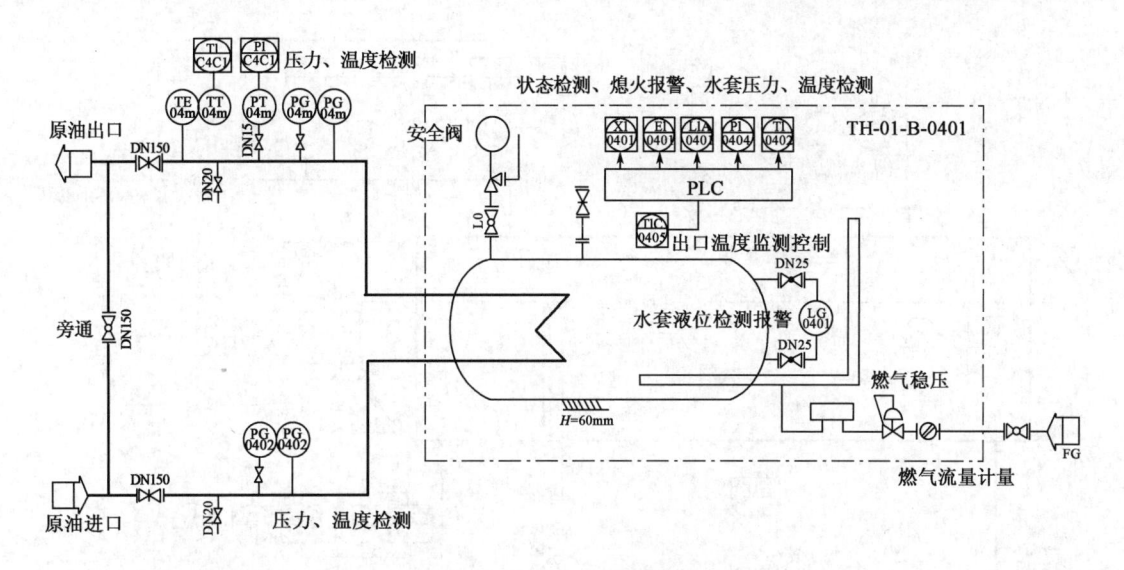

图 3-6　水套加热炉监控系统

水套加热炉是给原油进行加热的设备,其工作原理是加热炉筒体(水套)内装满清水,烟、火管及加热盘管均浸泡在水中,被加热介质通过进出口在加热盘管中流动,完成热交换。

加热炉采用国产或国外品牌一体式燃气燃烧器,燃烧器为比例调节式或两段式,以满足负荷调节要求,调节比不小于 3。过剩空气系数不大于 1.2。

水套加热炉监控要求:

(1)加热炉进口温度、压力检测(就地指示采用压力表、双金属温度计);出口温度、压力监测、信号远传(采用压阻式压力变送器、热电阻一体化温度变送器)。

(2)加热炉水套温度检测、加热炉烟道温度检测(采用热电阻一体化温度变送器,其中加热炉烟道温度检测用于熄火报警)。

(3)加热炉水套液位检测;低液位报警,低低液位燃烧器关断。

(4)加热炉熄火报警,远程停炉大小火转换、远程停炉,熄火报警及燃烧器关断,水套液位低低报警、水套压力高报警、排烟温度高报警等。

第二节　联合站监控

一、三相分离器

以某联合站 DCS 自动化系统为例,分别从三相分离器、电脱水装置、缓冲罐、加热炉、原油稳定装置、轻烃处理等分系统进行介绍。

下面以图 3-7 所示三相分离器控制系统为例说明测控原理。图中带圆圈的方框符号是 DCS 控制系统的功能符号,系统中为了实现本安防爆功能,所有调节阀均采用气动薄膜调节阀,配用电气阀门定位器,接受 4~20mA 控制信号。

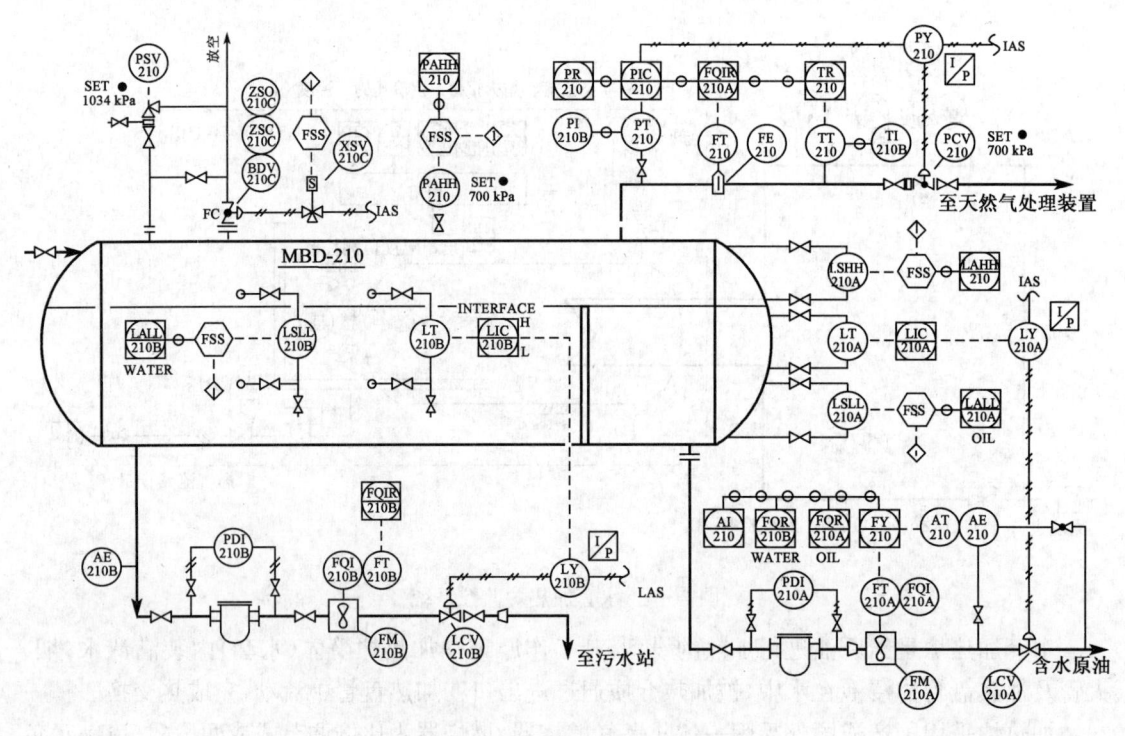

图 3-7 三相分离器控制系统

1. 天然气计量与测控

天然气计量与测控系统用于使三相分离器内部维持一定压力，并计量天然气流量。压力调节系统由压力变送器 PT-210、压力指示控制环节 PIC-210、电气转换器 PY-210 和调节阀 PCV-210 组成，是一简单调节系统。

天然气流量计量采用孔板 FE-210、差压变送器 FT-210 测量。由温度变送器 TT-210 及压力变送器 PT-210 提供补偿计算参数。运算由 DCS 流量指示记录环节 FQIR-210A 完成。

作为安全保护，还装有压力超高开关 PSHH-210。当分离器内压力超出预定值（700kPa $<p<$ 1034kPa）时，通过由 PLC 实现的安全系统 FSS 判别，发出控制信号。经联锁电磁阀 XSV-201C 打开气源，使气动蝶形阀 BDV-201C 开启，将分离器内过高气体排至放空管线，ZSO-201C 与 ZSC-201C 是蝶形阀全开、全闭位置开关，送至 FSS 予以确认阀是否开、关到位。当三相分离器气压大于 1.034MPa 时，安全阀 PSV-210 自行打开放气，起到第二层保护作用。

2. 油气液面控制

油气液面控制系统用于维持一定油气界面，它由差压变送器 LT-210A、液位指示控制环节 LIC-210A、电气转换器 LY-210A 和气动调节阀 LCV-210A 构成。

三相分离器油路输出因分离程度有限，原油中仍含有水分。油路计量经腰轮流量计 FM-210A（就地累计指示 FQI-210A）测量出油流量，射频式含水分析仪 AE-210 测量出油含水率,其转换器 FT-210B、AT-210 信号由计算机软件(FY-210)处理分别求油量(FQR-210A)与水量(FQR-210B)。

液位超高开关 LSHH-210 和液位超低开关 LSLL-210A 在液位超高、超低时发出报警信号(LALL-210、LAHH-210)。

3. 油水界面测控

用差压变送器 LT-210B 测量油水界面。根据三相分离器工作原理,油水部分总高度,即溢流板高度一定。在油水界面高度变化时,安装在溢流板上下的差压变送器上的压差与油水界面高度成正比。

油水界面调节系统由变送器 LT-210B、界面指示控制环节 LIC-210B、电气转换器 LY-210B、调节阀 LCV-210B 组成。

水量计量采用电磁流量变送器 FM-210B(就地累计指示 FQI-210B),其转换器 FT-210B 信号送至主机流量积算环节 FQIR-210B 积算总水体积。

为保证安全生产,不致在放水控制中带出油,装有液位超低报警开关 LSLL-210B。在控制系统失灵、油水界面过低时,LSLL-210B 发出信号给 FSS 产生报警信号(LALL-210B)。

二、分队计量系统

由于采油厂产量波动幅度大,不确定因素多,无法及时发现生产中存在的问题,从而影响区块动态分析和对开发形势的判断,使区块综合治理没有可靠的数据依据,最终采取增产措施时存在一定的盲目性。

采用分队计量后,根据液量、油量的变化趋势,对油田开发过程中含水率、液量、油量的变化进行定性的分析,掌握油田开发生产形势。

各采油队液量混输,如遇全厂产量波动,各队开展计量调查、动态分析、开发指标分析时,最关键的产量指标不明确,影响了分析结果的可靠性。不能快速准确地判断原因,给正常生产管理带来很大困难。采用分队计量后,通过瞬时流量和累计流量变化,可及时掌握各采油队(区块)的生产动态变化趋势。

采用分队计量,准确地考核采油队产量完成情况,建立和完善针对产量完成情况的激励机制,为油田的管理考核提供科学依据。同时便于针对采油队产量完成情况兑现奖罚制度,提高员工上产积极性。

采用分队计量,可随时掌握各接转站生产的变化和管道的运行情况,同时可通过管线前后端流量的变化,进而掌握原油输送过程中的参数变化和管道的运行状况,发布预警信息,可以及时发现管穿、跑油事故的发生,同时,还可为防盗油工作提供参考信息。

为实现分队计量,必须首先对集输流程进行改造,从流程上满足分队计量条件,包括站外、站内集输流程改造,每个队能够分别独立实时计量。

1. 三相分离器分队计量系统

三相分离器分队计量系统如图 3-8 所示,是基于三相分离器油、气、水分离后的分别计量。为实现分队计量,必须首先对集输流程进行改造,从流程上满足分队计量条件,包括站外、站内集输流程改造,每个队能够分别独立实时计量。由于联合站有多个分离器,可适当分配使每个采油队(区)单独进入各自的三相分离器进行分离,并分别计量其油、气、水流量。

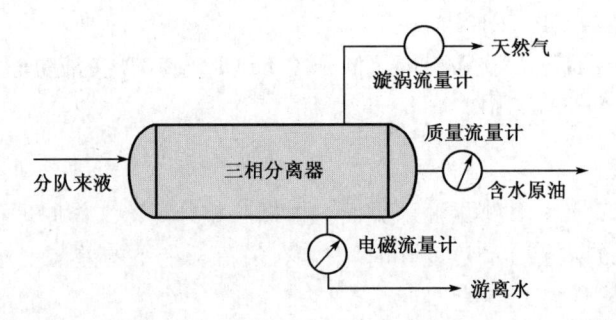

图 3-8 三相分离器分队计量系统

气路采用气体流量计,水路一般采用电磁流量计,油路可采用容积流量计加在线含水分析仪组合,一般采用质量流量计。

测量原理:质量流量计可直接测量出流动液体的质量、密度、温度,由此可计算出累加质量、体积流量、体积累加量等相关参数,结合油、水密度可计算出油、水的质量、体积。

如果液相采用质量流量计,可直接测量出油水混合液体的质量流量、密度和温度。在含水原油测量中,根据实测原油密度与已知的污水、纯油密度可计算出原油含水率、纯油质量流量、污水质量流量等相关参数,因而近年来在原油计量中得到了广泛的应用。

各站工控机采集的数据根据需要传送到中心服务器数据库,中心服务器做网页发布应用,数据的集中应用在中心服务器实现。

工控机应用软件采用组态软件,便于修改维护、采集、计算数据存入本地数据库。

核心问题:质量流量计是该系统的核心计量仪表,在满足其使用条件的前提下,具有精度高,稳定性好,直接测量质量、密度等优点。为保证质量流量计工况合理,必须控制好三相分离器的工作压力、油、水腔液位,保证油路所含游离气不超过质量流量计允许含气量(一般体积含气率不超过5%)如此能获得真实满意的测量结果,为应用系统提供真实可靠的数据。

由于油水是两种互不相容的液体,混合液体质量流量由质量流量计测出:

$$q_{xm} = q_{wm} + q_{om} \tag{3-1}$$

式中 q_{xm}——混合液质量流量,kg/h;

q_{om}——原油质量流量,kg/h;

q_{wm}——水的质量流量,kg/h。

混合液密度:

$$\rho_x = w_V \rho_w + (1-w_V)\rho_o \tag{3-2}$$

式中 ρ_x——工作温度下混合液密度,kg/m³;

ρ_o——工作温度下原油的密度,kg/m³;

ρ_w——工作温度下水的密度,kg/m³。

工作状态下混合液密度由质量流量计测量得到,工作温度下水的密度、原油密度可以根据标准密度换算得到,由此得到混合液体积含水率:

$$w_V = \frac{\rho_x - \rho_o}{\rho_w - \rho_o} \tag{3-3}$$

混合液质量含水率：

$$w_M = \frac{(\rho_x - \rho_o)\rho_w}{(\rho_w - \rho_o)\rho_x} \tag{3-4}$$

混合液质量含油率：

$$m_M = \frac{(\rho_x - \rho_o)\rho_o}{(\rho_w - \rho_o)\rho_x} \tag{3-5}$$

由以上各式可根据质量流量计测出的混合液质量流量与混合液密度计算出污水质量流量和原油质量流量：

$$q_{wm} = q_{xm}w_M = q_{xm}\frac{(\rho_x - \rho_o)\rho_w}{(\rho_w - \rho_o)\rho_x} \tag{3-6}$$

$$q_{om} = q_{xm}m_M = q_{xm}\frac{(\rho_x - \rho_o)\rho_o}{(\rho_w - \rho_o)\rho_x} \tag{3-7}$$

2. 旋流分离器计量系统

旋流分离多项计量装置主要是采用气液旋流分离技术把气液分离，分别计量，具有安装简单、占地面积小等特点，可安装于计量间实现单井计量或安装于接转站用于分队计量。配备旋转式计量分配阀组可实现全自动计量。计量系统由旋转式计量分配阀组、旋流分离装置、多相计量仪表部分及数据采集处理系统组成，如图3-9所示。

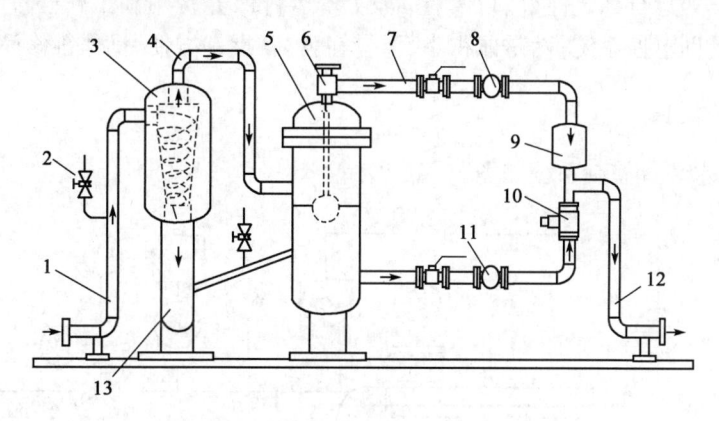

图3-9 旋流分离计量系统示意图
1—进口管；2—取样阀；3—旋流分离器；4—分气管；5—气液控制罐；6—液位控制阀；7—出气管线；
8—气体流量计；9—平衡罐；10—含水分析仪；11—液体流量计；12—出口管；13—分液管

旋流分离器是利用离心力作用原理将混合物中不同密度的各相分离开来的机械设备。气液旋流分离器用于油气水多相计量时，实现气、液（油水）两相分离。旋流分离器由于其结构尺寸比重力分离器小，通过特殊的结构设计可以达到理想的分离效果，具有操控方法简便、故障率低的特点。

计量站旋流计量装置，提高了油井计量精度，实现了油井自动连续多相计量、数据自动采集、连续录取和无线远程监测控制，较好地解决了分离器计量和人工含水计量存在的计量误差大的问题，在油田进入中后期开发阶段，对于低液量、低含气、间歇出油井的计量问题也能适用。

旋流计量装置采用高效旋流气液分离技术，将复杂的多相流问题化解为气相和液相

(油水)两相问题。其计量原理是:油水气混合液经气液离心旋流分离,实现对游离气的完全分离和部分乳化气的初步分离。被分离的气、液分别由分离器的顶部和底部切向进入气液控制罐,进一步分离气中的含液和液中含气。气液控制罐内有一液位控制阀,液位高低通过浮球控制排气阀,改变排气流量与压力,间接控制液体排出的流量,达到控制罐内液位、气液流量的自动平衡的目的。气液控制罐的气路出口配装气体流量计,液路出口配备液体流量计和含水分析仪,与计算机数据采集处理系统配套,完成对油、水、气分相流量及含水率的在线计量。

旋流分离器分离效果受诸多因素的影响,分离效果不会太彻底。因此要求气体流量计和液体流量计允许有一定的多相测量能力。气体流量计可以采用漩涡流量计,其测量范围宽、量程比大、可靠性高,能实现温度压力补偿,积算标况流量。液相流量计采用刮板流量计、双螺杆流量计,具有较高的测量精度,对于油砂影响较小。含水分析仪可以采用电容式、微波式、辐射式含水分析仪。根据所测含水率和液体流量测量值,分别计算出液相原油流量和污水流量。

从 2005 年开始,多相流计量系统开始在大庆油田、中原油田、长庆油田、胜利油田陆续试用。其技术优势和特点一是在线实时性、重复性好,且计量精度不受油气流型和流态影响;二是计量量程宽,液相量程可达到 1∶20 以上;三是压力损失小,整个系统最大压力损失小于 0.04MPa;四是长期运行稳定性好、可靠性高,设备运行保养费用和工作强度低;五是结构简单,无传动件和辅助电控系统;六是体积小、重量轻,移动拆卸方便,操作维修简便。

三、电脱水装置

联合站电脱水装置控制系统如图 3-10 所示。

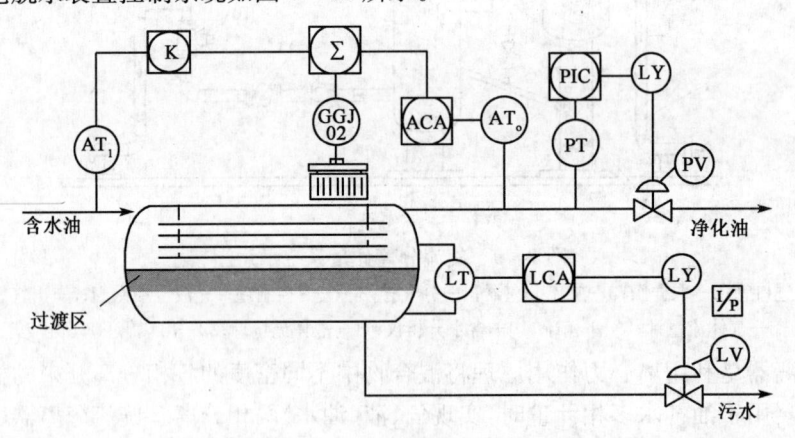

图 3-10 电脱水器控制系统框图

1. 油水界面控制系统

油水界面控制主要是实现自动放水,把油水过渡区保持在电极之下、进液分配头之上。该系统可用差压变送器,也可以用射频导纳油水界面仪测量等效界面高度,油水界位变送器 LT 信号送至液位指示控制报警环节 LCA 按 PID 规律进行调节,同时判断界面超高、超低报警,通过电气转换器 I/P 控制调节阀 LV 开度,这属简单调节系统。

2. 净化油含水调节系统

出口净化油含水调节系统用于保证电脱水器脱水质量，根据出口净化油含水率调节电场强度来实现。

电脱水器高压电场由可控硅自动调压电脱水供电装置提供，由 380V 经升压变压器增至所需 40~60kV 高压。可控硅自动调压供电装置，输出电压可调节范围 40%~100%，输出电流调节范围 20%~100%，具有电场短路、过压、过流自动保护功能。

出口净化油含水调节系统属前馈反馈调节系统，分析如下。

1) 反馈控制回路

反馈控制回路由出口净化油含水分析仪 AT0、控制指示报警环节 ACA 组成。原油低含水分析仪将出口原油含水率转换成 4~20mA 传送给计算机控制模块 ACA，根据设定含水率与实测含水率偏差，按 PID 规律输出控制信号，经前馈加法环节，通过可控硅自动调压供电装置，改变其高压电场调压给定值，加快脱水效率。

2) 前馈控制环节

调节系统主要干扰来自电脱水器入口含水原油的含水率，用含水分析仪 AT1 测出进口含水率，经比值环节 K 及加法器 Σ 作为电脱水供电装置的给定值，当入口原油含水率较高时，自动升压，提高电场强度，可以获得较好的脱水效果。比值环节的函数 K 根据电脱水器数据模型确定，其主要依据是当电脱水器进口原油含水率在设定区间内变化时，电脱水供电装置输出电场电压的调压优化值，可以根据不同油田区块原油性质及脱水条件通过试验得到。比值函数可有计算机控制模块实现。

3. 电脱水器压力调节系统

电脱水压力调节系统用于使电脱水器内部维持一定压力，在实现自动放水、油水界面控制的基础上，通过调节电脱水器出口净化原油流量，维持电脱水器压力，防止因油水界面控制过猛，造成电脱水器憋压或压力过低溶解气析出。

压力调节系统由压力变送器 PT、压力指示控制环节 PIC、电气转换器 PY－210 和调节阀 PCV 组成，是一简单调节系统。

四、罐区自动化系统

有关油罐区自动化监控，本节仅对有代表性的油罐自动盘库计量、油罐密闭控制、消防系统自动化做一简单介绍。

1. 油罐密闭控制系统

原油及其产品中所含的轻组分具有很强的挥发性。在石油的开采、集输、储存、加工和销售过程中，会有一部分较轻的组分汽化，逸入大气，造成不可回收的损失，这种现象称为油品的蒸发损耗。我国于 1980 年对 11 个主要油气田测试表明，从井口到油库，油品损耗约占采油量的 2%。因此从各方面采取措施、减少油品损耗，是一项很有意义的工作。自动化技术为油罐密闭，减少蒸发损耗提供了有效的手段。

1) 油罐密闭控制系统组成

油罐密闭控制系统是当油罐"呼"出气体时予以收集,而"吸"入气体时予以补气的自动化系统,图3-11是油罐密闭控制系统的流程。

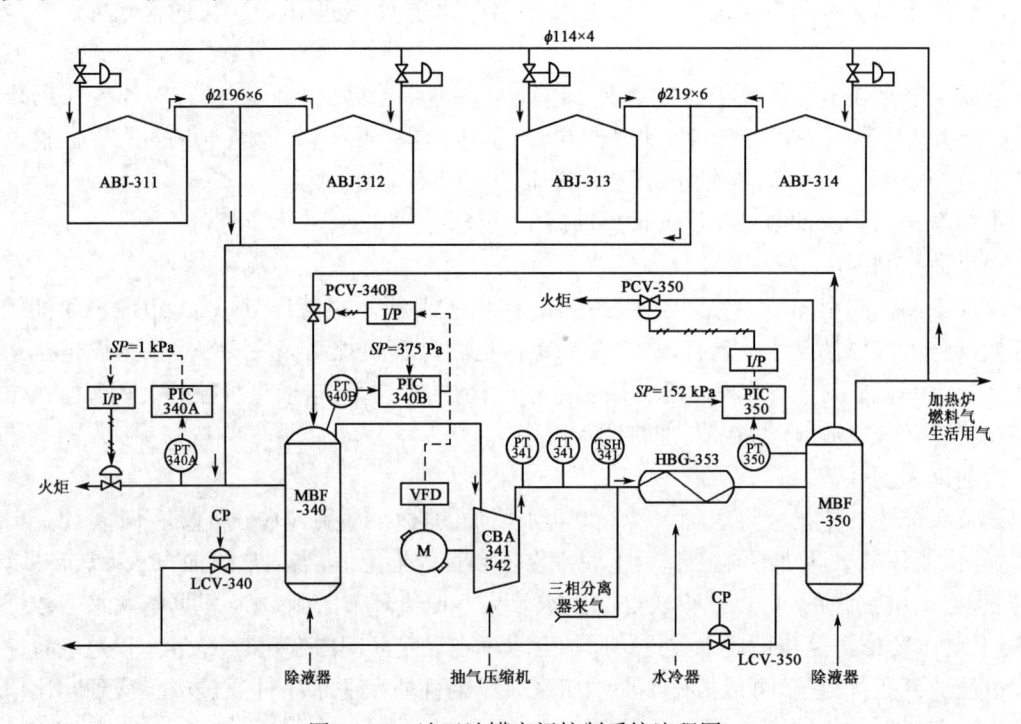

图 3-11　油田油罐密闭控制系统流程图

该油库有 4 座 6800m³ 原油罐,每个油罐的呼气孔用 $\phi219mm\times6mm$ 管道相连通,并接到除液器 MBF-340,用于除去天然气中轻烃组分及水,保证压缩机 CBA-341/342 正常运行。压缩机从除液器 MBF-340 抽出气体,经压缩、HBG-353 水冷器冷却,同三相分离器分离出的气体一起进入第二台除液器 MBF-350,分离出的天然气作为加热炉燃料及生活、注水系统水罐密封、油罐补气用气。4 座油罐的吸气孔用 $\phi114mm\times4mm$ 管道相连通,用于当某油罐"吸"气时,予以补气。由于油罐属大型薄壁容器,罐顶承受气压很低,其额定值正压为 2kPa($200mmH_2O$),负压为 -0.5kPa。控制系统设计中必须予以保证压力,否则导致油罐损伤。

除液器压力调节系统由压力变压器 PT-340B、压力指示控制环节 PIC-340B、压缩机 CBA-341/342、电动机变频调速器 VFD 及电气转换器 I/P、气动调节阀 PCV-340B 组成,压力给定值设置在 375Pa($37.5mmH_2O$)。当除液器 MBF-340 压力不等于 375Pa 时,通过 VFD 调节压缩机 CBA-341 转速及 PCV-340B 阀门开度使压力保持在给定值。若油罐或水罐顶部压力超出 500Pa 时,启动另一台工频压缩机 CBA-342 工作。若罐顶压力低于 250Pa 时,停止压缩机工频。若罐顶压力低于 50Pa 时,调节阀 PCV-340B 全开,全部压缩机停车。

压力保护系统由压力变送器 PT-340A、压力指示控制环节 PIC-340A、电气转换器 I/P 及调节阀 PCV-340A 组成。当 MBF-340 压力超出 1kPa 时,把 MBF-340 内部分气体放入火炬管线,以确保油罐及水罐安全。

除液器 MBF-350 压力调节系统由压力变送器 PT-350、压力指示控制环节 PIC-350、电气转换器 I/P 和气动调节阀 PCV-350 组成,给定值为 152kPa。当 MBF-350 内气压高于

152kPa时,通过调节阀将多余气体放至火炬管道。

油罐补气控制经除液器 MBF-350 输出的天然气经 ϕ114mm×4mm 管道连接至每个油罐进气孔,入油罐前装有自力式微压调节阀,给定值为 375Pa,当罐内气压低于 375Pa 时,自动进行补气。

2)SD 油罐气微压自控装置

胜利油田设计院 SD 油罐气微压自控装置,用于回收原油集输过程中油罐顶部挥发的可燃性气体,工艺控制流程如图 3-12 所示。

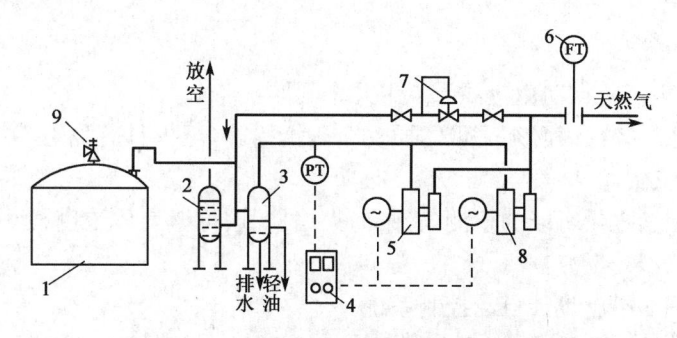

图 3-12　SD 油罐气微压自控装置流程图
1—油罐;2—水封罐;3—分离器;4—变频控制柜 VFD;5—1#压缩机;
6—天然气流量计;7—自力式调节阀;8—2#压缩机;9—安全阀

油罐挥发气沿管道进入天然气分离器 3,分离出轻烃与水,然后经压缩机 5、8 增压计量后外输。为保证油罐安全生产,采用微差压变送器、多功能变频控制柜 4、补气自力式调节阀 7、水封罐 2 和安全阀。该装置的控制参数是:

(1)油罐抽气压力为 250~350Pa;高压 450Pa 报警,超出 500Pa 放空;低压 150Pa 报警,低于 100Pa 停机。

(2)自力式压力调节阀的给定值为 150Pa,低于 150Pa,对油罐进行补气;控制失灵时,手动补气压力为 50Pa。

(3)压缩机的进气压力 0.1MPa(绝压),排气压力 0.3MPa(表压),排气量 3~7m³/min,进气温度≤40℃,排气温度<140℃,冷却水压力≥0.15MPa,润滑油压力 0.15~0.4MPa。

油罐密闭系统控制的核心是保护油罐安全抽气,当气压低于 150Pa 及时补气。油罐抽气控制系统由微差压变送器 PT(量程 0~600Pa)、控制器、变频控制柜组成,根据油罐顶部气压,调节压缩机转速,实现恒压控制。当油罐气压较高,气量增大时,若一台压缩机满负荷运行还不能使压力降至给定值时,控制系统自动切除第一台压缩机 VFD 控制,使之转入工频运行,并软启动第二台压缩机变频运行。当油罐气量下降低于给定值、调节无效时,自动关闭工频运行压缩机,保留 VFD 控制压缩机运行。两台压缩机可进行循环软启动,使油罐压力保持在 250~300Pa。

当油罐压力为 450Pa 时,进行自动报警,提醒操作人员注意;压力升到 500Pa 时,水封罐自动放空;压力升到 1000Pa 时,罐顶微压安全阀自动放空,当压力达到 2000Pa 时,依靠原油罐的液压安全阀放空。

当油罐压力≤150Pa 时,依靠自力式压力调节阀进行补气,并自动报警。低于 100Pa 时自动停机，压力恢复到 450Pa 时自动启机。

该控制柜设有比较完善的自身保护程序、应急和监控压缩机措施。运行中，一旦发生误操作，依靠联锁保护，只执行正确命令，防止损坏设备。可随时令一台压缩机退出自动工作，断电检修，也可方便地投入运行。装置设有独立的试机环节，可在投运前或检修后单独手动启停，检查压缩机是否完好。

系统运行中，若变频器发生故障，可以自动转入应急状态，按照"位式"控制方案，保证油罐压力控制在 150～450Pa 之间。

2. 油罐区消防系统自动化

油气集输中实现消防自动化应注意以下几个问题：

(1) 选用的现场测控仪表必须采取本质安全防爆措施，至少具有隔爆功能，绝不允许因自动化设备本身引起火灾。

(2) 为不安全因素提供可能的检测条件，如火焰检测、可燃气体浓度检测（可燃物）及易着火处温度过高开关（低于燃点）等。

(3) 配合具体消防措施设计自动控制系统。

下面以某联合站消防系统为例介绍，如图 3-13 所示。整个消防系统由就地控制盘控制，现场控制盘采用可编程控制器（PLC）完成。消防系统包括 2 座 1000m^3 消防水罐 AZZ-701/702、3 台消防泵 PZZ-711/712/713、水/泡沫混合器 ZZZ-725 及输送至油罐、分离器、设备的管道。循环水泵 PZZ-721 用于 2 座水罐打循环使用。

1) 消防水罐自动上水控制

无论是否存在火灾，水罐必须储备足够用水，水源来自水源井。水罐装有差压变送器测液位（LT-701/702），当液位低于下限值，通过控制盘使电磁阀 XSV-701/702 打开进水阀气源，开启 SDV-701/702，水罐上水；水位达到上限值时，关阀停止上水，按位式控制原则进行。每座水罐装有液位超低开关 LSLL-701/702，当控制失灵，液位低于危险值时自动报警。

2) 消防泵控制

消防系统有 3 台电动机驱动水泵 PZZ-711/712/722 和 1 台柴油机驱动水泵，以备全厂停电时应急。当油罐区、分离器区及设备区检测出危险信号时，送至就地控制盘中 PLC 进行判别是否启泵进行消防。为保证消防有足够用水量，在泵出口总汇管线上装有低压开关 PSL-711。若启动一台泵压力低于规定压力时，可以启动另两台泵，直到压力高于低限为止。泵出口消防水分两路输送到消防区：一路水直通消防区；另一路经水/泡沫比例混合器 ZZZ-725 将混合泡沫送至消防现场。ZZZ-725 也受 PLC 控制。

3) 油罐区消防保护

4 座油罐顶部分布着温度开关元件 TS-311/312/313/314。每个油罐装有多个温度开关（TSE），还有天然气浓度检测器及火焰检测器。当油罐顶温度高于预定值（接近天然气燃点），通过感测开关将信号送至就地控制盘，当天然气浓度大于一定值时报警。在可能引起火灾之处，通过火焰检测器发现火灾时，由就地控制盘 PLC 判别危险信号发生地点，启动消防水泵以两种方法进行消防。其一，采取冷却法，如 ABJ-311 原油罐出现险情，打开电动阀 SDV-311E，消防水沿油罐外围四周进行喷淋，实现冷却降温；其二，通过电动阀 SDV-312D 向油罐内液面上喷射混合泡沫,使油面与空气隔离,采用窒息法消防。每个电动阀均有开/关阀位位置开关 ZSC/ZSO,确保阀门开关到位。

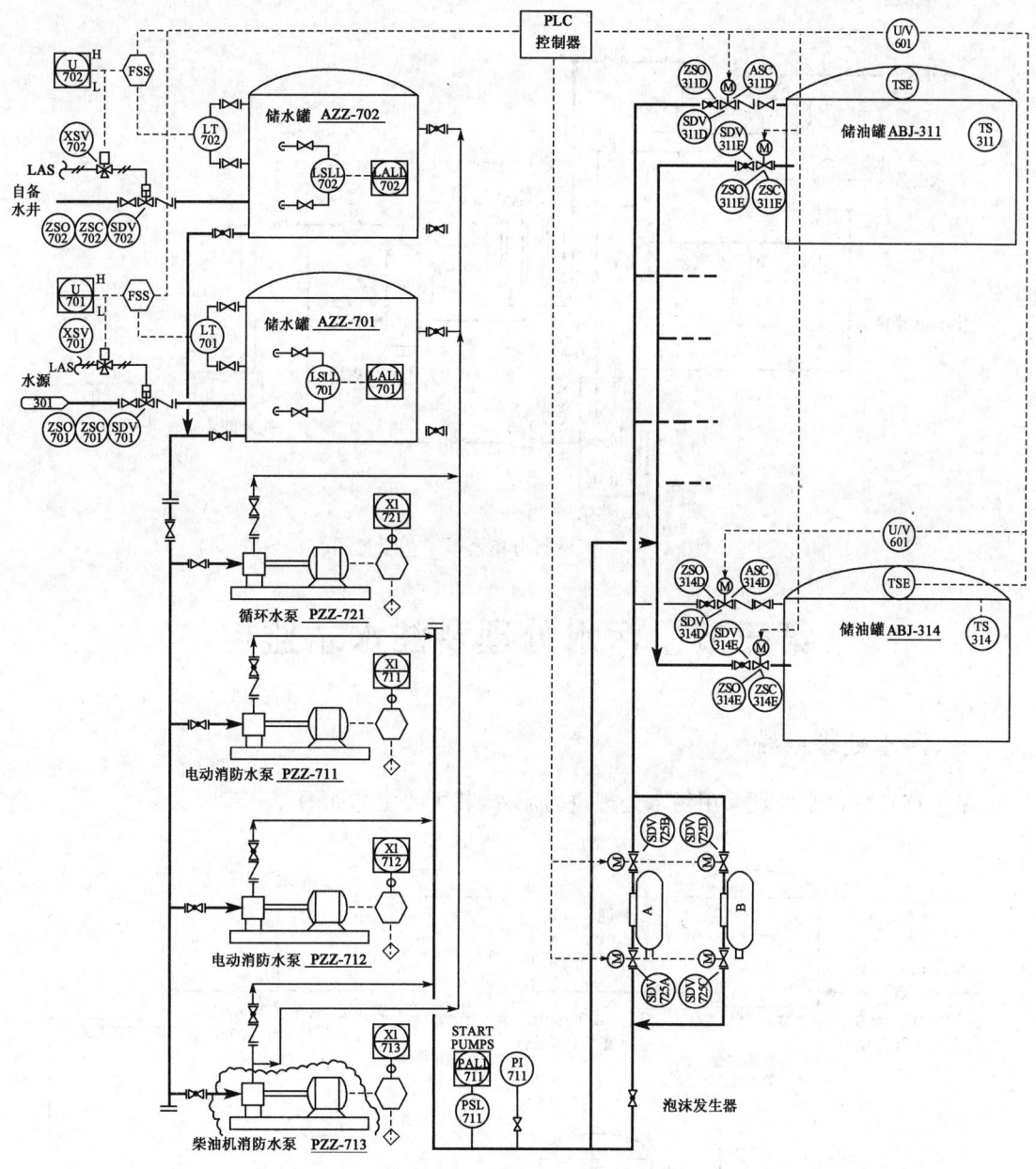

图 3-13 某联合站消防系统

五、天然气处理装置

天然气分离器橇(图 3-14)是集天然气分离器、天然气冷却脱水器及计量调节(橇)于一体的综合处理橇块。

天然气分离器橇检测参数及控制功能:分离器进口压力就地显示;出口压力就地显示并远

传；分离器液位就地显示；脱水器出口压力就地显示；油气分离器出口压力联锁控制气动压力调节阀；分离器上液位联锁控制凝液出口调节。

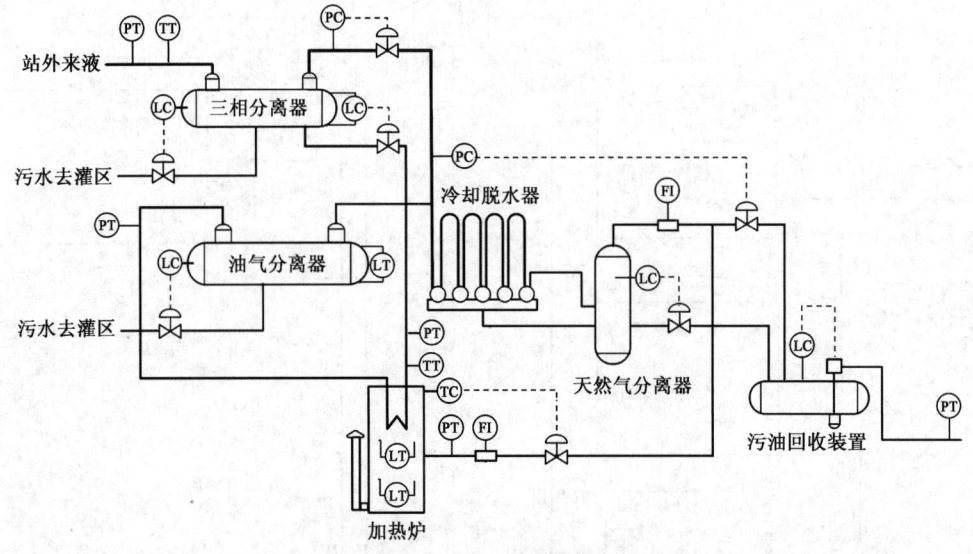

图 3-14 天然气分离器橇工艺示意图

第三节 污水处理及注水站监控

一、污水处理系统

陆上终端站污水处理采用污水处理重力流程，其主要工艺如图 3-15 所示。

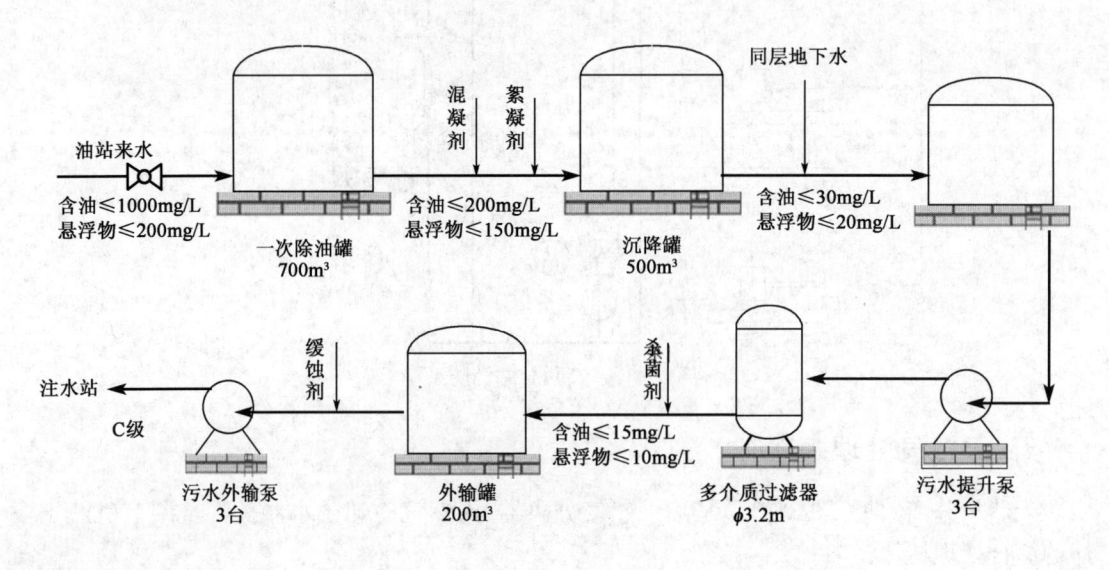

图 3-15 陆上终端站污水处理工艺

1. 一次除油罐

一次除油罐主要功能：接受原水，同时对原水进行油、水、悬浮物固体自然分离，同时还对进入下游流程的采出水水质、水量进行均质、均量处理。其工作参数有：

(1)工作压力/温度：常压/70℃。
(2)设计压力/温度：－490～1960Pa/80℃。
(3)进水含油量：≤1000mg/L。
(4)出水含油量：≤200mg/L。
(5)进水悬浮物：≤200mg/L。
(6)出水悬浮物：≤150mg/L。

其要实现的检测控制功能主要是：除油罐液位就地显示；入口压力就地显示；流量就地显示及数据远传；除液罐高液位报警，排泥管线出口为气动开关阀，实现远程排泥；自动收油装置实现除油罐自动收油。

2. 混合反应罐

混合反应罐功能：让水中细小悬浮物发生充分的混凝反应，形成较大絮体，实现较好的沉降效果。其工作参数是：

(1)工作压力/温度：常压/70℃。
(2)设计压力/温度：－490～1960Pa/80℃。
(3)进水含油：≤200mg/L。
(4)进水悬浮物含量：≤300mg/L。

3. 沉降罐

沉降罐功能：去除已在混合反应罐内充分完成混凝反应的污水中悬浮物，其对悬浮物的去除效果明显。设计压力/温度：－490～1960Pa/80℃；进水含油：≤200mg/L；出水含油：≤30mg/L；进水悬浮物：≤300mg/L；出水悬浮物：≤20mg/L。

其要实现的检测控制功能主要是：沉降罐液位就地显示；沉降罐高液位报警，收油管线出口阀门为气动开关阀，机械排泥装置运行状态远传及故障报警。

4. 缓冲罐

缓冲罐功能：为污水提升泵提供缓冲，确保污水提升泵能够稳定运行。设计要求进水含油：≤20mg/L；进水悬浮物：≤30mg/L。

其要实现的检测控制功能主要是：缓冲罐液位就地显示；地下水补水流量计数据远传，缓冲罐高、低液位报警以及低低液位联锁停泵。

5. 过滤装置

过滤装置功能：通过滤料截留杂质的作用，进一步降低出水中含油及悬浮物含量。

其设备滤罐尺寸：一组多个，直径 ϕ3.2m。反冲洗泵流量：$Q=380m^3/h$；扬程：$H=30m$；工作压力：0.3MPa；工作温度：70℃。在进水含油≤30mg/L 时经过滤，出水含油≤15mg/L，出水悬浮物：≤10mg/L。

其要实现的检测控制功能主要是：进、出水压力就地显示；过滤器运行状态及故障报警远传；进、出水压力监测及压力变送；出水流量计数据远传。

6. 外输水罐

外输水罐检测控制功能主要是：就地液位显示、高低液位报警及低低液位联锁停泵。

7. 污水外输泵房

污水外输泵房包含的主要设备为污水提升泵、污水外输泵。污水提升泵的功能为提升缓冲罐内污水进过滤装置。污水外输泵的功能为将外输罐内处理合格后的污水外输至人工岛上的注水罐。

其要实现的检测控制功能主要是：泵出口压力显示、外输泵出口流量计数据远传、泵运行状态远传。

8. 污泥浓缩池

污泥浓缩装置功能：通过重力浓缩的方式，去除污泥中的空隙水，满足污泥进入压滤进行机械脱水的要求。

实际生产应用中，采用污泥浓缩池具有足够的表面积，固体通量小，因此能实现较好的污泥浓缩效果，减轻后续污泥脱水设备的压力，同时其上可安装刮泥机，能够降低劳动强度。油田污水处理及市政污水处理一般均采用污泥浓缩池进行污泥浓缩。

污泥提升泵一般选用容积式转子泵。

其要实现的检测控制功能：就地液位显示，高低液位报警、低低液位联锁停泵；污泥提升泵运行状态远传，污泥提升泵远程启停控制。

9. 污油回收罐、污油回收泵

污油回收罐、污油回收泵功能：回收一次除油罐等构筑物收集的原油，然后通过污油回收泵将其重新送入油系统。

其要实现的检测控制功能主要是：就地液位显示，污油回收装置温度检测、远传高低液位报警及低低液位联锁停泵；污油回收运行状态远传，污油回收泵运行状态检测以及远程启停控制。

10. 反冲洗回收水罐

反冲洗回收水罐功能：用来回收过滤装置反冲洗水，并将其输送回污水系统。

其要实现的检测控制功能主要是：就地液位显示、高低液位报警及低低液位联锁停泵。

11. 污水回收池

1座污水回收池配2台污水回收泵。功能：回收污水处理系统各构筑物的排放水，然后将回收后的污水通过污水回收泵提升再次进入污水处理系统。

实际生产应用采用污水回收池方便检修，方便清除池底含油污泥，而埋地式污水回收罐检修及排泥均不方便，而且随着罐底污泥的沉积，势必会造成罐体有效容积减小。

污水回收泵采用容积式转子泵，结构紧凑，检修方便，低转速、能耗低，无堵塞，使用寿命长，自吸高度高。

其要实现的检测控制功能主要是:就地液位显示、高低液位报警、低低液位联锁停泵;污水回收泵运行状态远传,污水回收泵远程启停控制。

12. 加药间

加药间的主要功能是:向污水处理系统中投加水处理化学药剂的设备。通过投加药剂,控制采出水水质,减少对管、罐、设备、容器的腐蚀;阻止采出水结垢;提高系统处理效率和水质质量,保证处理后水质达标。

其要实现的检测控制的功能:自带药剂泵出口压力检测;药剂罐液位检测,药剂罐液位高低报警;低低液位联锁停泵;加药泵以及搅拌器运行状态及故障报警,加药泵出口流量检测。

二、注水系统

油气生产信息化建设对注水站的改造方案,要求依托已建系统,结合产能需要,对注水系统进行改建、扩建,完善自控通信系统,进行信息化提升,实现无人值守,提高管理水平。通过一次仪表更新改造,测控信号上传到调控中心。

注水站的主要单元设备是注水罐、注水泵、喂水泵。注水站内一般设置 1 套 PLC 系统,用以对站内的工艺参数、设备等进行测控,并将数据信号上传至调控中心,按无人值守设计。各注水站能够进行采集和控制的内容及实现的功能如下。

1. 注水泵检测控制功能

(1)注水泵进、出口压力检测远传。

(2)注水泵进口流量检测远传。

(3)注水泵和喂水泵的远程启停,转速、运行状态检测,故障报警上传。

(4)喂水泵运行状态、故障报警信号上传。

(5)注水泵入口压力低压报警,低低压联锁停注水泵,注水泵出口压力高压报警。

2. 注水罐检测控制功能

(1)注水罐液位检测就地显示。

(2)注水罐液位检测远传,高液位报警,低液位报警,低低液位联锁停注水泵。

3. 配水间稳流注水装置

对配水间进行改造,采用稳流配水阀组进行配水。实现流量自动控制,远程注水流量设定调配,保证稳定注水,并能实现注入水的调配。稳流注水装置结构紧凑,占地较少,可以根据单井配注量自动调节控制注入量,提高了自控程度和管理水平。

稳流配水阀组流程如图 3-16 所示。

其要实现的检测控制功能:

(1)注水干压检测上传。

(2)单井注水压力测量。

(3)单井注水流量远程设定、自控调节。

(4)流量和压力信号上传至调控中心。

图 3-16 稳流配水阀组流程图

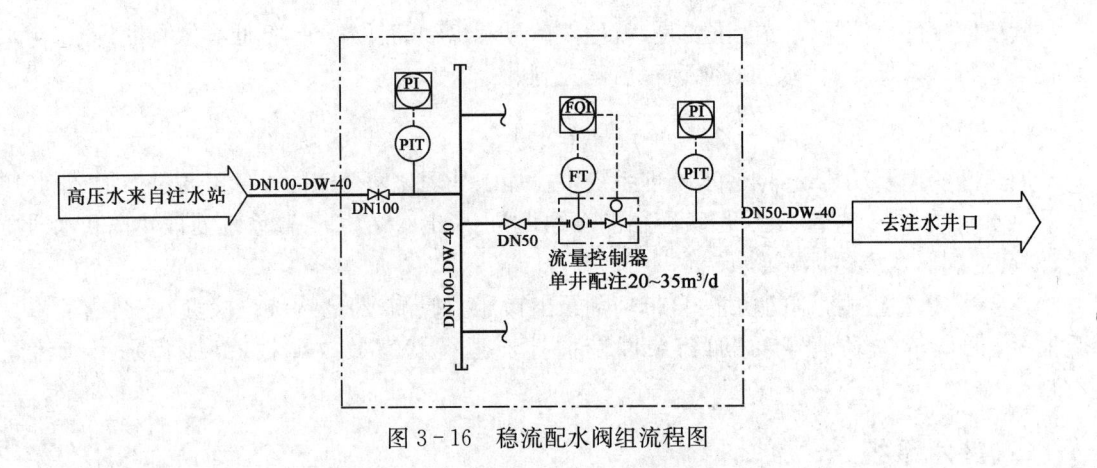

第四章　油气集输站库工况监控系统

第一节　概　　述

一、油气集输站库工况监控系统种类

集输站库工况监控系统是用于计量站、增压站、接转站、联合站、注水站等集输站场的自动化监控系统,一般采用中小型 DCS 计算机集散控制系统或中大型 PLC 控制系统实现,有个别的采用现场总线控制系统 FCS。以下就上述几种类型的控制系统的特点及应用情况做一简要介绍,具体内容详见丛书相关分册。

1. PLC 控制系统

PLC 称为可编程控制器,是一种基于单片机的、能够运用于工业复杂条件下的计算机控制设备。PLC 内部存储事先编制好的系统程序与用户控制程序,通过数字或模拟式输入/输出模块,接受测量仪表、传感器及开关指令器件的信号输入,控制变频器、调节阀、电动机、机电开关设备,以完成对生产过程的监测与控制。PLC 编程组态灵活方便,编程简单易学、性能价格比高、体积小、维护容易,应用非常普遍。但 PLC 控制系统必须根据具体的生产工艺及设备的测控要求,编写用户控制程序及组态监控软件才能实现监控功能,需要扩展时必须重现编制用户软件,灵活性差。PLC 控制器根据其测控点数量分为小、中、大型,可分别应用于小到一个一台设备、大到一个集输站库等各种类型的生产系统。国内常用的 PLC 厂商有西门子、罗克韦尔、三菱、欧姆龙、施耐德、GE、南大傲拓、深圳欧辰等,种类繁多,硬件结构基本相同,但编程环境区别较大。

2. DCS 系统

DCS 称为计算机集散控制系统,适用于测控点数多而集中、测控精度高、测控速度快的工业生产过程。DCS 有其自身比较统一、独立的体系结构和专门的硬件设备,具有分散控制和集中管理的功能。DCS 的测控模块相对独立,不用像 PLC 那样需要编写用户控制程序,只需根据生产工艺及设备的测控要求按厂家提供的组态软件进行设备组态设置即可。并且 DCS 系统在关键模块和通信网络中都引入了冗余工作模式,可靠性较高,测控功能强,易于扩展,组态方便,操作维护简便,但系统的价格相对昂贵。DCS 在石油化工、煤化工、电厂等大型企业中得到广泛应用。主要的 DCS 产品有 Honeywell 公司的 ExperionPKS、Emerson 过程管理公司的 PlantWeb、Foxboro 公司的 A2、和西门子公司的 PCS7、北京和利时、浙大中控和上海新华等。

3. FCS 系统

FCS 称为现场总线控制系统。它用现场总线这一开放的、具有可互操作的网络将现场各控制器及仪表设备互连,构成的控制系统,其控制功能彻底下放到现场变送器、执行器等底层设备,降低了安装成本和维护费用。现场总线以全数字化通信方式实现自动化仪表及设备的互联。现场总线输入输出(I/O)的接线极为简单,只需要一根电缆,从主机开始,沿数据链从一个现场总线 I/O 连接到下一个现场总线 I/O。使用现场总线后,可以节约自控系统的配线、安装、调试和维护等方面的费用。

使用现场总线后,操作员可以在中央控制室实现远程监控,对现场设备进行参数调整,还可以通过现场设备的自诊断功能预测故障和寻找故障点。

4. SCADA 系统

1)SCADA 系统含义

SCADA 系统,即计算机监测控制与数据采集系统,是由中心站监控中心通过数据通信系统对远程站点的运行设备进行监视和控制,以实现数据采集、设备控制、测量、参数调节以及各类信号报警等功能的分散型综合控制系统。

SCADA 系统主要用于测控点十分分散、分布范围广泛的生产过程或设备的监控。处于测控现场的数据采集与控制终端设备(称为 RTU)进行生产状态、参数的检测和就地控制,并向位于中心站的监控计算机(上位机)传送实时数据及状态信息。通过上位机实现各分散设备的集中监视、管理和远程实时监控,并为安全生产、调度、管理、优化和故障诊断提供必要和完整的数据及技术支持。

2)SCADA 系统架构

图 4-1 所示为油田 SCADA 系统架构,表示了油气集输站控系统在其中的地位。

油气集输站库工况监控系统运行在工控网内,在联合站、注水站等集输站场内可以独立运行,是整个油气田 SCADA 的一部分。

由于油气集输生产过程的实时性、安全性要求较高,因此用于实时监控的数据传输网络与用于管理的网络不能放在同一个网内,而是分别运行于工控网、视频网、办公网之内。

(1)工控网。工控网内实现各采油井场、集输站库实时数据的采集,并存储在工控网采集数据服务器内。工控网内通过专用"油气集输站控系统"软件实现对生产的实时监测、实时控制。

(2)办公网。工控网内实时生产数据及历史数据,通过工业隔离网闸、防火墙向办公网传输并存储在管理区应用服务器的数据库内,进行数据的归纳及管理,并通过 WEB 服务器进行发布。通过管理软件——油气生产信息化管理系统(PCS)实现生产管理、数据查询及应用。PCS 只运行在办公网内。

3)SCADA 系统组成

SCADA 系统从结构上分为中心站、远程站、数据通信系统三部分。在油气田 SCADA 中,中心站设在各管理区生产指挥中心,远程站可以是设在各个分散的油气井的 RTU(远程测控终端),或是增压站、联合站、注水站、配水间等各种油气集输场站上的 PLC、DCS 系统。所以油气集输场站的工况监控系统都是油田 SCADA 系统的一部分。

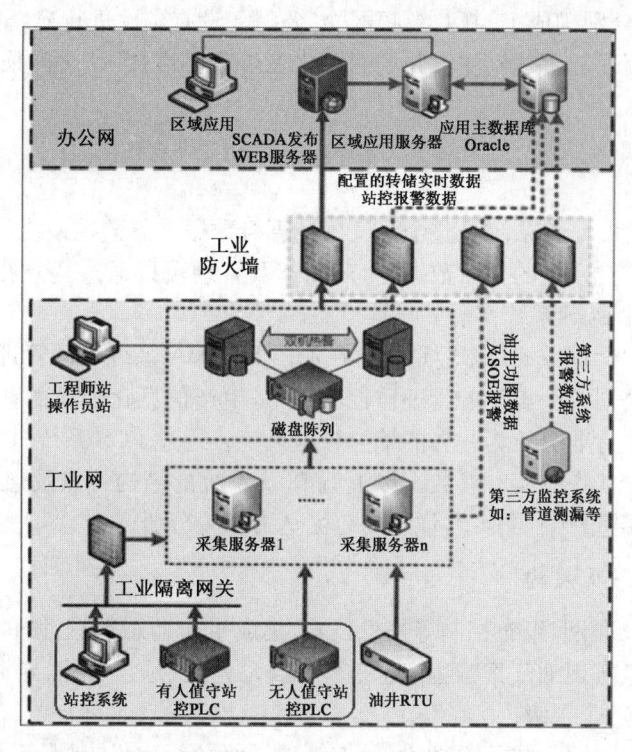

图 4-1 油气集输站控系统在油田 SCADA 系统中的地位

（1）远程站。为了实现油气生产信息化，油、气田各类型的油气集输场站都会根据生产的需要，在井场、站库设备及流程管线上安装各种自动化测控仪表及传感器，实现对油气生产工作状态及参数数据的自动采集与控制。这些自动化仪表所采集的生产数据，通过有线或无线方式传送给当地远程站 RTU/PLC，再通过通信系统向 SCADA 系统中心站传送，并存入采集服务器的实时数据库。

（2）中心站。中心站通常由监控计算机、各种数据采集服务器、人机界面软件、控制软件和通信模块组成，控制人员可以在中心站的监控计算机（操作站）上观看远程站上的各种生产数据和图形信息，也可以向这些远程站发送控制指令，实现遥控功能。安装在生产指挥中心的 SCADA 工程师站通过事先编程组态，通过监控软件的人机交互界面实现对油气生产的监测与控制。

大多数情况下，对实际生产设备的控制程序都设在远程站本地的 RTU/PLC 内，独立实现工艺参数的自动调节和工艺参数的实时采集，即使中心站与远程站通信中断，远程站也可以自动运行监控功能。而中心站实现数据监视、数据记录、历史记录、报警、参数设置、系统组态、远程控制、流程图刷新等各类功能，即实现所谓的"遥测、遥信、遥调、遥控"功能。

（3）数据通信系统。数据通信系统完成 SCADA 系统中心站与远程站的数据传递与交换，是 SCADA 系统的重要组成部分。在一个大型的 SCADA 系统，包含多种层次的网络，如处于各场站底层的设备总线、控制中心的以太网，而连接中心站与远程站的通信形式更是多样，既有有线通信，也有无线通信，有些系统还有微波、卫星等通信方式。目前各油气田从远程站到中心站的有线通信一般采用光纤通信，通过光缆中不同纤芯分别传送实时数据、视频监控数据、WEB发布数据,分别构成工控网、视频网、办公网。没有条件进行光纤敷设时,一般采用网桥无线通信方式。而采油、采气、注水井场测控仪表与远程站RTU之间采用ZigBee无线通信方式。

二、PCS系统

油气集输站库工况监控系统是整个油气田计算机数据采集监控系统(SCADA)的一部分。油气集输站库工况监控系统的实时数据、生产动态及管理可以通过建立在油田SCADA系统上的上位机管理软件PCS系统实现。

油气生产信息化管理系统(PCS)是运行在油田SCADA系统上的管理监控软件。PCS由中国石油化工集团公司统一设计的管理监控软件,是生产信息化建设的核心内容。PCS是集过程监控、运行指挥、专业分析为一体的综合管理系统。通过PCS系统,可以实时监控油气田各油气集输站库生产状态及实时参数。以下就PCS系统的结构特点及通过PCS系统进行油气集输生产监控应用进行简要介绍,详细内容见丛书相关分册。

1. PCS系统作用及架构

PCS系统利用物联网、组态控制等信息技术,集成生产动态数据、图像数据和相关动静态数据,进行关联分析,实现油气集输生产全过程的自动监控、远程管控、异常报警,覆盖分公司、采油(气)厂、管理区三个层级。

PCS系统采用统一平台进行总体设计,按管理层级分级建设,满足模块化开发、标准化集成、一体化应用的需要,覆盖中国石化上游企业油气生产现场业务,功能满足油公司新型业务管控模式的需求,上下功能对应、数据层层穿透。根据中国石化生产信息化建设的整体推广工作安排,以满足分公司、采油厂、管理区三级应用进行规划建设。

PCS系统是一个基于油气生产现场自动化数据的生产运行指挥系统,PCS系统运行在办公网,所用的生产数据通过实时数据转储服务由实时数据库提取,再加上油田企业数据中心提供的业务相关性数据,实现生产动态分析,辅助决策管理。PCS系统数据库(项目库)作为一套完整的生产运行指挥数据库,汇聚存储管理区、采油厂和分公司级的生产基础数据和各类统计分析(报表)数据,通过PCS系统数据服务接口,为其他应用系统提供数据访问服务。PCS系统功能架构见图4-2。

2. 管理区级PCS功能

管理区级PCS系统定位于生产现场,满足"三室一中心"各岗位生产管理的需要。管理区级按产品化模式运作,搭建统一平台框架,形成区级标准化业务功能模块,统一推广实施。

管理区级应用包括生产监控、报警预警、生产运行、调度运行、生产管理、应急管理6个一级模块,各个一级模块又根据采油、采气、注入(注水注聚)、集输、海上、作业等不同专业细分为33个二级模块,如图4-3所示。

PCS系统综合利用生产现场实时信息,依托地理信息,集成现场自动化及视频监控系统,实现对单井、增压站、联合站、外输管线、重点拉油车辆等生产环节运行动态的实时监控、报警信息的集中展示及分级处置。按照专业化管理应用进行监控功能组织。它分为油系统、水系统、集输、巡护等专业按照从站到井的思路进行。

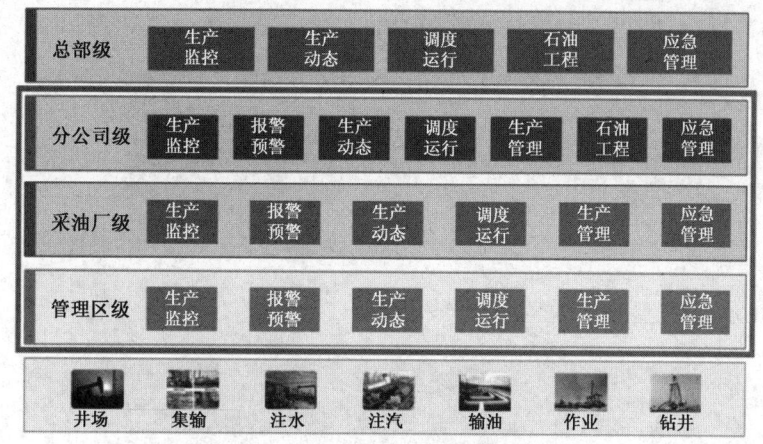

图4-2 PCS系统功能架构图

图4-3 管理区级PCS功能架构

第二节 PCS系统在油气集输系统中的应用

PCS中有关集输站库工况监控的内容，分布在6个一级模块："生产监控、报警预警、生产运行、调度运行、生产管理、应急管理"中。下面依据管理区级PCS监控界面，就油气集输站库工况监控的相关内容进行简要介绍。

一、生产监控模块

1. 集输监控

1）计量站监控

在图4-4GIS总貌界面中计量站图标上击点"流程监控"，可以调出图4-5计量站监控界面,再点击某个数据框,即可以显示该参数随时间变化历史趋势曲线,实现对计量站数据监控。

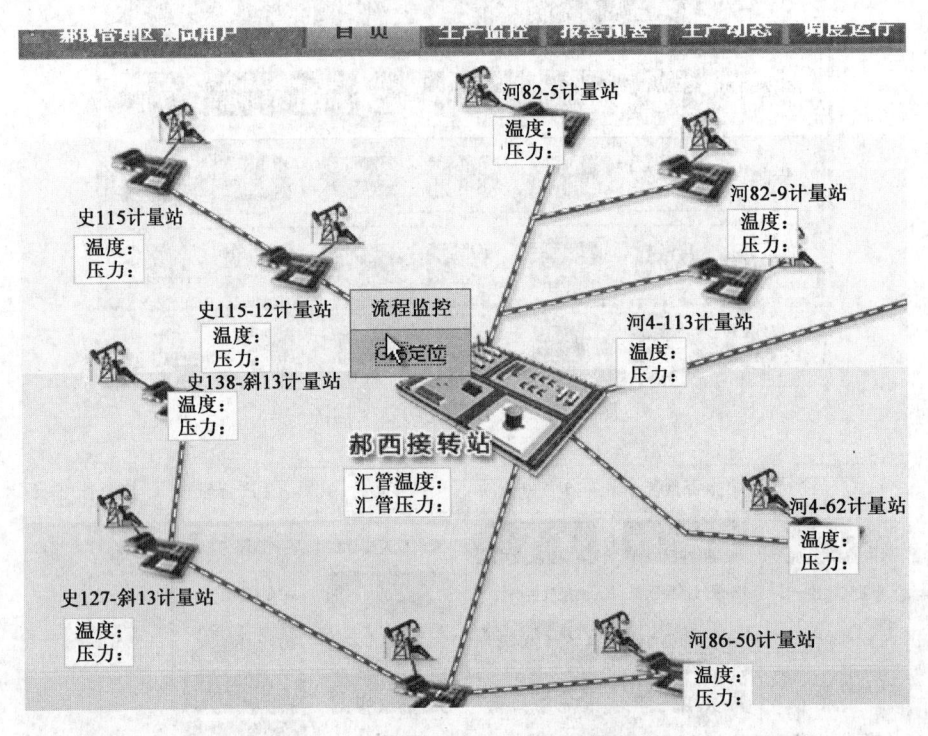

图 4-4 集输监控——GIS 总貌界面

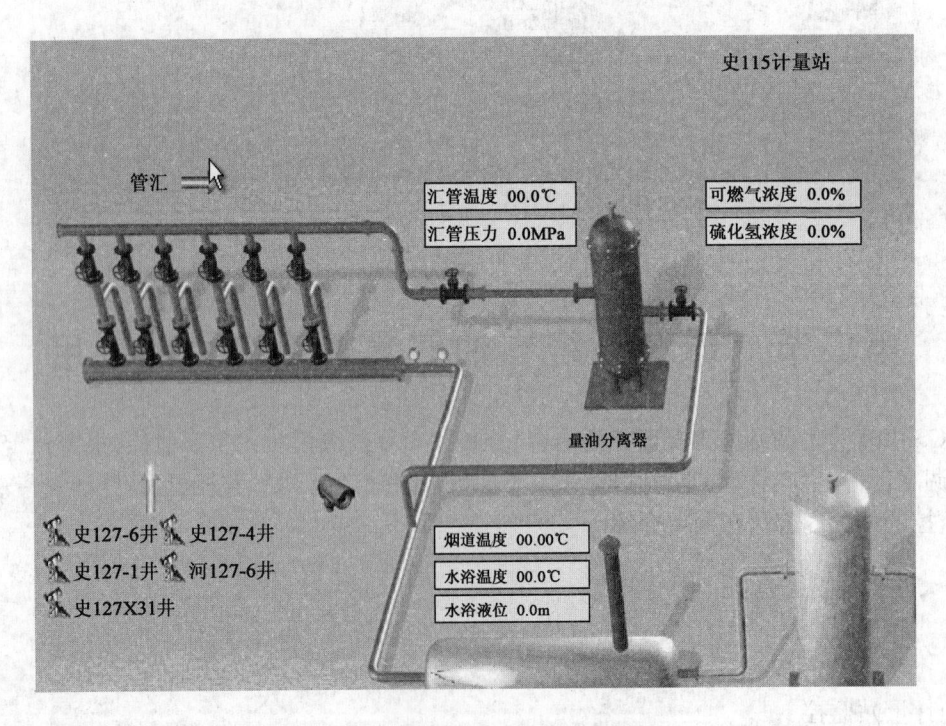

图 4-5 集输监控——计量站监控界面

2)增压站监控

在图4-6GIS拓扑图界面中计量站图标上点击某增压站图标,可以调出图4-7增压站监控界面,再点击某个数据框,即可以显示该参数随时间变化历史趋势曲线,实现对增压站数据监控。

另一种选择方法是展开左端列表界面,点击集输监控——增压站监控,即可打开相应的监控画面。

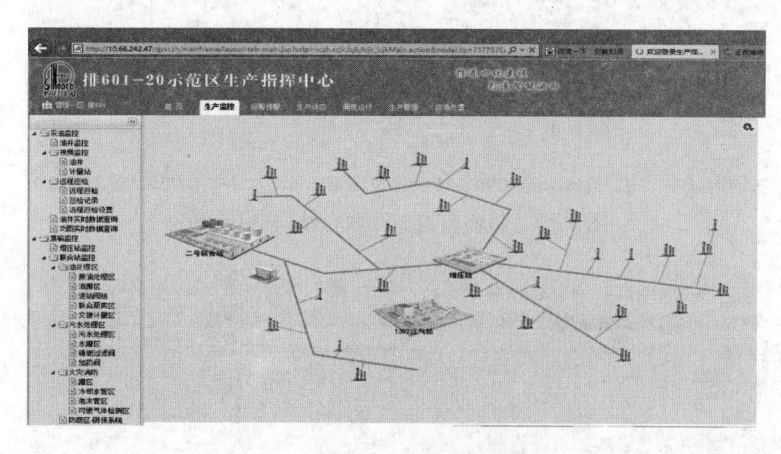

图4-6 集输监控——GIS拓扑图界面

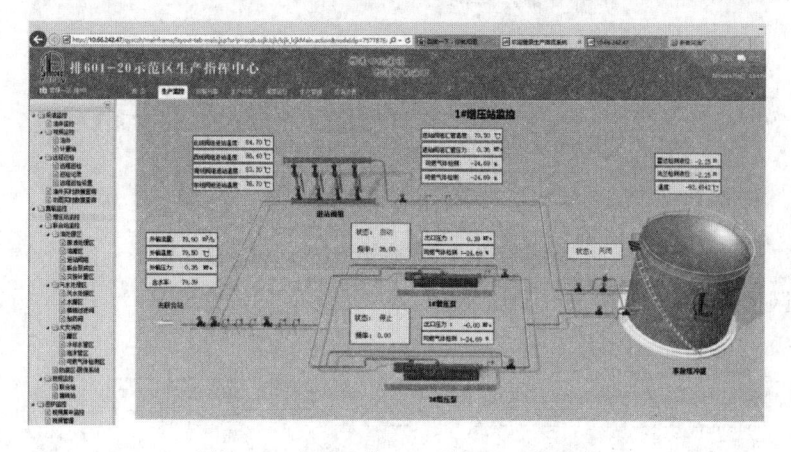

图4-7 集输监控——增压站监控界面

3)联合站监控

在图4-6GIS总貌界面中计量站图标上点击某联合站图标,可以调出图4-8监控界面,再点击某个数据框,即可以显示该参数随时间变化历史趋势曲线,实现对联合站数据监控。

另一种选择方法是展开左端列表界面,点击集输监控——联合站监控,即可打开联合站监控画面。

联合站比较复杂,按生产流程可分为几个不同的监控区域。点击相应的生产区域可分别调出:进站阀组区、油罐区、泵房区、外输计量区、污水处理区、天然气处理区、消防区等监控界面,如下所示。

(1)进站阀组区监控界面,如图4-9所示。

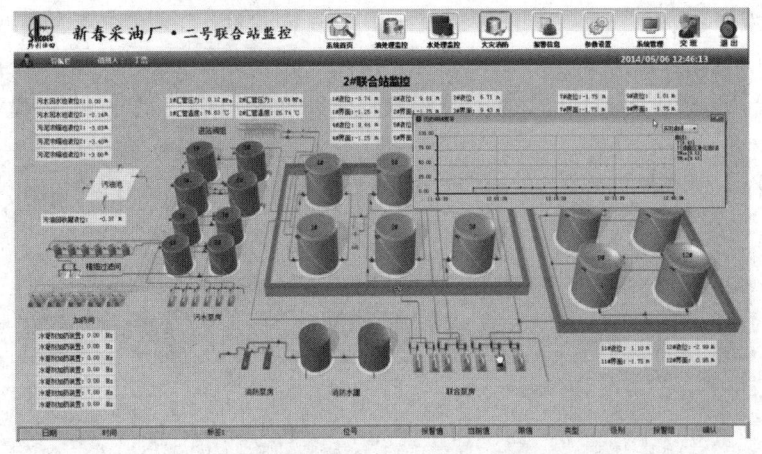

图 4-8 集输监控——联合站/总貌界面

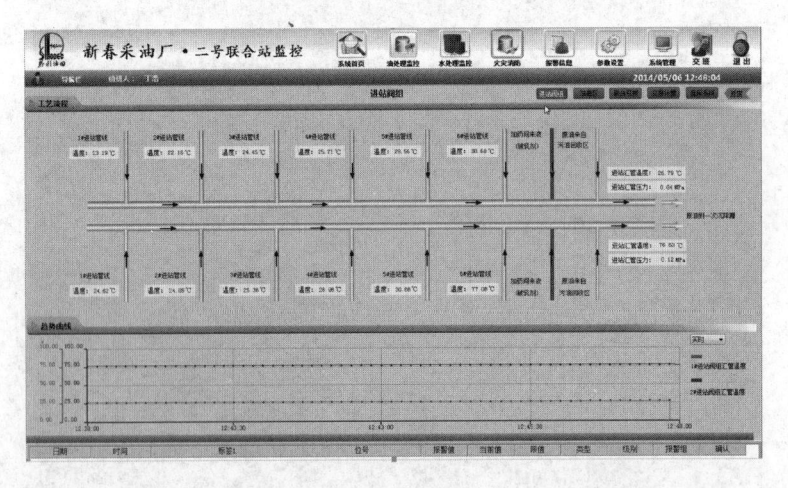

图 4-9 集输监控——联合站/进站阀组区监控界面

(2)油罐区监控界面,如图 4-10 所示。

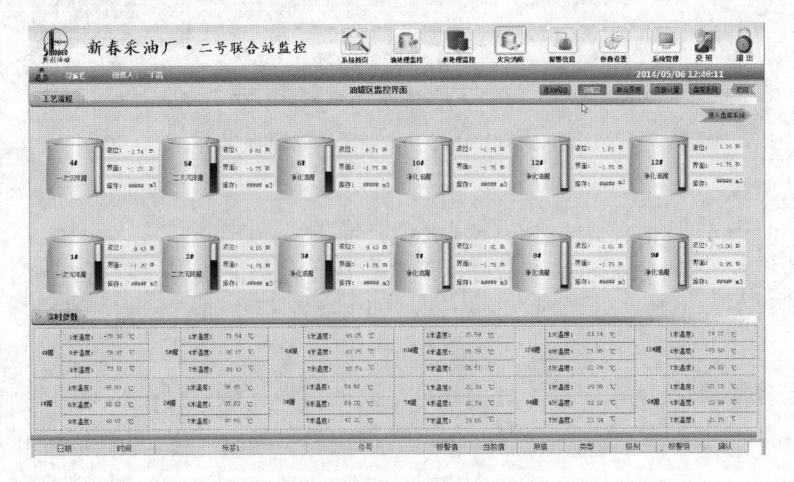

图 4-10 集输监控——联合站/油罐区监控界面

(3)泵房区监控界面,如图4-11所示。

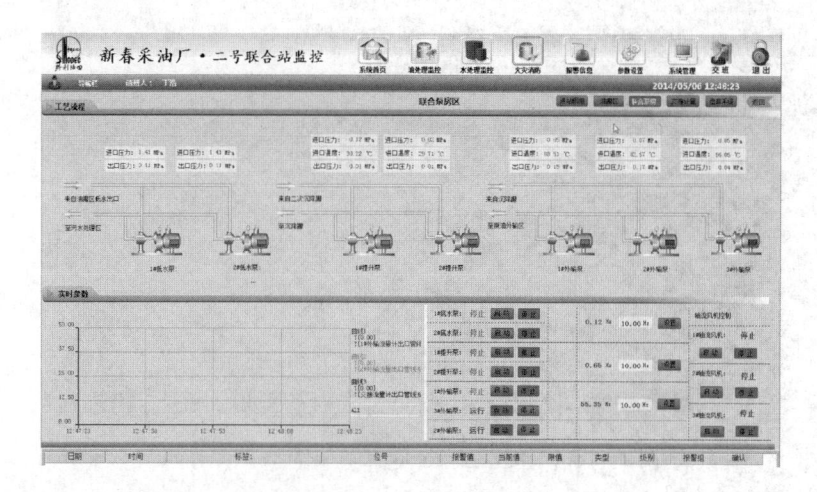

图4-11 集输监控——联合站/泵房区监控界面

(4)计量区监控界面,如图4-12所示。

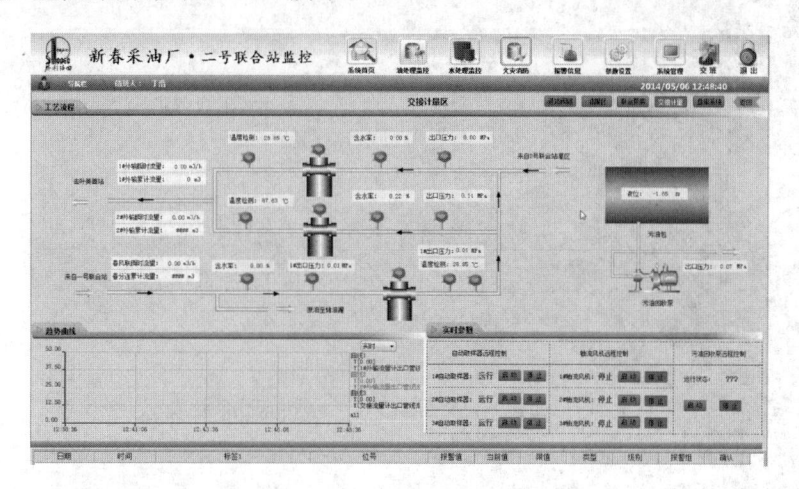

图4-12 集输监控——联合站/计量区监控界面

(5)消防区监控界面,如图4-13至图4-16所示。

(6)污水处理区监控界面如图4-17至图4-22所示。

2. 注入监控

注入监控模块能够实时显示供注水管网、注水井、水源井运行状态和相关参数;各个界面均可显示实时及历史数据;设置注水井注水压力和瞬时流量波动上下限,若实时数据超限,系统会及时报警,确保平稳注水。注水站监控界面如图4-23至图4-24所示。

3. 自控设备监控

系统所涉及的自控设备监控如图4-25至图4-27所示,涵盖了区内各工艺流程的自动化设备的状态、参数设置及设备信息。

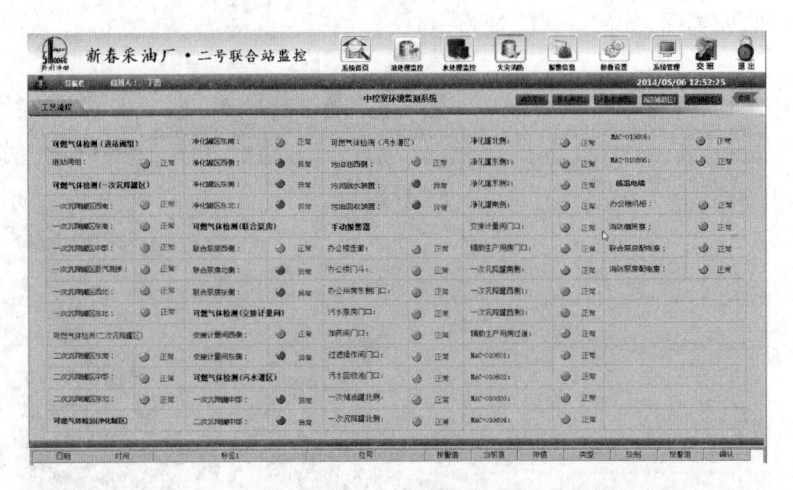

图4-13 集输监控——联合站/消防区监控界面

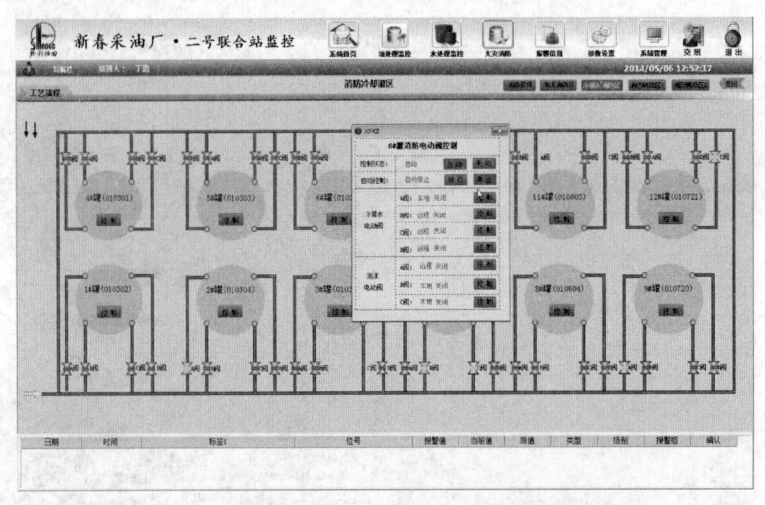

图4-14 集输监控——联合站/消防冷却监控界面

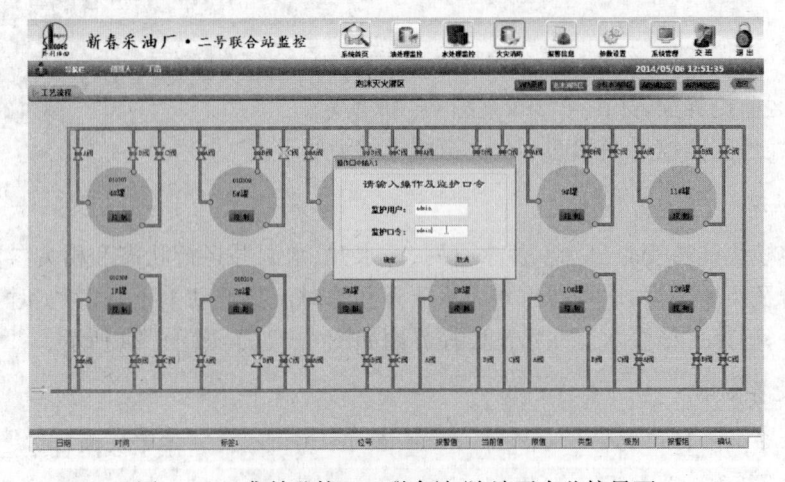

图4-15 集输监控——联合站/泡沫灭火监控界面

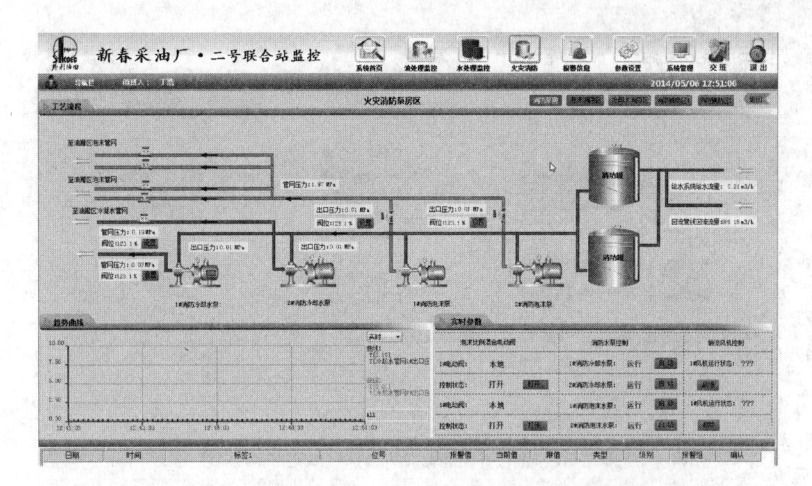

图 4-16 集输监控——联合站/消防泵房监控界面

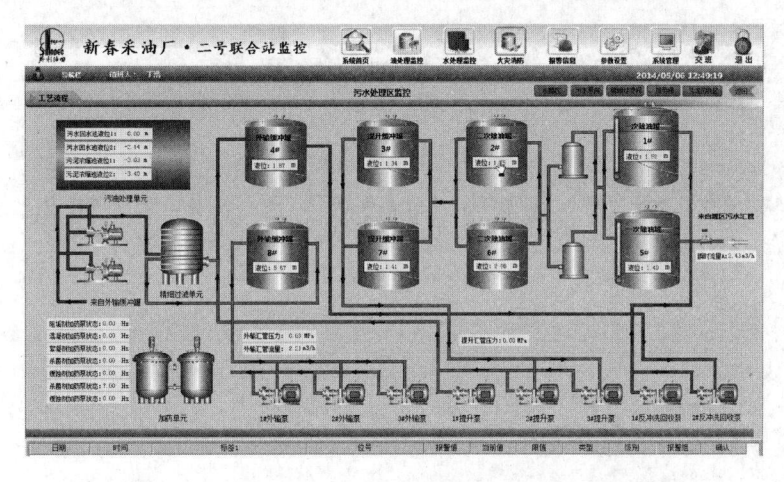

图 4-17 集输监控——联合站/污水处理区总貌界面

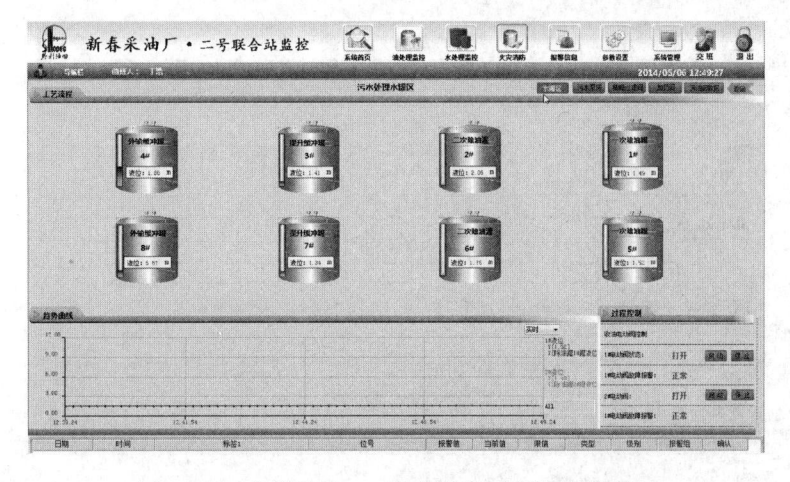

图 4-18 集输监控——联合站/污水罐区监控界面

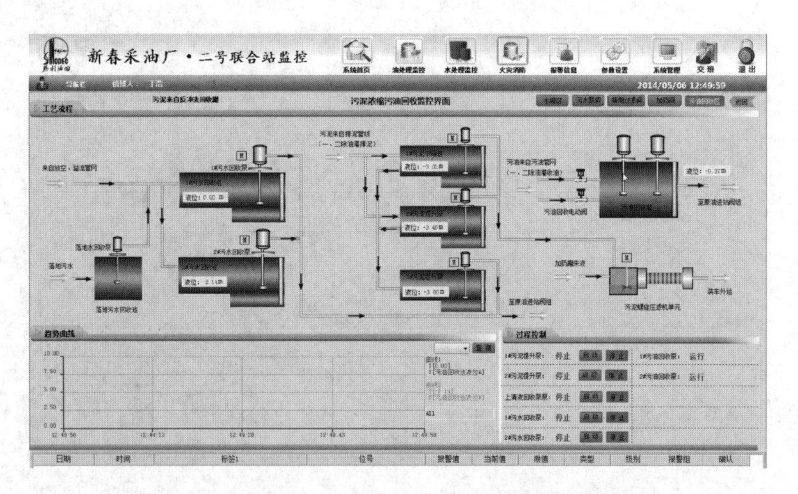

图 4-19　集输监控——联合站/污油回收监控界面

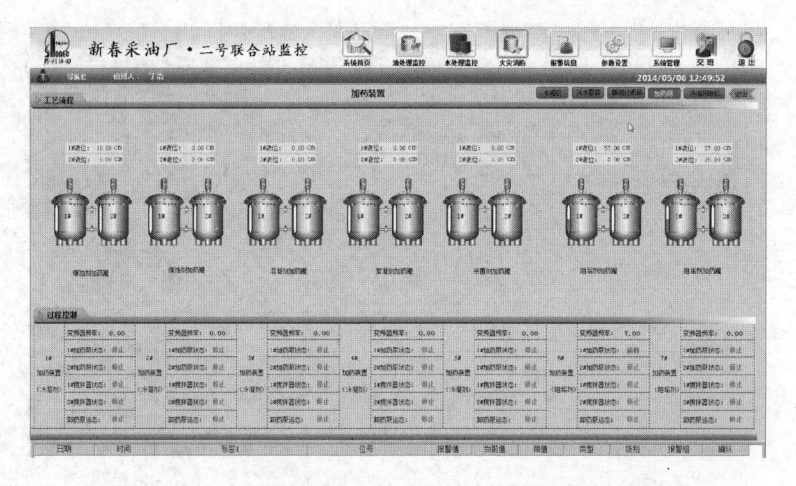

图 4-20　集输监控——联合站/加药泵房监控界面

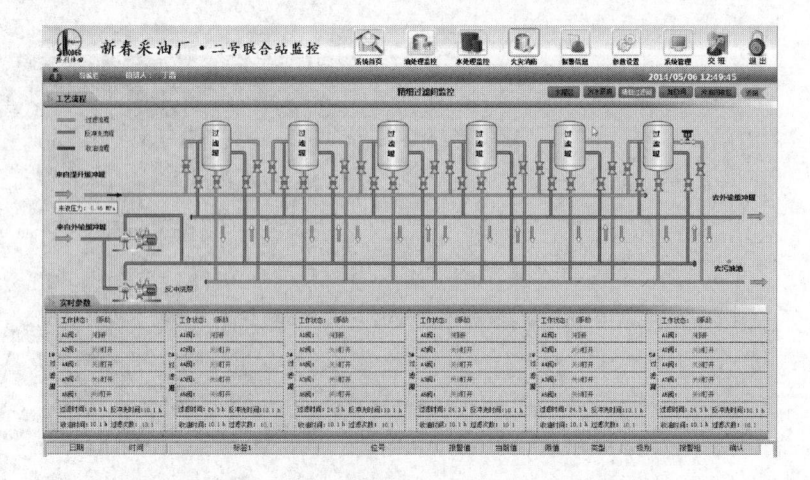

图 4-21　集输监控——联合站/污水精细过滤监控界面

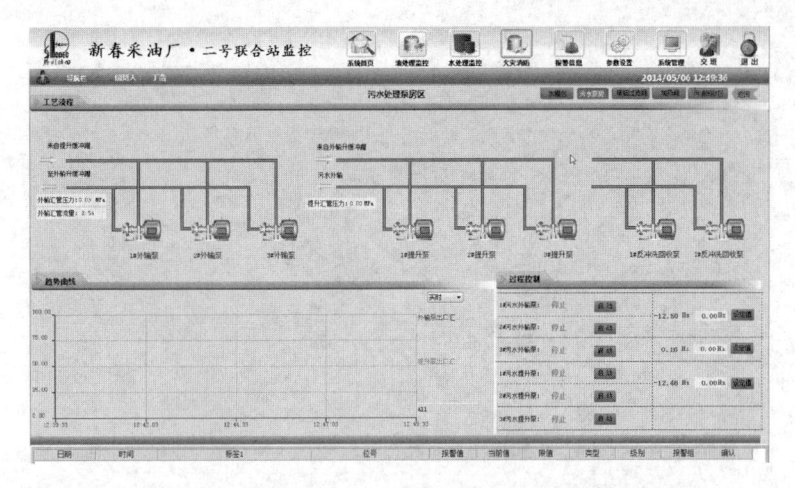

图 4-22 集输监控——联合站/污水泵房监控界面

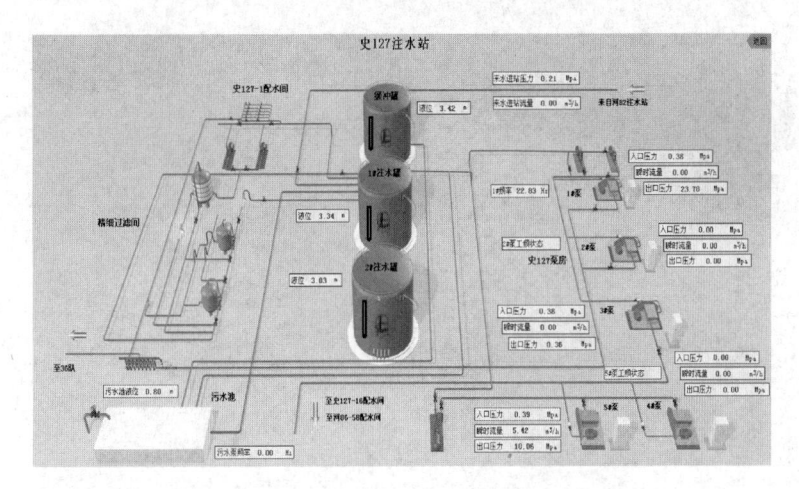

图 4-23 注入监控——注水站监控总貌界面

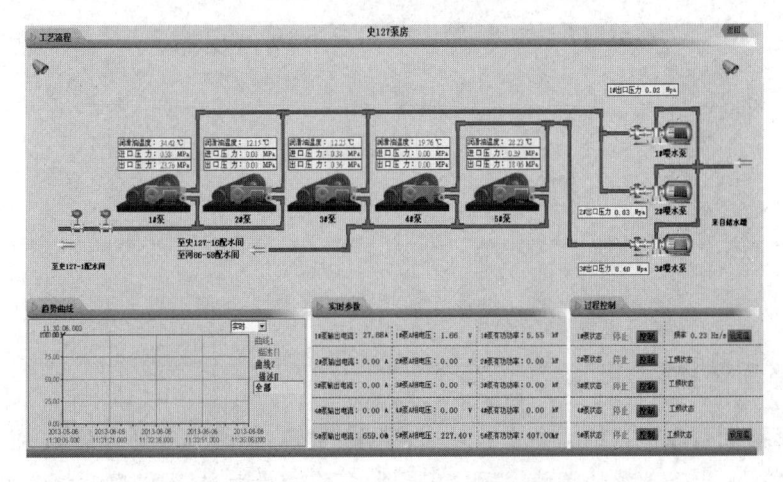

图 4-24 注入监控——注水泵监控界面

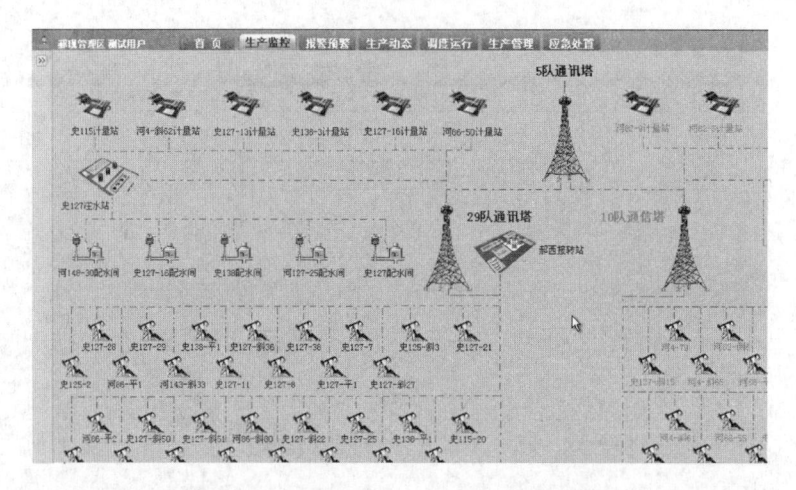

图4-25 设备监控——自控设备通信状态

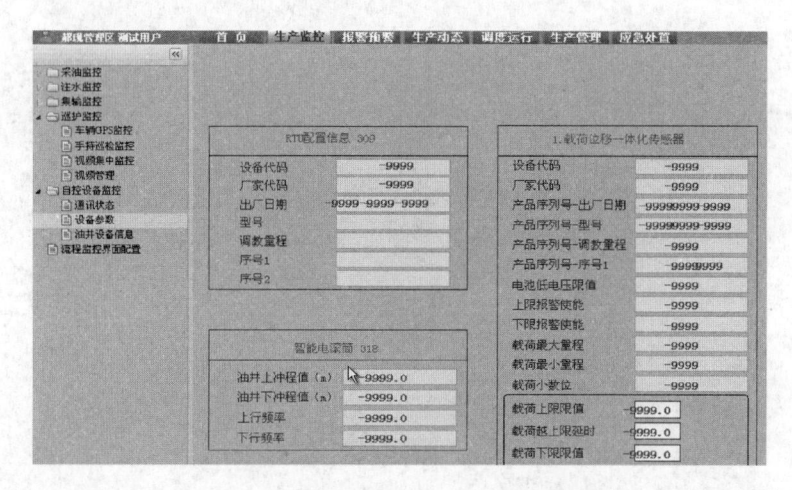

图4-26 设备监控——自控设备参数

图4-27 设备监控——油井自控设备信息

二、报警预警模块

报警预警根据专业化管理的要求分采油、注水、集输、巡护等专业处置,包括警示定位、警示处置、历史查询、报警预警的阈值设置。以预警事前处置为主,报警事后处置为辅,突出一井一策预警管理,由事后管理向事前管理转变,超前发现问题,减少事故发生。

1. 采油报警预警

1)警示定位

采油过程中出现报警后,首先反映在 GIS 拓扑结构图中(图 4-28),以此实现报警定位,也可通过点击相应的报警点实现进行预警设置、报警、事故处理。

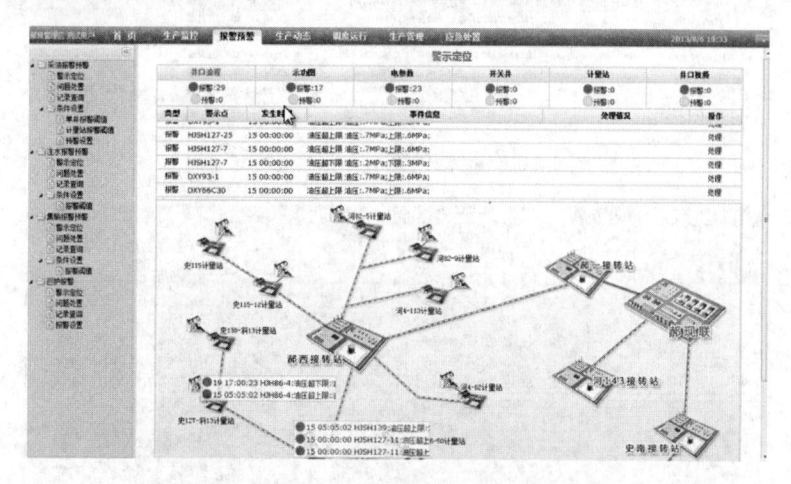

图 4-28　报警预警——GIS 拓扑结构图

2)报警处置

出现报警后监控人员必须做出相应的报警确认及处理。图 4-29 反映了报警类型、警示点位置、发生时间、确认与否、问题原因、处理措施等。

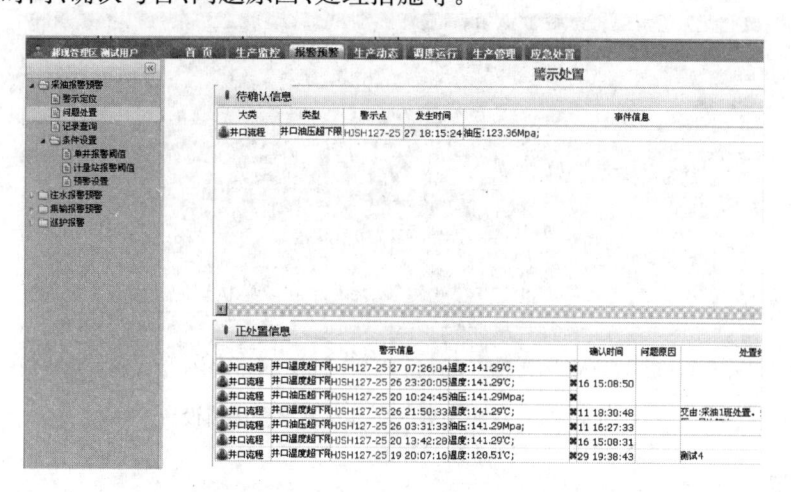

图 4-29　报警预警——报警处理界面

3)报警记录查询

在报警预警中"记录查询"可以获取指定时间段内的报警信息,如图 4-30 所示。

4)报警条件设置

通过条件设置,可以对单井报警阈值、计量站报警阈值、预警设置进行设定,见图 4-31、图 4-32。

图 4-30 报警预警——报警记录查询

图 4-31 报警预警——报警阈值设置

图 4-32 报警预警——计量站报警阈值设置

2. 注水报警预警

与采油报警类似,注水报警也可以按上述步骤进行设置和使用,包括警示定位、问题处置、记录查询、条件设置四个功能模块,具体功能同采油报警预警,见图 4-33。

3. 集输报警预警

与采油报警类似,集输报警也可以按上述步骤进行设置和使用,包括警示定位、问题处置、记录查询、条件设置四个功能模块,具体功能同采油报警预警,见图 4-34 和图 4-35。

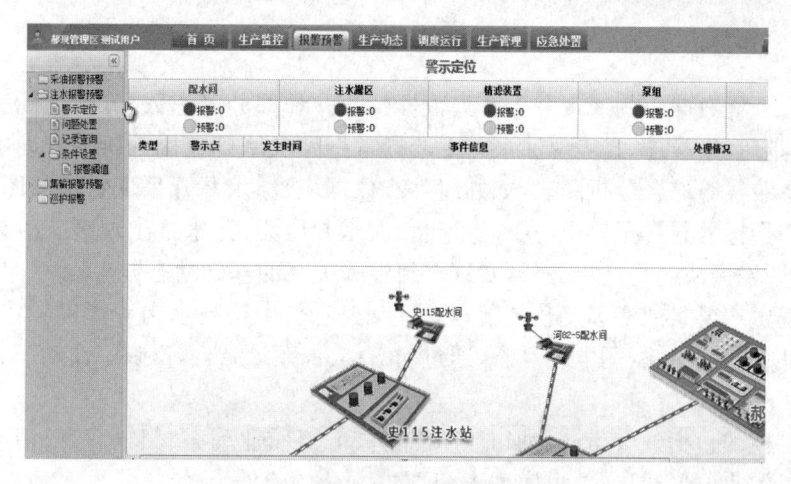

图4-33 报警预警——注水报警界面

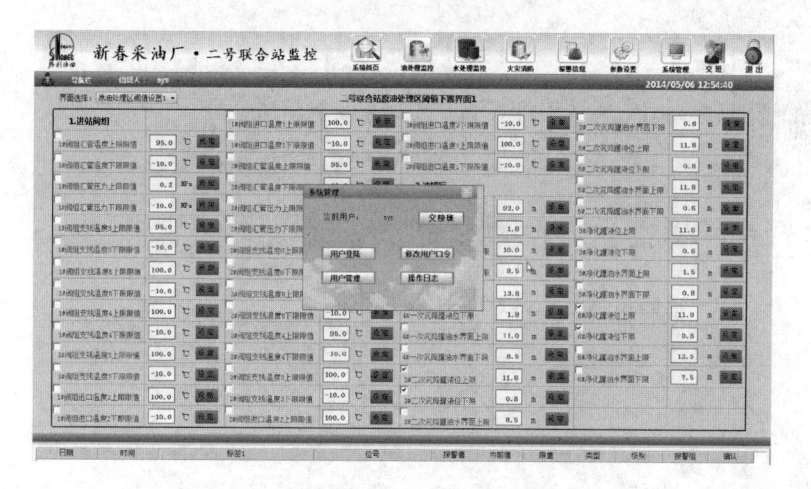

图4-34 报警预警——联合站/报警设置界面

图4-35 报警预警——联合站/报警监控界面

三、生产动态模块

利用源头采集数据中的油水井生产日数据(动态)和部分静态数据(井属性和井位等),通过B/S(浏览器/服务器)模式实现油水井生产异常报警及基础应用分析。自动生成初步的油水井生产动态曲线等综合分析图表,如井组生产数据表、油水井开采现状饼状图等;能够灵活设置主要生产指标的异常报警限,在油井产量、注水井压力、注水量出现突变时自动判断报警提示;对油田开发区块进行初步分析,实现井组注采关系的基础动态分析。

主要体现生产要素的实际变化情况,为生产监控岗、生产技术岗等提供工作依据,包括采油、注水、新井、作业、集输、用电等动态,通过与GIS、视频的结合,反映工作动态、现场分布、进度情况。

生产动态模块包括油气生产、油田注水、钻井动态、作业动态、集输动态、用电动态等功能模块。主要以图表的形式展示,可实现查询。

1. 油气生产动态

油气生产动态(图4-36和图4-37)分单位、分正常井及报废井进行油井开关动态、井口产油、产气情况及与昨对比、当月累计,可进一步查询至单井。

油气生产

2012-09-26 查询 图形查询

导出 打印

单位名称	井别	油井开关动态							井口产量							
		总井数	开井数	比昨	关井数	计划关井	待废关井	停产井	产液量	比昨	产油量	比昨	含水	产气量	月累液	月累油
全厂	正常井	2614	1746	3	868	247	0	621	64105.1	399.9	4189.5	-4.4	93.5	34699	1638758	108358
	报废井	505	39	0	466	64		402	1748.2	-115.9	37.6	0.6	97.8	545	42704	932
	小计	3119	1785	3	1334	311	0	1023	65853.3	284.0	4227.1	-3.8	93.6	35244	1681462	109290
采油一矿	正常井	948	682	-2	266	39		227	18204.6	270.8	1685.8	-7.3	90.7	16600	461708	42724
	报废井	185	11	0	174	16		158	431	0.9	14.5	-0.1	96.6	331	9612	335
	小计	1133	693	-2	440	55		385	18635.6	271.7	1700.3	-7.4	90.9	16931	471320	43059
采油二矿	正常井	1004	696	2	308	123		185	36727.3	90.6	1666.1	2.4	95.5	14978	942894	43709
	报废井	231	17	0	214	35		179	769.8	-88.9	15.1	0.6	98.0	207	19797	385
	小计	1235	713	2	522	158		364	37497.1	1.7	1681.2	3.0	95.5	15185	962691	44094
采油三矿	正常井	254	153	0	101	22		79	3531.4	49.8	336.1	2.5	90.5	3121	89242	8626
	报废井	17	1	0	16	7		9	9.3	0.0	0.5	0.0	94.6	7	240	15
	小计	271	154	0	117	29		88	3540.7	49.8	336.6	2.5	90.5	3128	89482	8641
采油四矿	正常井	408	215	3	193	63		130	5641.8	-11.3	501.5	-2.0	91.1	0	144913	13299
	报废井	72	10	0	62	6		56	538.1	-27.9	7.5	0.1	98.6	0	13055	197
	小计	480	225	3	255	69		186	6179.9	-39.2	509.0	-1.9	91.8	0	157968	13496

图4-36　生产动态——油气生产动态/总貌界面

油井日报

采油矿:全部 采油队:全部 井别:正常井 开关动态:开井 井号: 日期:2012-09-26 查询 返回

导出 打印

序号	井号	采油方式	单位名称	单元名称	生产时间	生产层位	泵径	泵深	泵效	液面测试日期	液面	排量	油嘴	冲程	冲次	油压	套压	回E
1	NZSN128-X10	抽油井	采油三队	史128	24	ES3Z(A(2))-ES3Z(B(6))	44	1797	16.9	2012-09-10	1685	23.6		6	1.8		0	0.
2	NZSN128-X5	抽油井	采油三队	史128	24	ES3Z(B(2))-ES3Z(B(6))	38	2000.54	24.5	2012-09-10	-2	4.9		3	1		0	
3	SNLE11-X75	抽油井	采油三队	梁11 沙二	24	ES2(B(2(3)))	44	1806.03	6.8	2012-09-07	-2	26.3		6	2		0	1.
4	SNLE11-X76	国产电潜泵	采油三队	梁11 沙二	24	ES2(7(2))-ES2(8(1(1)))		1709.88	139.4	2012-09-14	1031	150				0.4	0	0.
5	NZSN128-X2	抽油井	采油三队	史128	24	ES3Z-ES3Z(B(6))	44	2093.28	5.4			18.4		4.2	2		0	0.
6	SNLE11-C15B	抽油井	采油三队	梁11 沙三	24	ES3Z(1)	50	1598.09	83.4	2012-09-07	1152	47.5		4.8	3.5		0	
7	SNLE11-28	国产电潜泵	采油三队	梁11 沙二	24	ES2(B(2(2))-(2(3)))		2016.42	193.6	2012-09-14	751	50	6			0.8	0	0.
8	SNLE11-54	国产电潜泵	采油三队	梁11 沙二	24	ES2(6)-ES2(7(4(1)))		1602.64	135.5	2012-09-07	1007	200				1.4	0	1.
9	SNLE11-X114	国产电潜泵	采油三队	梁11 沙二	24	ES2(7(3(1)))-ES2(8(2(4)))		1407	135.6	2012-09-14	802	200				0.7	0	0.
10	SNLE11-X79	国产电潜泵	采油三队	梁11 沙二	24	ES2(10)		1736.98	125.7	2012-09-10	885	100				0.6	0	0.
11	SNLE11-106	抽油井	采油三队	梁11 沙二	24	ES2(7(1))-ES2(7(2))	44	1975.33	31.4	2012-09-07	1800	10.5		4.8	1		0	0.
12	SNLE11-C133	国产电潜泵	采油三队	梁11 沙二	24	ES2(7(2))-ES2(8(2(2)))		1629.39	115.8	2012-09-07	1195	150				0.7	0	0.
13	SNLE11-X251	抽油井	采油三队	梁11 沙二	24	ES2(10)	44	1775.95	41.2	2012-09-07	260	13.1		3	2		0	0.
14	SNLE11-252	抽油井	采油三队	梁11 沙二	24	ES2(B(2(3)))-ES2(10)	38	2102.7	54.8	2012-09-07	1729	9.3		3	1.9		0	0.

每页15条/共1746条 第1页/共117页 第一页 上一页 下一页 最后一页 每页15条 转到1页 GO

图4-37　生产动态——油气生产动态/油井日报界面

点击井号超链接后，展示出该井的近期的生产动态，默认展示最近一个月生产情况，按照日期倒序排列（图 4－38）。

NZSH128-X10日报

2012-08-27 至 2012-09-26 查询 返回

序号	日期	生产时间	泵径	泵深	泵效	液面测试日期	液面	排量	油嘴	冲程	冲次	油压	套压	回压	日产液量	日产油量	含水	日产气量	含砂	备注
1	2012-09-26	24	44	1797	16.9	2012-09-10	1685	23.6		6	1.8		0	0.3	4	1.3	67	0		单拉内侧
2	2012-09-25	24	44	1797	16.9	2012-09-10	1685	23.6		6	1.8		0	0.3	4	1.3	67	0		单拉内侧
3	2012-09-24	24	44	1797	16.9	2012-09-10	1685	23.6		6	1.8		0	0.3	4	1.3	66	0		单拉内侧
4	2012-09-23	24	44	1797	16.9	2012-09-10	1685	23.6		6	1.8		0	0.3	4	1.3	66	0		单拉内侧
5	2012-09-22	24	44	1797	16.9	2012-09-10	1685	23.6		6	1.8		0	0.3	4	1.3	66	0		单拉内侧
6	2012-09-21	24	44	1797	16.9	2012-09-10	1685	23.6		6	1.8		0	0.3	4	1.4	65	0		单拉内侧
7	2012-09-20	24	44	1797	16.9	2012-09-10	1685	23.6		6	1.8		0	0.3	4	1.4	65	0		单拉内侧
8	2012-09-19	24	44	1797	16.9	2012-09-10	1685	23.6		6	1.8		0	0.3	4	1.4	65	0		单拉内侧
9	2012-09-18	24	44	1797	16.9	2012-09-10	1685	23.6		6	1.8		0	0.3	4	1.3	66	0		单拉内侧
10	2012-09-17	24	44	1797	16.9	2012-09-10	1685	23.6		6	1.8		0	0.3	4	1.3	66	0		单拉内侧 验证含水：64…
11	2012-09-16	24	44	1797	16.9	2012-09-10	1685	23.6		6	1.8		0	0.3	4	1.3	66	0		单拉内侧 验证含水：68…
12	2012-09-15	24	44	1797	16.9	2012-09-10	1685	23.6		6	1.8		0	0.3	4	1.3	67	0		单拉内侧 验证含水：68…
13	2012-09-14	24	44	1797	16.9	2012-09-10	1685	23.6		6	1.8		0	0.3	4	1.3	66	0		单拉内侧 验证含水：66…
14	2012-09-13	24	44	1797	16.9	2012-09-10	1685	23.6		6	1.8		0	0.3	4	1.4	63	0		单拉内侧 验证含水：64…
15	2012-09-12	24	44	1797	16.9	2012-09-10	1685	23.6		6	1.8		0	0.3	4	1.4	64	0		单拉内侧 验证含水：65…
16	2012-09-11	24	44	1797	16.9	2012-09-10	1685	23.6		6	1.8		0	0.3	4	1.6	60	0		单拉内侧 验证含水：62…
17	2012-09-10	24	44	1797	16.9	2012-09-10	1685	23.6		6	1.8		0	0.3	4	1.6	59	0		单拉内侧 验证含水：60

每页15条/共31条 第1页/共3页 第一页 上一页 下一页 最后一页 每页15 条 转到1 页

图 4－38　生产动态——油气生产动态/单井查询界面

点击井号后 GIS 图标后，在 GIS 地图中以该井为核心展示该井周边的油水井、管线、道路分布情况。

2. 注水生产动态

1）注水井动态

注水井动态（图 4－39）分单位展示采油厂注水生产的方案注水和污水回注的井数、比较注水生产情况、累计注水量。

注水生产

查询日期：2012-10-09 查询 图形查询

导出 打印

单位名称	井别	方案注水										污水回注						日注水	比昨	月注水
		总井	开井	比昨	关井数	计划关井	待废关井	停注井	日注水	比昨	月注水	总井	开井	比昨	日回注水	比昨	月累回注			
采油厂	正常井	743	564	-1	179	56	0.0	123	46731	1475	418826	4	3	0	761	-504	10467	47492	971	429293
	报废井	140	49	0	91	24		67	6882	-378	64822	37	36	0	9970	-69	90737	16852	-447	155559
	小计	883	613	-1	270	80	0.0	190	53613	1097	483648	41	39	0	10731	-573	101204	64344	524	584852
采油一矿	正常井	400	297	1	103	29		74	18244	-94	166095							18244	-94	166095
	报废井	56	20	0	36	9		27	2215	-82	20161							2215	-82	20161
	小计	456	317	1	139	38		101	20459	-176	186256.0							20459	-176	186256
采油二矿	正常井	335	260	-2	75	27		48	28193	1569	250085							28193	1569	250085
	报废井	79	29	0	50	15		35	4667	-296	44661							4667	-296	44661
	小计	414	289	-2	125	42		83	32860	1273	294746.0							32860	1273	294746
采油三矿	正常井	8	7	0	1			1	294	0	2646							294	0	2646
	报废井	5	0	0	5	0		5	0	0	0	37	36	0	9970	-69	90737	9970	-69	90737

图 4－39　生产动态——注水生产动态/注水井界面

2）转投注井

转投注井（图 4－40）分单位展示采油厂转注井和报废井的井数、注水情况、累计注水量。

转注井生产情况

投转注日期：2012-01-01 至：2012-10-09 查询日期：2012-10-09 查询

导出 打印

单位	井别	总井数（口）	开井数（口）	关井数（口）	日注入水量（t）	累积注水量（t）
采油一矿	正常井	16	15	1	1504	240876
	合计	16	15	1	1504	240876
采油二矿	正常井	14	14	0	1048	161201
	合计	14	14	0	1048	161201
采油厂	正常井	30	29	1	2552	402077
	报废井	0	0	0	0.0	0.0
	合计	30	29	1	2552	402077

图 4－40　生产动态——注水生产动态/转注井生产情况

3)三采注入井生产

三采注入井生产(图4-41)分单位展示采油厂三采注水井和报废井的井数、注水情况、累计注水量。

图4-41 生产动态——注水生产动态/三采注入井生产

4)水井旬度统计

水井旬度统计(图4-42)分旬度展示采油厂各个采油矿、采油队的生产详细信息。

井号	阶段	单元代码	生产时间(小时)	生产时间(天.小时.分钟)	总配注(吨)	泵压(Mpa)	套压(Mpa)	油压(Mpa)	总注水量(吨)
HJH11	上旬	HJHE	0	0.0.0	0				
	月度								0
HJH11-1	上旬	HJHE	210.5	8.18.30	720	9.7	0	8.2	858
	月度		210.5	8.18.30	720	9.7	0	8.2	858
HJH11-11	上旬	HJHD	0	0.0.0	270				
	月度		0	0.0.0	270				0
HJH11-17	上旬	HJHE	208.5	8.16.30	270	11.1	10.8	11	143
	月度		208.5	8.16.30	270	11.1	10.8	11.0	143
HJH11-18	上旬	HJHE	216	9.0.0	1800	10.1	7.3	8	2015
	月度		216	9.0.0	1800	10.1	7.3	8.0	2015
HJH11-22	上旬	HJHE	0	0.0.0	900				
	月度		0	0.0.0	900				0

图4-42 生产动态——注水生产动态/水井旬度统计

3. 集输动态

1)联合站动态

联合站动态模块实现在查询日期内采油厂联合站的具体信息(图4-43)。

序号	站名	来油量 今日	比昨	原油库存 今日	比昨	原油外输量 今日	比昨	污水来液量 今日	比昨	今
1	郝现联合站	1513.86	-13.8	2129	51	1527.9	-3	10059	110	
2	王家岗联合站	428.93	-6.47	764	32	504	7	0	0	
3	现河首站	5029.723	451.12	1582	23	1832	176.5	0	0	
4	草西联合站	291.19	51.01	0	0	291.19	51.01	1566	8	
5	草南联合站	4115.868	1012.663	5268.5	-496	2971.768	981.653	8259	-718	
	合计	11379.571	1494.523	9743.5	-390	7126.858	1213.163	19884	-600	

图4-43 生产动态——集输动态/总貌界面

点击联合站可到此联合站相关的接转站、计量站运行动态页面(图4-44)。

2)注水站动态

注水站动态模块实现在查询日期内所有注水站的具体信息(图4-45)。

点击注水站到此注水站内相关注水泵运行信息页面(图4-46)。

郝现联合站动态

查询日期：2012-10-09　查询　返回

导出　打印

来油情况									
来液井、站名	采集时间	运行时间	进站油量	进站油压力	进站油温度	进站油含水	站内耗电量	进站伴生气量	备注
郝一接转站	8:00	24	236.38	0.21	42	88.65	0	0	
河143接转站	8:00	24	144.54	0.22	48	82.69	0	0.08	
史南接转站	8:00	24	539.64	0.22	51	74.62	0	1.04	
注采站	8:00	24	593.3	0.2	50	90.67	0	1.07	

原油外输情况									
外输站名	采集时间	运行时间	外输油量	外输油压力	外输油温度	外输含水	外输伴生气量	外输伴生气压力	备注
现河首站厂外输	8:00	24	1527.9	0.1	58	0.03			

原油储罐情况																
储罐编号	储罐名称	采集时间	运行时间	液位	储罐存量	密度	含水	油高	温度	进口压力	出口压力	放出水量	底水高度	罐底泥沙厚度	运行状态	备注
03	储油罐	8:00	24	4.55	678	0.87	2	1.95					2.6			
04	储油罐	8:00	24	5.55	1451	0.867	0.2	4.15					1.4			

图 4-44　生产动态——集输动态/联合站动态界面

采油厂注水泵站运行情况查询

日期：2012-10-09　查询

导出　打印

序号	站名	采集时间	注水总量	注水泵号	总台(台)	开泵(台)	备用(台)	泵压(MPa)	干压(MPa)	耗电量	来清水量	来污水量	库存清水量	库存污水量	储水罐座数	储水罐水位
1	草西注水站	8:00	1566		4			13	12.9	7216		1566			2	7.8
2	官114注水站	8:00	1390		4			11	10.5	5800						
3	官126注水站	8:00	38		1			27.5	27.2	930						
4	官7临时注水站	8:00	0		2			0	0	0						
5	官7注水站	8:00	2400		4		2	13.9	13.7	11955						
6	河111注水站	8:00	750		8			31	30.6	6510						5.4
7	河135注水站	8:00	506		5		3	30	29	4830	0	560		520	2	7
8	河148注水站	8:00	907		6			30.4	30.3	8392		893			2	
9	河50注水站	24.00	1818		7			22	22	8976		2000		182		
10	河82注水站	8:00	449		3			23.1	23	2880						
11	河二注水站	8:00	4316		4		2	13	12	23940	3187			800		

图 4-45　生产动态——注水动态/总貌界面

河135注水站注水泵班报

日期：2012-10-09　选择站名：河135注水站　查询　返回

导出　打印

泵编号	泵类型	采集时间	运行时间	泵压(MPa)	干压(MPa)	排量	工作电流	工作电压	耗电量	运行频率	停泵原因	输送介质	进口液温度	出口液温度	液位	电机温度	设备状况	开泵时间	停泵时间	进口压力	运行效率
01	注水泵	8:00	22	30	30	15	230	400	3180			污水					在用	10:00			
02	注水泵	8:00	0	0	0	0			0			污水					备用				
03	注水泵	8:00	24	30	30	6.1	150	400	1530			污水					在用				
04	注水泵	8:00	2	30	30	7	140	400	120			污水					备用		10:00		
05	注水泵	8:00	0	0	0	0	0	0	0			污水					备用				

图 4-46　生产动态——注水动态/注水站动态界面

四、生产管理模块

生产管理模块主要是日常生产技术管理方面的应用，分为采油、注水、集输、开发四部分，对应地质、工艺、集输等技术管理岗位，分采油管理、注水管理、集输管理、开发管理、巡护管理。

1. 原油指标分析

原油指标分析包括厂生产指标对比、单井综合查询、地面因素影响、阶段对比、原油生产月度查询、年度查询等功能，采用报表和曲线的方式进行展示。

1)指标对比分析

分阶段查询采油厂至矿、队的油水井井数、开井数，日产油量、日产液量、综合含水率、日注水量等主要生产指标的每日数据和与昨日对比的变化；通过报表与曲线组合的查询方式，展示全厂生产指标变化情况(图 4－47)。

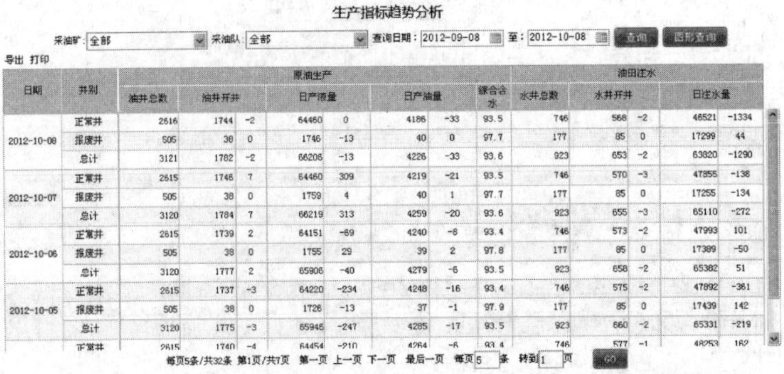

生产指标趋势分析

采油矿：全部　采油队：全部　查询日期：2012-09-08　至：2012-10-08　查询　图形查询

导出　打印

日期	井别	原油生产								油田注水				
		油井总数	油井开井		日产液量		日产油量		综合含水	水井总数	水井开井		日注水量	
2012-10-08	正常井	2616	1744	-2	64460	0	4186	-33	93.5	746	568	-2	46521	-1334
	报废井	505	38	0	1746	-13	40	0	97.7	177	85	0	17299	44
	总计	3121	1782	-2	66206	-13	4226	-33	93.6	923	653	-2	63820	-1290
2012-10-07	正常井	2615	1746	7	64460	309	4219	-21	93.5	746	570	-3	47855	-138
	报废井	505	38	0	1759	4	40	1	97.7	177	85	0	17255	-134
	总计	3120	1784	7	66219	313	4259	-20	93.6	923	655	-3	65110	-272
2012-10-06	正常井	2615	1739	2	64151	-69	4240	-8	93.4	746	573	-2	47993	101
	报废井	505	38	0	1755	29	39	2	97.8	177	85	0	17389	-50
	总计	3120	1777	2	65906	-40	4279	-6	93.5	923	658	-2	65382	51
2012-10-05	正常井	2615	1737	-3	64220	-234	4248	-16	93.4	746	575	-2	47892	-361
	报废井	505	38	0	1726	-13	37	-1	97.9	177	85	0	17439	142
	总计	3120	1775	-3	65946	-247	4285	-17	93.5	923	660	-2	65331	-219
	正常井	2615	1740	-4	64454	-210	4264	-6	93.4	746	577	-1	48253	162

每页5条/共32条　第1页/共7页　第一页　上一页　下一页　最后一页　每页5条　转到1页　GO

图 4－47　生产管理——生产指标趋势分析表

2)单井综合查询

采用方式实现了油井的日常查询，主要包括其井号、生产层位、泵径、泵效、排量、冲次、套压、回压、日产液量、日产油量、含水率等参数的查询。通过“井号”类别，进入该井日报，查看该井的所有信息(图 4－48)。

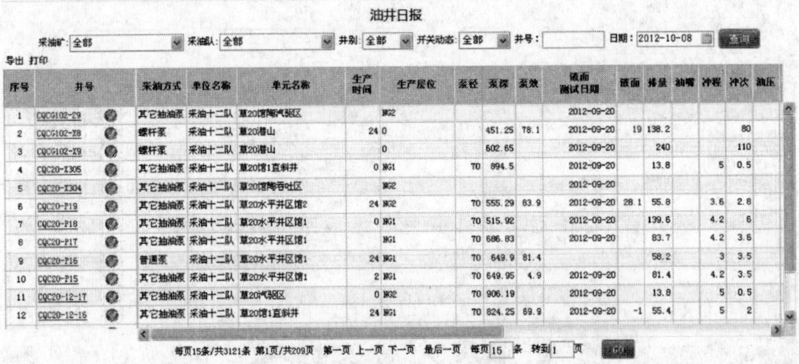

油井日报

采油矿：全部　采油队：全部　井别：全部　开关动态：全部　井号：　日期：2012-10-08　查询

导出　打印

序号	井号	采油方式	单位名称	单元名称	生产时间	生产层位	泵径	泵深	泵效	液面测试日期	液面	排量	油嘴	冲程	冲次	油压
1	CQCG102-29	其它抽油泵	采油十二队	草20馆陶汽驱区		NG2				2012-09-20						
2	CQCG102-X8	螺杆泵	采油十二队	草20潜山	24	0		451.25	78.1	2012-09-20	19	138.2			80	
3	CQCG102-X9	螺杆泵	采油十二队	草20潜山		0		602.65		2012-09-20		240			110	
4	CQC20-X305	其它抽油泵	采油十二队	草20馆1直斜井	0	NG1	70	894.5		2012-09-20		13.8		5	0.5	
5	CQC20-X304	其它抽油泵	采油十二队	草20馆陶吞吐区		NG2				2012-09-20						
6	CQC20-P19	其它抽油泵	采油十二队	草20水平井区馆2	24	NG2	70	555.29	83.9	2012-09-20	28.1	55.8		3.6	2.8	
7	CQC20-P18	其它抽油泵	采油十二队	草20水平井区馆1	0	NG1	70	515.92		2012-09-20		139.6		4.2	6	
8	CQC20-P17	其它抽油泵	采油十二队	草20水平井区馆1		NG1	70	686.83		2012-09-20		83.7		4.2	3.6	
9	CQC20-P16	普通泵	采油十二队	草20水平井区馆1	24	NG1	70	649.9	81.4			58.2		3	3.5	
10	CQC20-P15	其它抽油泵	采油十二队	草20水平井区馆1	2	NG1	70	649.95	4.9	2012-09-20		81.4		4.2	3.5	
11	CQC20-12-17	其它抽油泵	采油十二队	草20汽驱区	0	NG2	70	906.19		2012-09-20		13.8		5	0.5	
12	CQC20-12-16	其它抽油泵	采油十二队	草20馆1直斜井	24	NG1	70	824.25	69.9	2012-09-20	-1	55.4		5	2	

每页15条/共3121条　第1页/共209页　第一页　上一页　下一页　最后一页　每页15条　转到1页　GO

图 4－48　生产管理——油井日报

3)原油生产年度、月度查询

通过列表方式查询原油生产的年度和月度情况，主要原油生产、电泵生产、热采井、单井拉油，包括总井数、总开井数、开正常井、计划关井、停产井、日产液、日产油等(图 4－49)。

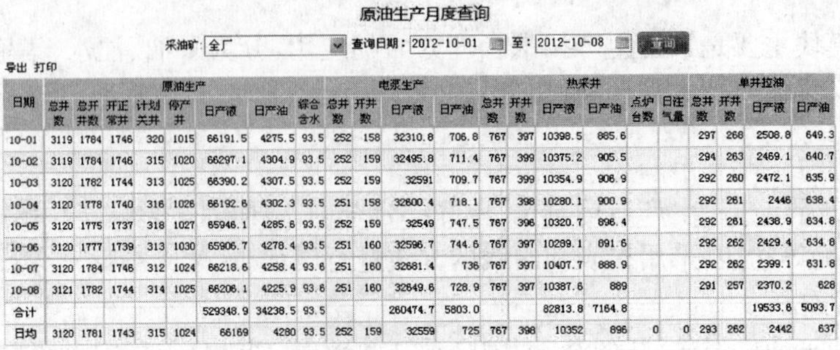

原油生产月度查询

采油矿：全厂　查询日期：2012-10-01　至：2012-10-08　查询

导出　打印

日期	原油生产								电泵生产				热采井						单井拉油			
	总井数	总开井数	开正常井	计划关井	停产井	日产液	日产油	综合含水	总井数	开井数	日产液	日产油	总井数	开井数	日产液	日产油	点炉台数	日注气量	总井数	开井数	日产液	日产油
10-01	3119	1784	1746	320	1015	66191.5	4275.5	93.5	252	158	32310.8	706.8	767	397	10398.5	885.6			297	268	2508.8	649.3
10-02	3119	1784	1746	315	1020	66297.1	4304.9	93.5	252	159	32495.8	711.4	767	399	10375.2	905.5			294	263	2469.1	640.7
10-03	3120	1782	1744	313	1025	66390.2	4307.5	93.5	252	159	32591	709.7	767	399	10354.9	906.9			292	260	2472.1	635.9
10-04	3120	1778	1740	316	1026	66192.6	4302.3	93.5	251	158	32600.4	718.1	767	398	10280.1	900.9			292	261	2446	638.4
10-05	3120	1775	1737	318	1027	65946.1	4285.6	93.5	252	159	32549	747.5	767	396	10320.7	896.4			292	261	2438.9	634.8
10-06	3120	1777	1739	313	1030	65906.7	4278.4	93.5	251	160	32596.7	744.6	767	397	10289.1	891.6			292	262	2429.4	634.8
10-07	3120	1784	1746	312	1024	66218.6	4258.4	93.6	251	160	32681.4	736	767	397	10407.7	888.9			292	262	2399.1	631.8
10-08	3121	1782	1744	314	1025	66206.1	4225.9	93.6	251	160	32649.6	728.9	767	397	10387.6	889			291	257	2370.2	628
合计						529348.9	34238.5	93.5			260474.7	5803.0			82813.8	7164.8					19533.6	5093.7
日均	3120	1781	1743	315	1024	66169	4280	93.5	252	159	32559	725	767	398	10352	896	0	0	293	262	2442	637

图 4－49　生产管理——原油生产月度查询

2. 注水指标分析

注水指标分析主要包括厂注水生产指标阶段对比、超欠注分析、注水量变化原因、注水井生产月度查询等功能。

1)注水生产指标阶段对比

采用列表和图形的方式,实现注水生产指标阶段对比分析,主要包括阶段、总井数、开井数、关井数、日均注入量、日均配注量等信息的对比分析(图 4-50)。

注水生产指标阶段对比

查询范围:采油矿:全部 类别:全部注水井

前期:2012-09-11 至:2012-09-20 后期:2012-09-21 至:2012-09-30 查询 图形查询

导出 打印

单位名称	阶段	总井数	开井数	关井数	日均注入量	日均配注量
采油一矿	前期	455	344	111	20388	32692
	本期	455	334	121	20233	32582
	对比	0	-10	10	-154	-110
采油二矿	前期	414	300	114	32314	43391
	本期	414	313	101	32426	43547

图 4-50 生产管理——注水生产指标阶段对比

2)超欠注分析

通过列表方式实现能力水平超欠注分析,主要包括井号、单元名称、注水层位、日均生产时间、日均配注、日均注入量、超欠量、超欠比例、日注能力、能力超欠量、干压、油压、管汇等内容(图 4-51)。

能力水平超欠注分析

查询范围:全部 采油队:全部 类别:欠注

查询日期:2012-09-09 至 2012-10-09 幅度:20.0% 是否含不正常井: 井号: 查询

导出 打印

序号	井号	单位名称	单元名称	注水层位	日均生产时间(h)	日均配注(m3)	日均注入量(m3)	超欠量(m3)	超欠比例(%)	日注能力(m3)	能力超欠量(m3)
1	WJW102-2	采油十七队	王家岗边围二矿	ES2(3(7))-ES2(7(6))	24	400	1	-399	-99.7	1	-399
2	WJG114-14	采油三十五队	王家岗边围二矿	ES2(3)	23.8	300	1	-299	-99.7	1	-299
3	WJTW61-X153	采油四队	王家岗边围二矿	ES2(3)-ES2(5)	24	300	1	-299	-99.7	1	-299
4	WJW102-14	采油十七队	王102沙二非	ES2(5(9(2)))	24	200	1	-199	-99.5	1	-199
5	WJW43	采油四队	王家岗边围二矿	ED-ES2(7(2))	24	200	1	-199	-99.5	1	-199
6	WJTW61-116	采油四队	王43 沙二非	ED-ES2(8(1))	24	180	1	-179	-99.4	1	-179

图 4-51 生产管理——能力水平超欠注分析

3)注水生产年度、月度查询

通过列表方式实现对注水井生产的年度、月度查询,主要包括日期、总井、开井、计划关井、日注水量、污水回注、方案注水等(图 4-52)。

注水井生产月度查询

采油矿:全厂 查询日期:2012-10-01 至:2012-10-09 查询

导出 打印

日期	总井	开井	计划关井	日注水量	污水回注	方案注水
2012-10-01	10297	7349	909	545741	4140	541601
2012-10-02	10297	7338	909	545222	6894	538328
2012-10-03	10297	7359	876	548933	8004	540929
2012-10-04	10297	7348	876	550893	7656	543237
2012-10-05	10297	7326	876	546421	7914	538507

图 4-52 生产管理——注水井生产月度查询

3. 分队计量与井口产量对比

对比分析每天的井口油量和计量油量,形成矿产量分析简报。通过报表、曲线方式,实现了分队计量与井口油量对比分析,主要包括数据对比、曲线对比等(图4-53)。

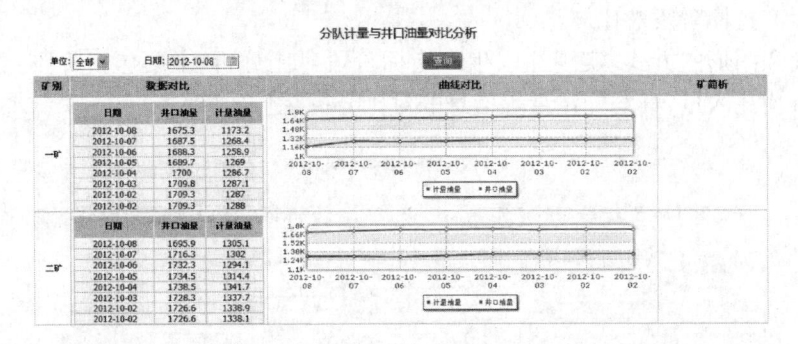

图4-53 生产管理——分队计量与井口油量对比分析

第三节 天然气田集输监控系统

一、气田监控系统的功能与应用

气田生产监控参数主要包括管网压力、外输流量、计量点销量、污水罐液位、井口油套压、生产现场画面以及井站其他生产参数。

对于实时关注的指标,既能主动监控,又能在出现异常情况下,及时推送报警信息,并流转处置。对于日常生产运行,通过任务下达与上报,监控中心站每日工作内容和生产过程。任务下达主要体现在采气厂或管理区向下属单位下达任务,生产上报主要体现在中心站向管理区上报生产情况,对于重要信息,提供移动端通知。

1. 管网压力监控

实时反映集气站管网进出站压力,根据进出站压力差,掌控天然气流向,辅助分析销量和产量关系。出现倒输、泄漏、憋压时,及时报警,把握生产安全。

以每个井站为节点体现各管网压力变化情况,极大提高管网监控预警能力,并可为气井的动态跟踪提供可靠依据(图4-54)。

2. 气井监控

气井监控主要监控其油压、套压、井口温度、瞬时流量、日累计流量变化趋势。发生措施维护时,监控开始时间、结束时间、工序等工艺过程,辅助分析单井生产历史和产量变化。

动态跟踪气井的油套压力变化、管网压力变化、出水情况、产量变化情况能够实现连续跟踪和记录,为气井的动态跟踪提供可靠依据(图4-55)。

3. 集气站监控

集气站监控包括水套炉前端压力、前端温度、后端压力、后端温度、分离器本体压力、液位、汇管压力、阀组压力和污水罐液位等。通过进站、出站压力对比,把握站内压力平衡;压力、温度、液位超上限时,及时报警,保障生产安全(图4-56)。

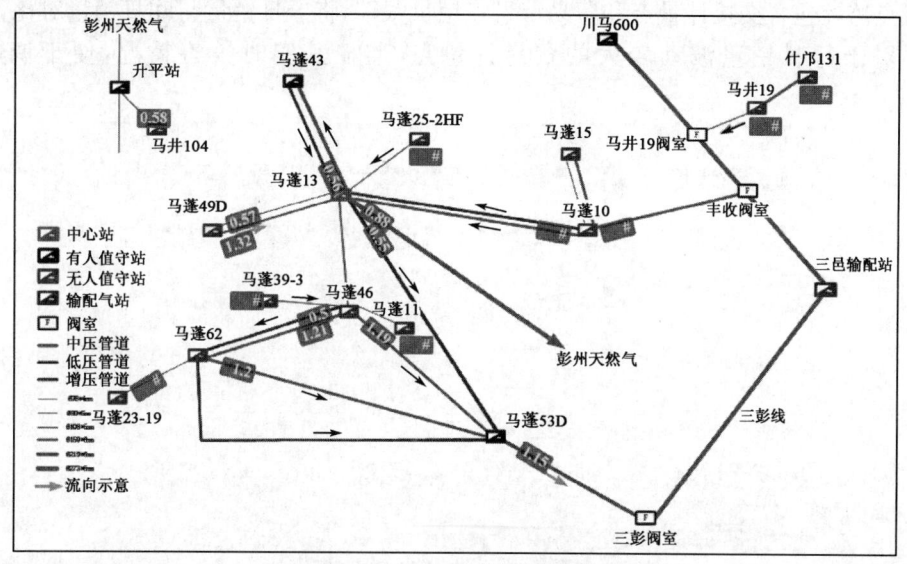

图4-54 气田管网示意图

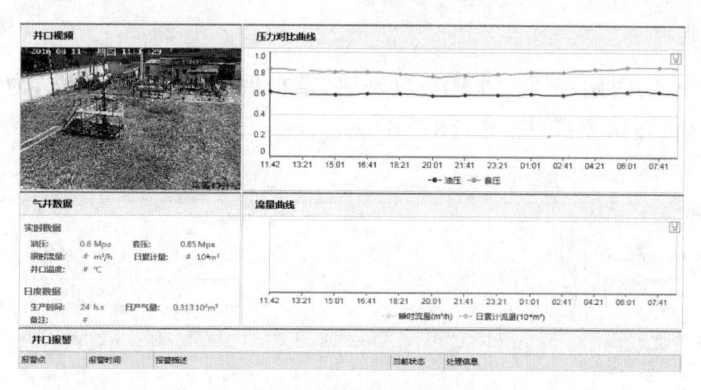

图4-55 气井监控页面

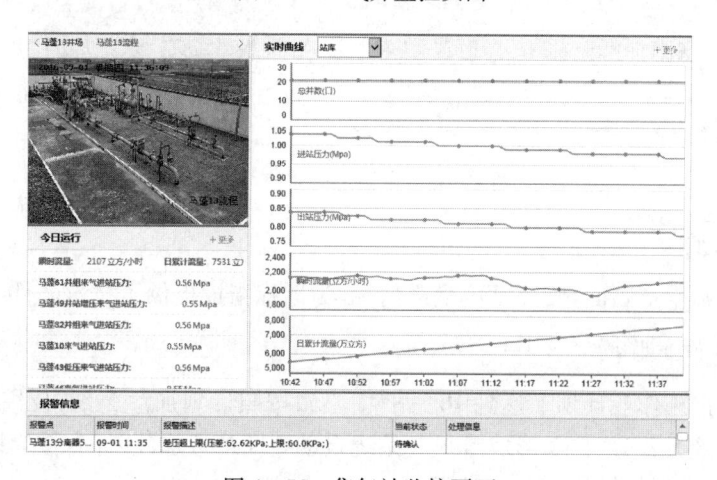

图4-56 集气站监控页面

4. 计量点监控

计量点监控包含交接计量点和贸易计量点销量跟踪,将今日销量与昨日销量对比,把握变化趋势。对于每日销量波动较大的贸易计量点,监控其实时销售情况,便于调峰管理(图4-57)。

图4-57 计量点监控页面

5. 车辆巡检监控

通过 GPS 定位,实时跟踪巡检车辆行驶轨迹,掌控现场人员巡检路线,为管理区把控中心站人员工作状态提供技术支撑(图4-58)。

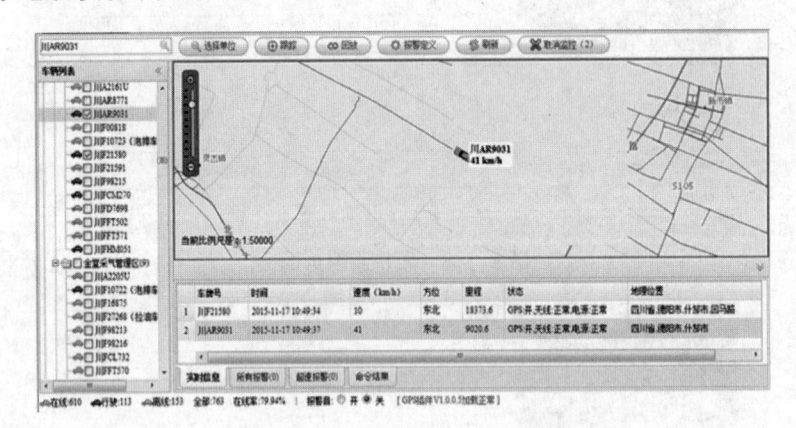

图4-58 车辆巡检监控页面

6. 视频图像监控

实时展示井站生产画面,监控站内生产情况,为远程指挥提供了技术条件(图4-59)。

7. 日常措施作业监控

监控中心将措施作业计划下达到中心站,中心站按照计划加注药剂,反馈开始时间、结束时间、出水量、提液方式等,自动形成日报。系统自动更新最近加注时间,按周期发送措施作业任务,监控中心监控日常措施作业全过程。

图4-59 视频监控页面

8. 气田调峰监控

监控中心将调峰计划按批次发送中心站,中心站按照调峰安排,执行开关井、启停增压机,反馈执行结果。系统自动统计开关井状态,辅助分析管网流量变化。

9. 设备运行跟踪

通过实时数据和组态图(图4-60),可对各气井、水套炉、分离器、污水罐及其他设备的运行情况进行连续跟踪,及时发现设备故障,为安全生产提供技术支持。

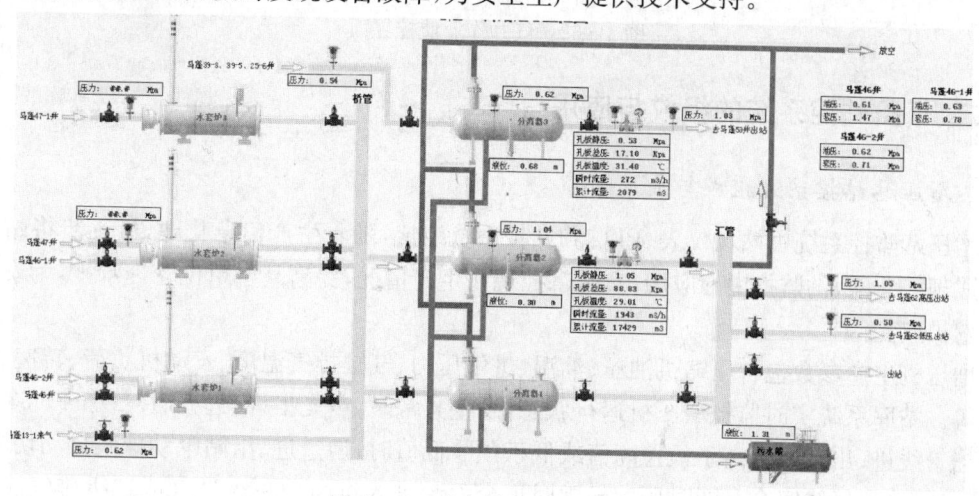

图4-60 集气站组态监控页面

10. 井站例行巡检跟踪

对辖区内井站、外井的例行巡检,按气井生产情况分配巡井维护力量,优化提升气井管理维护效率;重点巡检报警点(图4-61)。

— 199 —

图 4-61 集气站组态监控示意图

11. 现场作业巡检跟踪

保证所有站场内现场作业视频监控；取代直接作业环节摄像，提升现场作业管理效率；重点跟踪作业过程中现场数据变化情况（图 4-62）。

图 4-62 气井作业监控界面

二、气田站控系统的组成与应用

1. 增压站站控系统组成与应用

增压站监控系统由站场仪表、PLC 和站控系统组成，随着生产信息化建设，逐步将站控系统集成到工业网，供监控中心应用，实时掌控现场生产情况，提高基层单位管理水平，为安全生产保驾护航。

增压机生产参数包含压缩机油压、油温、进气压力、气缸排气温度、发动机负荷、转速、轴承温度等。站库系统实时监控增压机运行状态，发生异常时，声光报警，远程启停（图 4-63）。

当管线进、出站压力高于预警高值或低于预警低值时，通过进、出站电动球阀自动切断进、出站管线，确保管线安全。同时压力异常时也会引起进入机组的一级进气或二级排气压力达到预警值，使增压机组联锁停机。

通过 OPC Server 将站控系统数据和现场 RTU 数据存储至实时数据库，供工业网组态图使用。由 DataTransfer 转储组件，从实时库中提取数据，按既定的表结构，转储到 Oracle 关系库中，以便于上层分析应用（图 4-64）。

图 4-63　站控系统界面

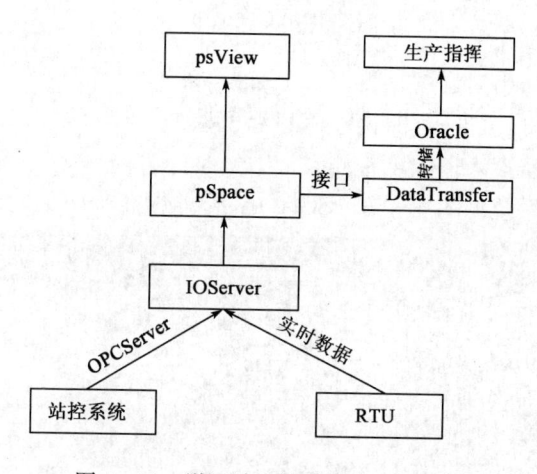

图 4-64　增压站自控数据处理流程图

SCADA 集成的增压站数据来一般来自采气井站 RTU 和站控系统两部分，RTU 集成的数据包含分离器压力、液位、计量管段流量、阀组进出站压力等（图 4-65）。

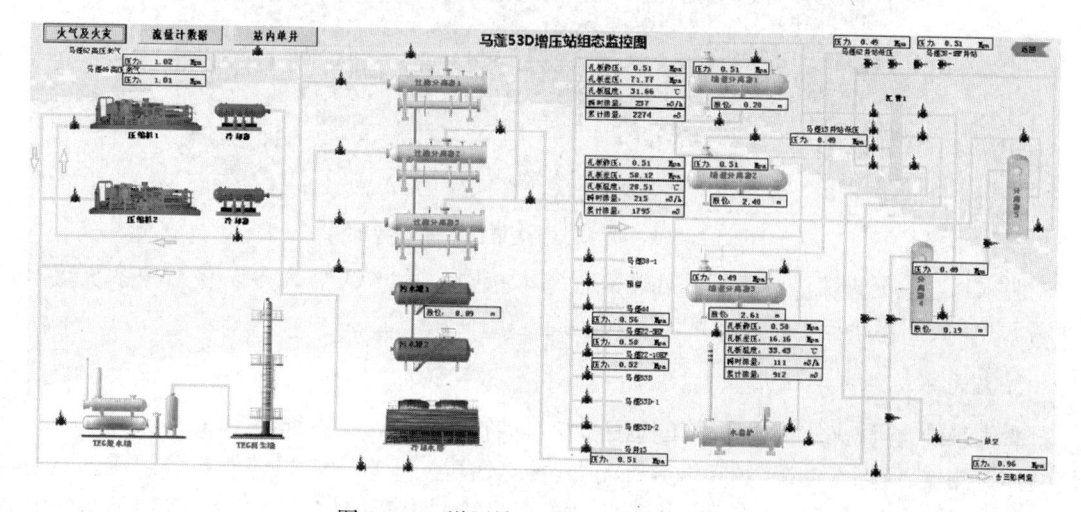

图 4-65　增压站 SCADA 系统展示界面

2. 脱水站站控系统组成与应用

天然气经增压后，进 TEG 脱水橇和 TEG 再生橇，过滤后，进外输管道。产生的液体经污水缓冲罐存储后，装车外运或排放至集水坑。系统监控内容：

(1)对进装置的原料气压力、温度进行检测。

(2)对干气出口压力进行检测和控制，对干气出口温度进行检测。

(3)对吸收塔底部液位、吸收塔差压进行检测和报警输出。

(4)三甘醇闪蒸罐气相出口压力检测和控制、温度检测。闪蒸罐液位就地显示、远传、控制。

(5)重沸器温度检测及控制，重沸器液位检测。

(6)三甘醇缓冲罐液位检测。

(7)汽提气流量、燃气流量计量。

(8)贫富液换热器进、出口温度检测。

(9)精馏塔再生气出口温度检测，富液入口温度检测。

(10)三甘醇缓冲罐富液入口温度检测。

脱水站再生橇站控系统见图 4-66。SCADA 系统见图 4-67。

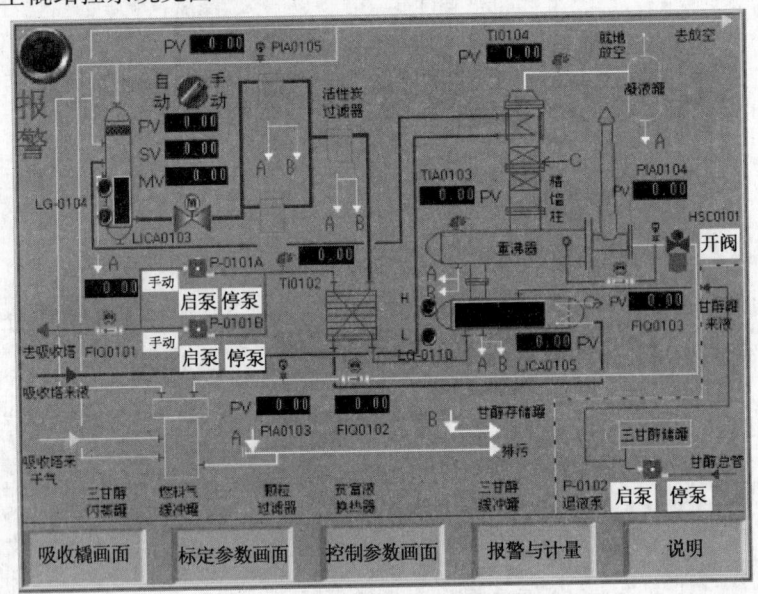

图 4-66 脱水站再生橇站控系统界面

脱水站数据处理流程与增压站处理流程基本相同。通过 OPC Server 将站控系统数据和现场 RTU 数据存储至实时数据库，供工业网组态图使用。

3. 火气系统组成与应用

火气系统，全称火灾预警和气田检测系统，简称 FGS。火气系统由 PLC、火焰探测器、可燃气体探测器、有毒气体探测器、烟雾探测器、警灯、警笛、手动火灾报警按钮等组成。站场的火气系统一般会与站场的站控系统进行联动或者直接整合至站控系统之中，实现天然气泄漏情况下的设备紧急停车与报警。

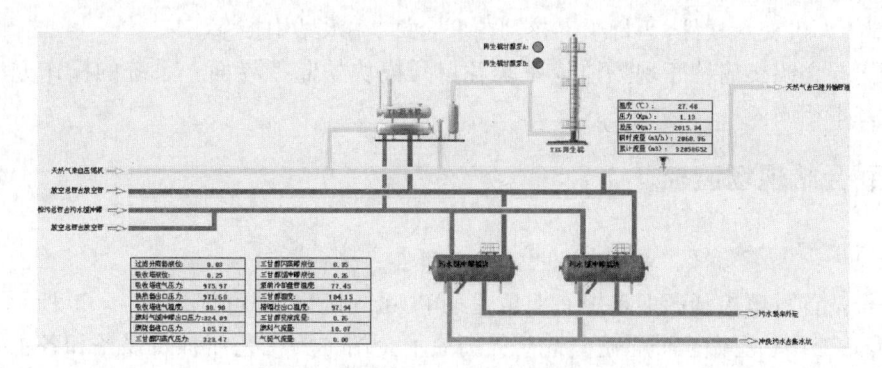

图 4-67　脱水站 SCADA 系统展示界面

系统既能接收现场探测器的 4~20mA 信号和开关量信号,并将该信号转换成数字量形式;还可以直接接收 RS485 的信号,通过数字控制模块将输出标准的 MODBUS 的信号提供给上位机,并能通过 RS232 或 RS485 接口与 PLC、DCS 或其他 MODBUS 设备通信。因此,火气系统可接入采气井站智能采集终端(图 4-68)。

图 4-68　火气系统状态在 SCADA 系统中的展示

第四节　集输站库现场监控

工控网内实时生产数据及历史数据,通过工业隔离网闸、防火墙向办公网传输,并存储在管理区应用服务器的数据库内。通过管理软件"油气生产信息化管理系统(PCS)"实现生产管理、数据查询及应用。PCS 系统用于油田 SCADA 系统的中心站及上位机(生产指挥中心),实现对井场及集输站库集中监视,只运行在办公网内。而各集输站库是油田 SCADA 系统的远程站,其实时数据的采集与控制通过专用"油气集输站控系统"软件实现对生产的实时监测、实时控制。"油气集输站控系统"是由集输站库 DCS/PLC 控制系统监控组态软件(如力控组态软件)编制的人机交互软件,运行于工控网内联合站、注水站中控室。

下面简要介绍集输站库现场监控系统各单元模块的监控界面。系统的操作方法与 PCS 系统操作基本相同。

一、联合站现场监控

1. 系统流程

在联合站首页监控画面上点击右上角主菜单"系统流程"即可打开图 4-69 所示系统总貌界面,对全站工作状况做全面了解。总貌界面展示全站主要工艺流程及设备和各主要节点的实时参数变化。

图 4-69 联合站监控系统——总貌界面

点击各相关区域的设备即可打开各分区的监控画面。点击各数据框即可打开参数历史数据曲线窗口。点击各泵、变频器等可启停调参设备,可实现设备启停及参数调节。

1)进站来油区

进站来油区监控画面如图 4-70 所示,综合显示各增压站、接转站及附近油井来油的压力、温度、含水率、流量,转油泵进出口压力、频率等参数。点击各数据框即可打开参数历史数据曲线窗口。点击转输油泵黄色开关标志可启停油泵。点击油泵变频器频率数据窗口,可实现油泵变频器频率调节。具体操作方法见本节 2. 监控操作。

2)分离器区

分离器区监控画面如图 4-71 所示,综合显示各分离器的油、气、水的压力、温度、流量,液位、油水界面高度等参数。点击各数据框即可打开参数历史数据曲线窗口。具体操作方法见本节 2. 监控操作。

3)脱水器区

脱水器区监控画面如图 4-72 所示,综合显示各脱水器的进出口压力、温度、油水界面高度,加热炉、换热器、脱水泵进出口压力、温度等参数。点击各数据框即可打开参数历史数据曲线窗口。点击脱水泵黄色开关标志可启、停油泵。点击油泵变频器频率数据窗口,可实现油泵变频器频率调节。具体操作方法见本节 2. 监控操作。

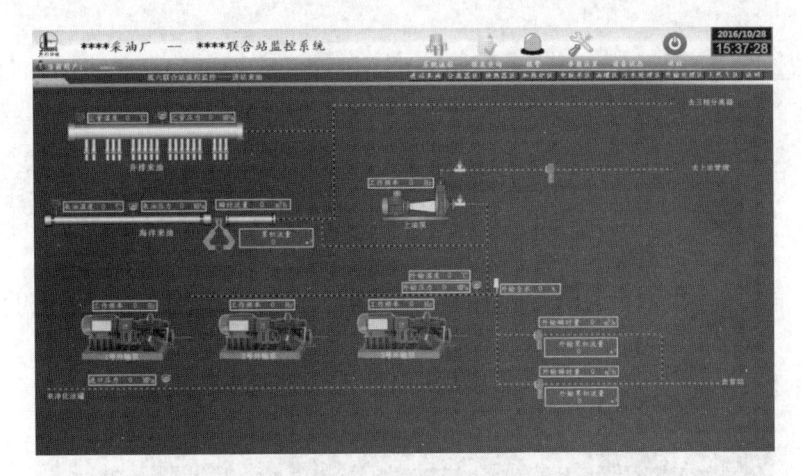

图4-70 联合站监控系统——进站来油区界面

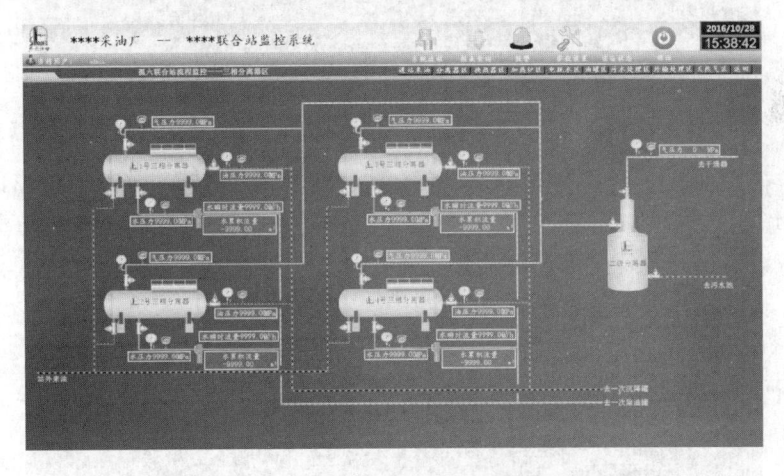

图4-71 联合站监控系统——分离器区界面

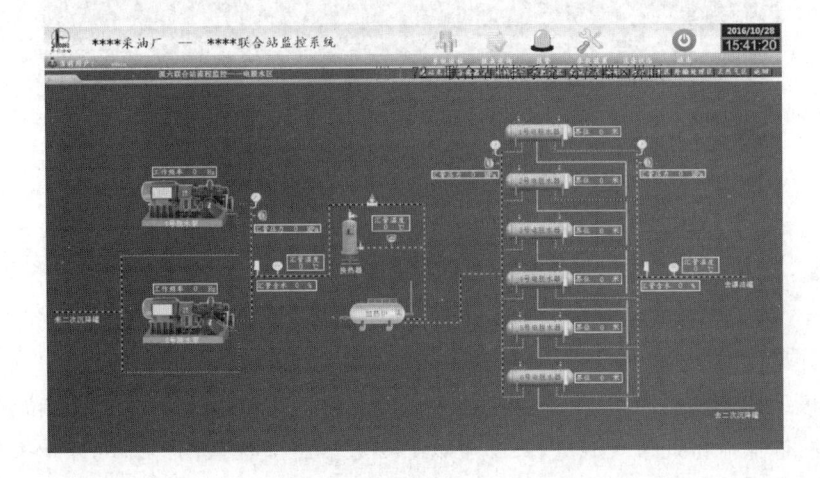

图4-72 联合站监控系统——脱水器区界面

4) 油罐区

油罐区监控画面如图4-73所示,综合显示各沉降罐、净化油罐的温度、液位、油水界面高度等参数。点击各数据框即可打开参数历史数据曲线窗口。具体操作方法见本节2.监控操作。

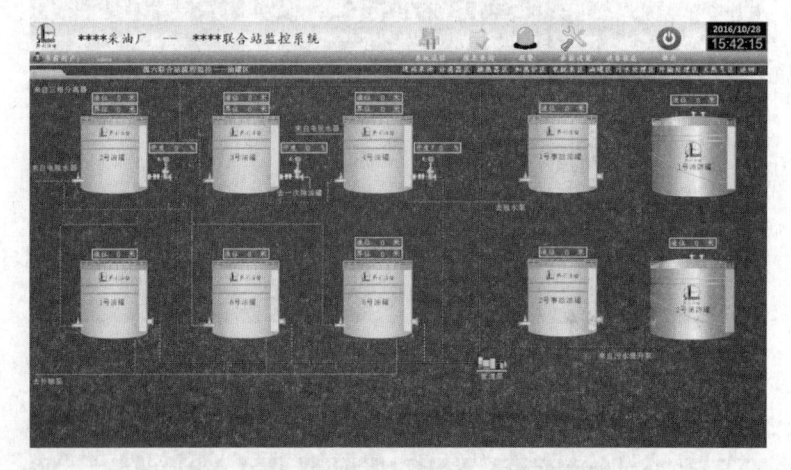

图4-73 联合站监控系统——油罐区界面

5) 加热区

加热区监控画面如图4-74、图4-75所示,综合显示各加热炉、换热器进出口压力、温度、水套炉水位,增压泵进出口压力、温度等参数。点击各数据框即可打开参数历史数据曲线窗口。点击增压泵黄色开关标志可启停油泵。点击油泵变频器频率数据窗口,可实现油泵变频器频率调节。具体操作方法见本节2.监控操作。

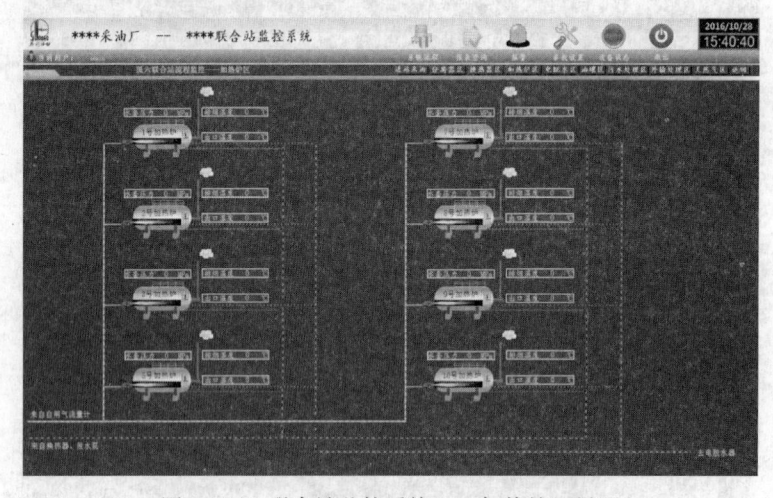

图4-74 联合站监控系统——加热炉区界面

6) 外输计量区

外输计量区监控画面如图4-76所示,综合显示各净化油罐温度、液位、水位,外输泵进出口压力、温度,外输流量计瞬时流量、累计流量等参数。点击各数据框即可打开参数历史数据曲线窗口。点击外输泵黄色开关标志可启停油泵。点击油泵变频器频率数据窗口,可实现油泵变频器频率调节。具体操作方法见本节2.监控操作。

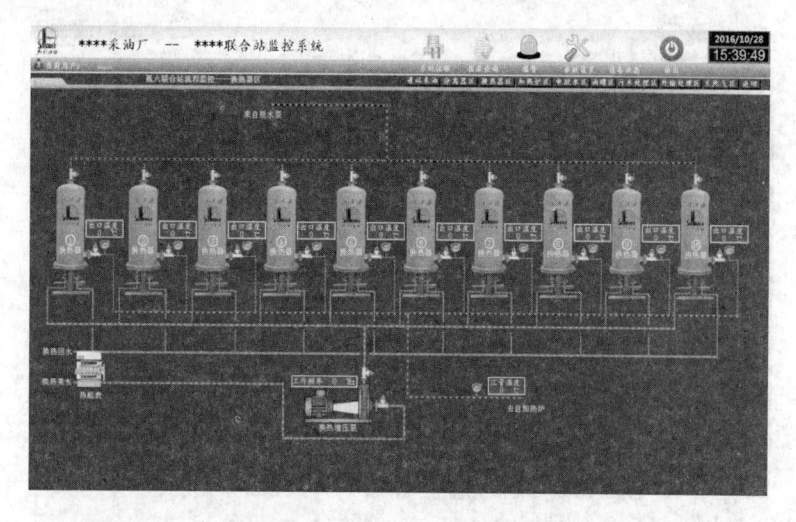

图4-75 联合站监控系统——换热器区界面

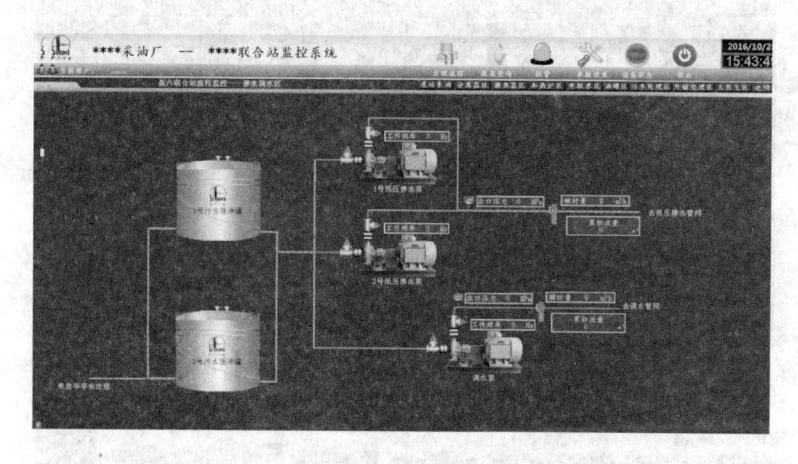

图4-76 联合站监控系统——外输计量区界面

7)污水处理区

污水处理区监控画面如图4-77所示,综合显示各污水罐液位,污水提升泵、污水外输泵进出口压力、温度,外输流量计瞬时流量、累计流量等参数。点击各数据框即可打开参数历史数据曲线窗口。点击泵黄色开关标志可启泵。点油泵变频器频率数据窗口,可实现频率调节。具体操作方法见本节2.监控操作。

8)天然气处理区

天然气处理区监控画面如图4-78所示。综合显示各分离器、干燥器进出口温度、压力,各路供气管路外输流量计瞬时流量、累计流量等参数。点击各数据框即可打开参数历史数据曲线窗口。具体操作方法见本节2.监控操作。

2. 监控操作

1)设备启停与变频调节操作

设备启停与变频设定界面见图4-79。

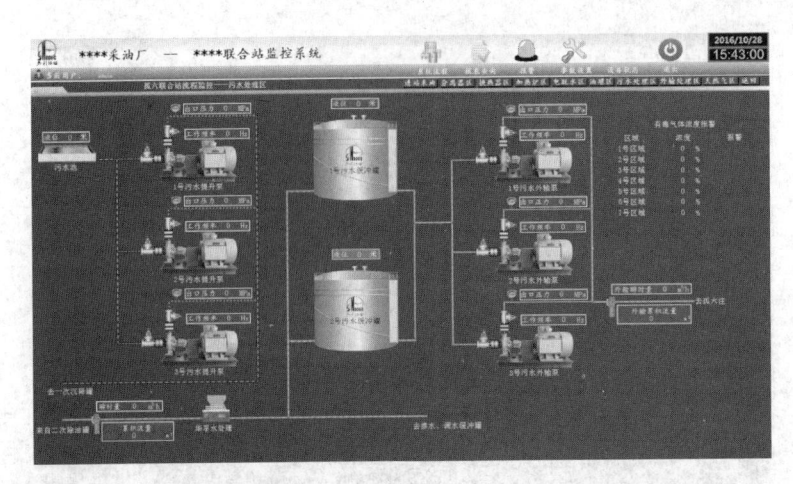

图 4-77 联合站监控系统——污水处理区界面

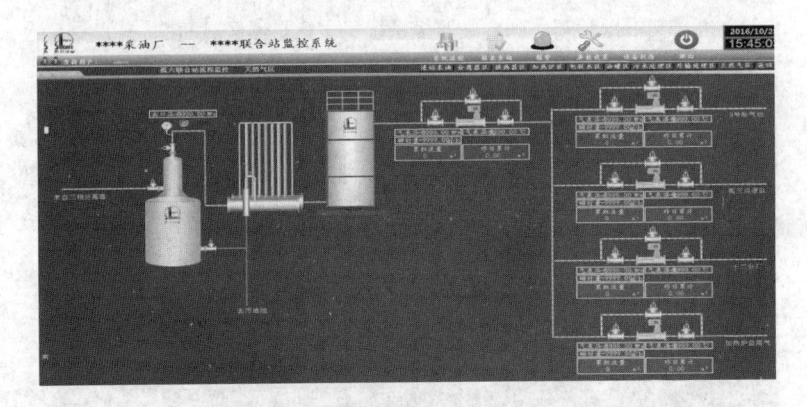

图 4-78 联合站监控系统——天然气处理区界面

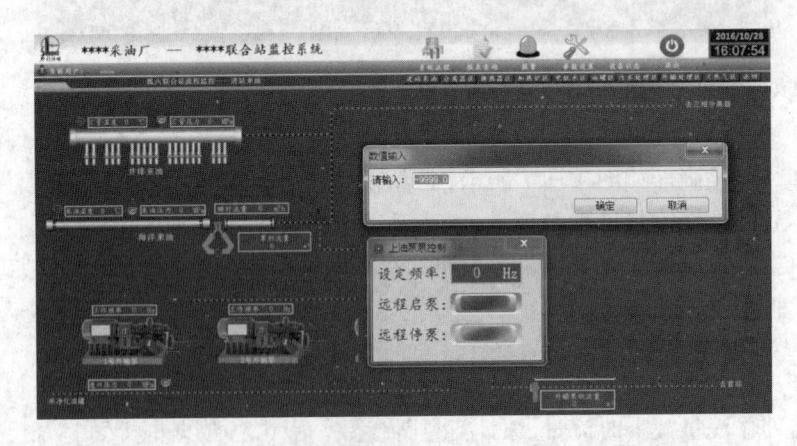

图 4-79 联合站监控系统——设备启停与变频设定

(1)远程启泵。

点击泵黄色开关标志,弹出泵控制对话框,点击远程启泵按钮,即可启泵,当启泵返回信号正常,启泵按钮颜色由红变绿、停泵按钮颜色由绿变红。

(2)远程停泵。

点击远程停泵按钮,即可停泵,当停泵返回信号正常,停泵按钮颜色由红变绿、启泵按钮颜色由绿变红。

(3)频率调节。

点油泵变频器频率数据窗口,弹出频率数据输入对话框,输入需要的频率值,点击确定即可实现频率调节。

2)曲线显示操作

点击各系统流程监控界面上各温度、压力、液位、油水界面、瞬时流量等实时数据的显示数据框即可打开此参数历史数据曲线窗口(图4-80)。

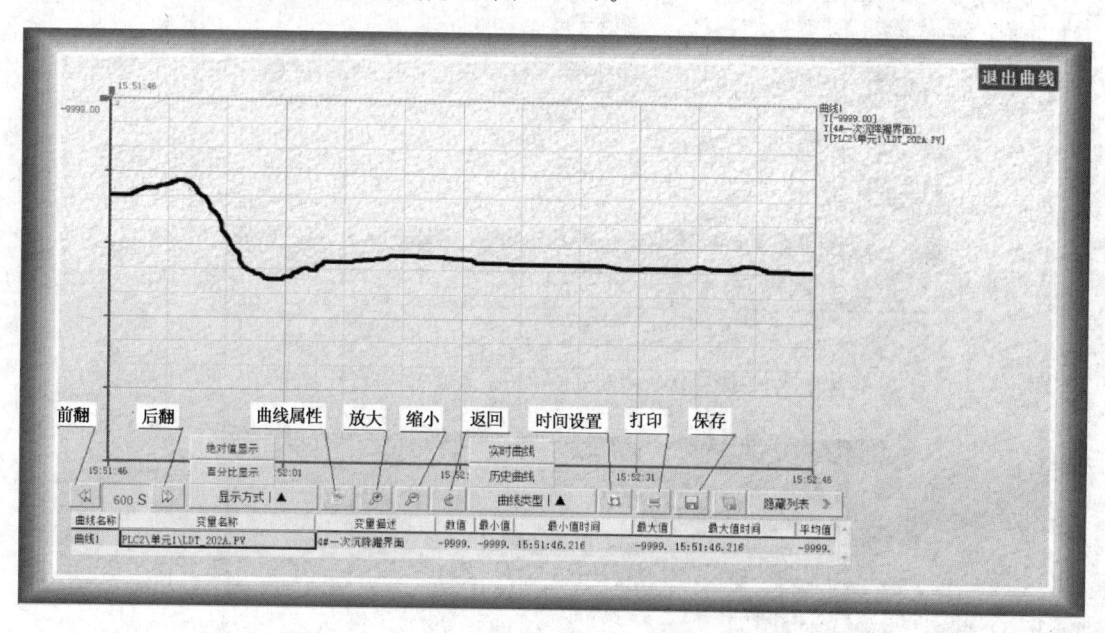

图4-80 联合站监控系统——历史曲线界面

曲线窗口底端有一行操作及设置按钮,分别是前翻、后翻、显示方式、曲线属性设置、放大、缩小、返回、曲线类型、时间设置、打印、保存、隐藏列表等。

(1)前翻、后翻按钮作用:使曲线前、后移动,查看画面外前、后各时间段的参数变化。

(2)显示方式选择:用于选择曲线是绝对值显示,还是百分比显示。绝对值显示参数的具体工程量数值,纵坐标有单位,百分比显示纵坐标为最大值的百分数。

(3)曲线属性设置:设置曲线样式、数量、时间范围、量程等。

(4)放大、缩小按钮作用:放大缩小曲线高度,同时纵坐标数值随之改变。

(5)曲线类型选择:用于选择当前显示的曲线是实时曲线,还是历史曲线。实时曲线是动态的,随时间变化整个曲线向左平移,窗口最右侧现实的总是当前时间。历史曲线显示的是过去一段时间的参数变化,可前、后翻。

(6)时间设置:用于设置曲线窗口的开始时间、时间长度、采样周期。

(7)打印:用于参数曲线打印输出及打印设置。

(8)保存:用于参数曲线保存为文件。

3) 曲线属性设置

曲线属性设置见图 4-81 和图 4-82。

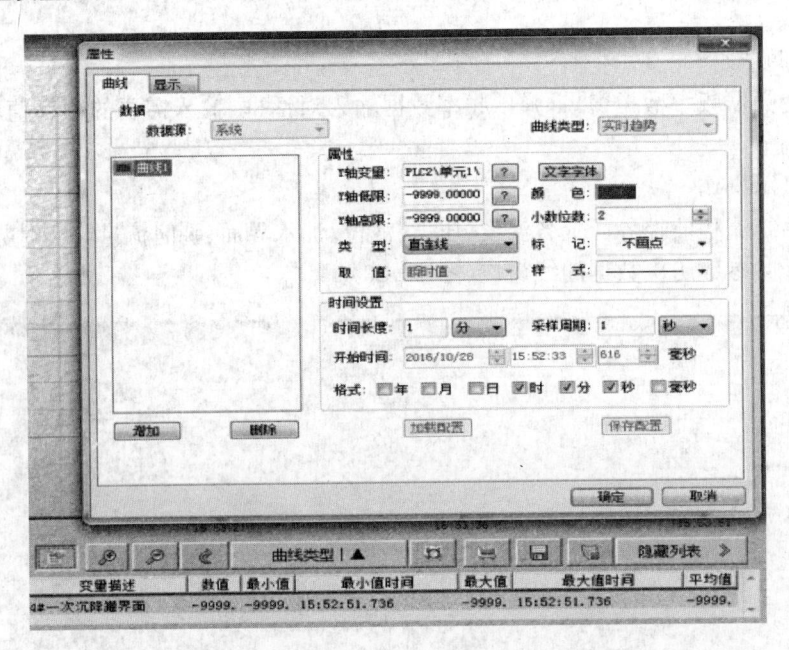

图 4-81 联合站监控系统——历史曲线属性设置(曲线)

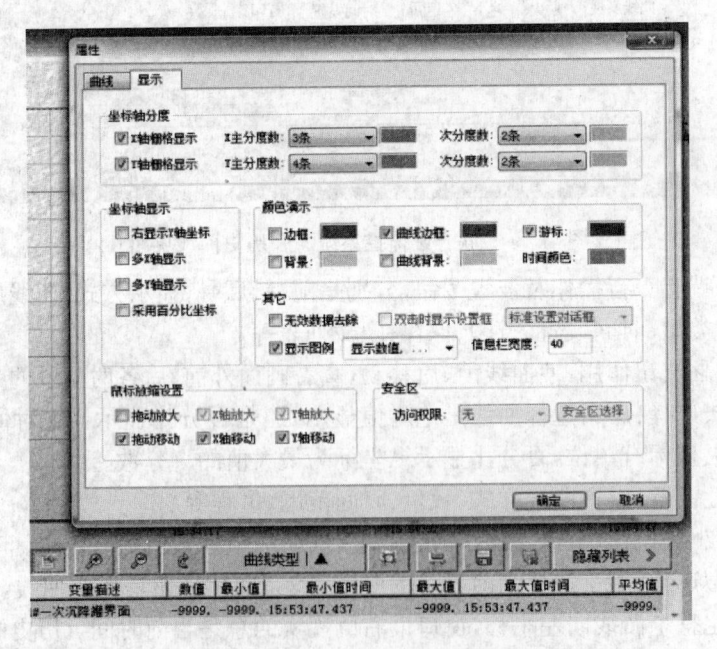

图 4-82 联合站监控系统——历史曲线属性设置(显示)

时间设置见图 4-83。

历史曲线保存操作见图 4-84。

历史曲线打印操作见图 4-85。

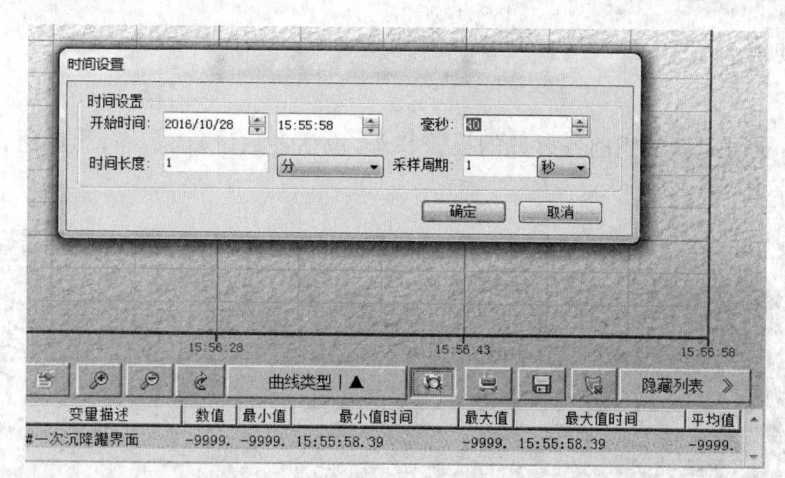

图 4-83　联合站监控系统——历史曲线属性设置（显示）

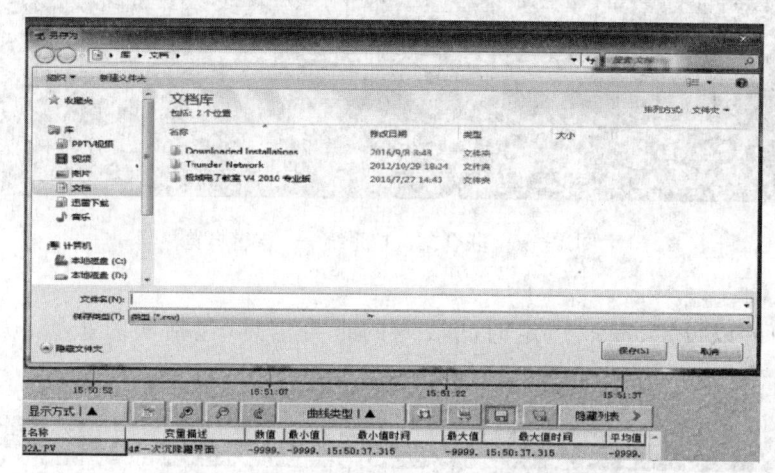

图 4-84　联合站监控系统——历史曲线保存

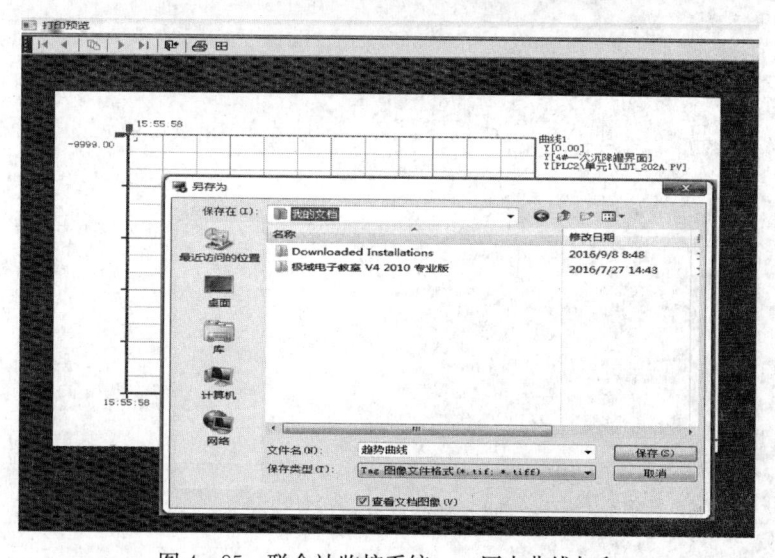

图 4-85　联合站监控系统——历史曲线打印

3. 报警处理

1) 总貌

在报警首页可以获取当前各参数的报警状态,包括参数位号、名称、测量值、报警上下限、即是否有报警(图4-86)。

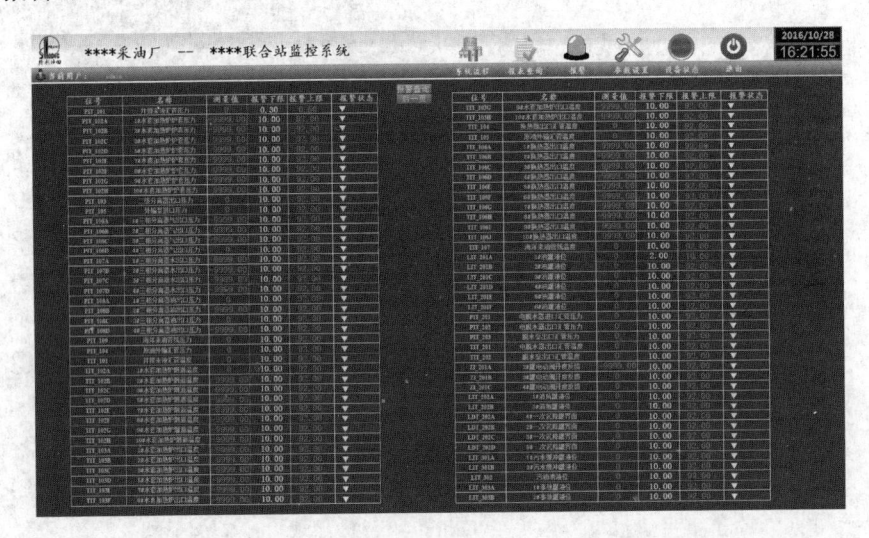

图4-86 联合站监控系统——报警概览

2) 报警查询

报警查询可以设定、获取指定时间段内的报警信息,包括实时报警、历史报警信息(图4-87)。

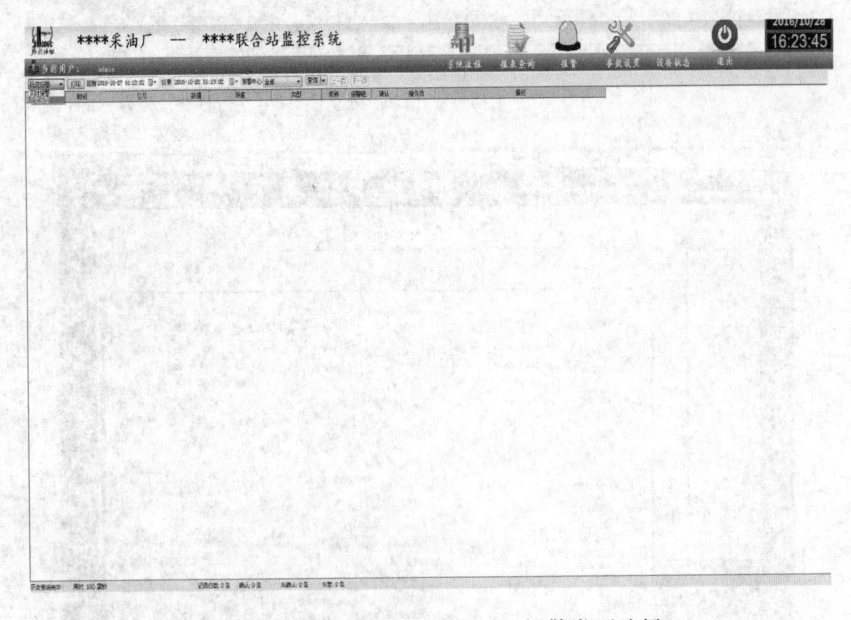

图4-87 联合站监控系统——报警类型选择

3)报警时间范围设定

可以设定起始时间到指定结束时间段内的历史报警信息(图4-88)。

图4-88 联合站监控系统——报警时间范围设定

4)报警条件过滤

可以设置需要查询的历史报警信息的条件,如确认、未确认及已恢复的报警;高报警、高高报警、低报警、低低报警;符合报警逻辑的报警等(图4-89)。

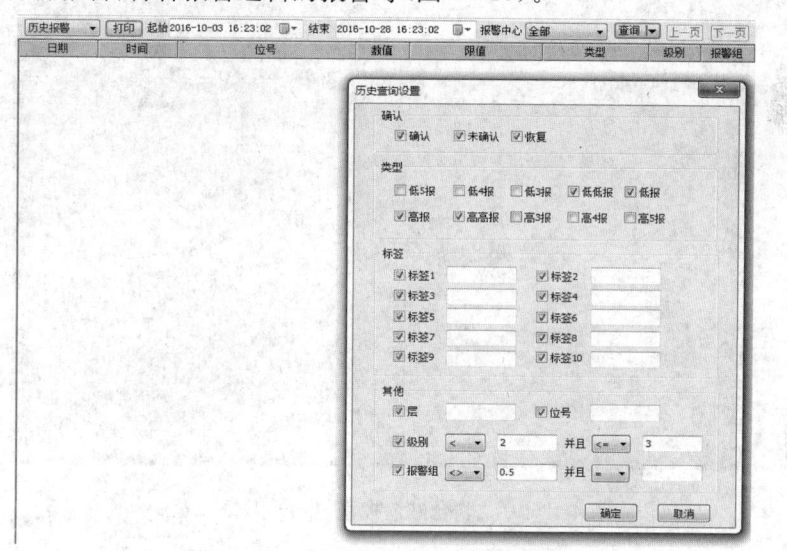

图4-89 联合站监控系统——报警条件过滤

5)参数设置

参数设置用于设置各参数零点、量程、报警下限、报警上限、工程单位、报警使能(可与不可)等(图4-90、图4-91)。

4.报表查询

报表查询界面见图4-92。

(1)查询时间范围设置见图4-93。

(2)报表打印见图4-94。

(3)报表导出见图4-95。

5.通信状态

通信状态界面见图4-96。

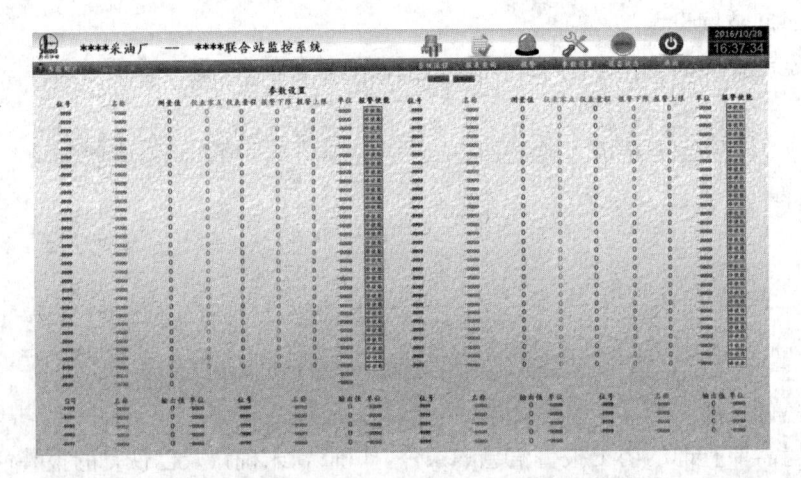

图 4-90 联合站监控系统——参数设置

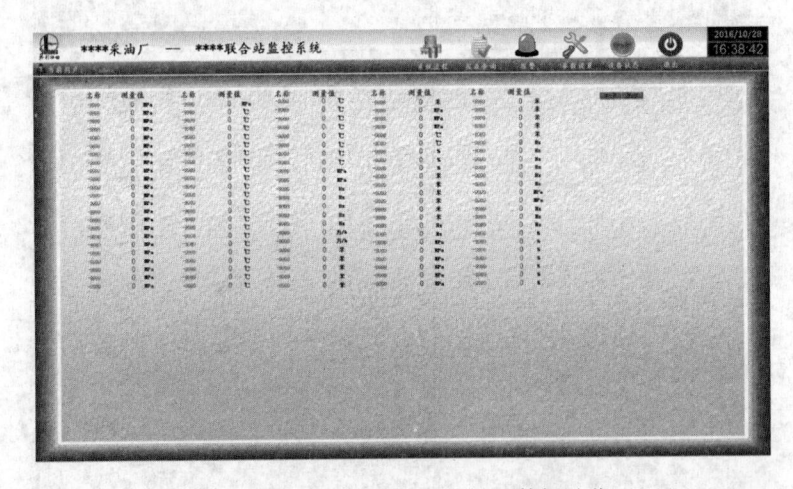

图 4-91 联合站监控系统——数据总览

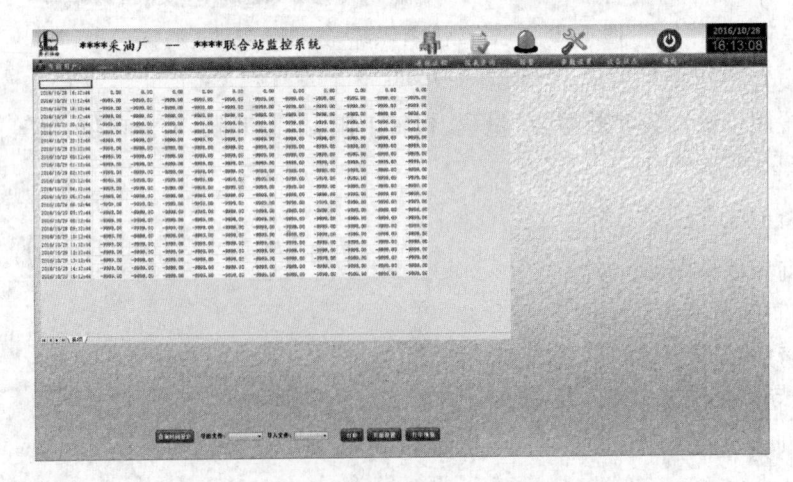

图 4-92 联合站监控系统——报表查询

图 4-93 联合站监控系统——查询时间设定

图 4-94 联合站监控系统——报表打印

图 4-95 联合站监控系统——导出

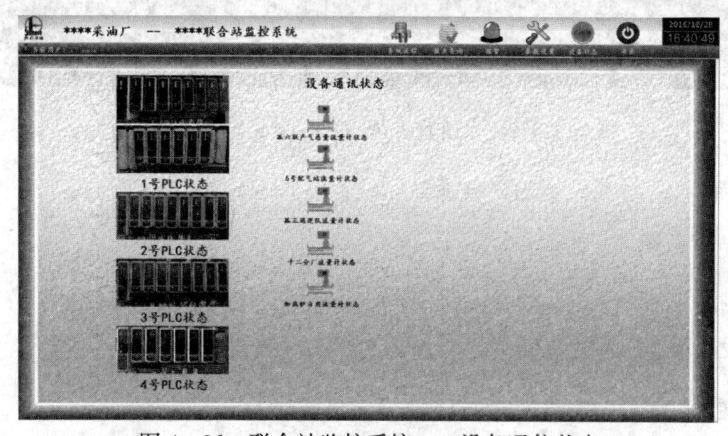

图 4-96 联合站监控系统——设备通信状态

二、注水站现场监控

1. 系统流程

(1)总貌界面见图4-97。

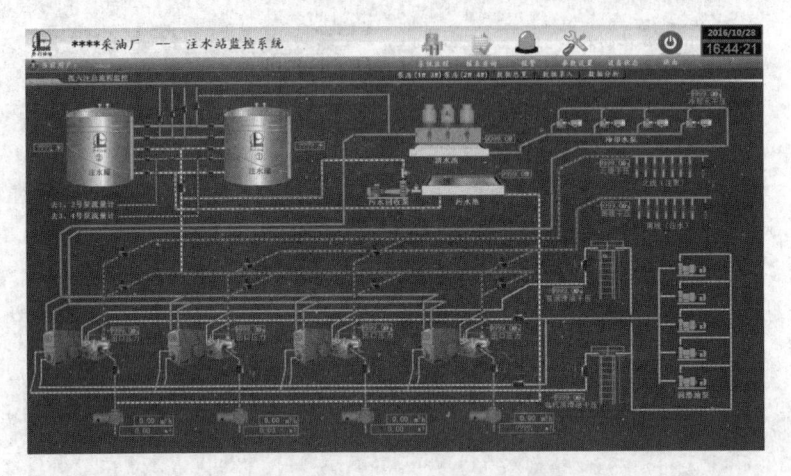

图4-97 注水站监控系统——总貌界面

(2)注水泵房监控界面见图4-98。

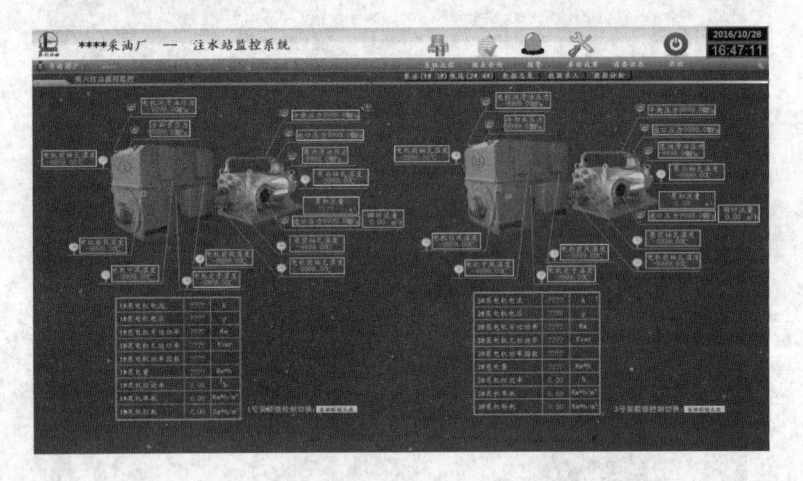

图4-98 注水站监控系统——注水泵房监控界面

2. 报表查询

报表查询界面见图4-99。

3. 报警查询

报警查询界面见图4-100。

4. 参数设置

(1)数据总览界面见图4-101。

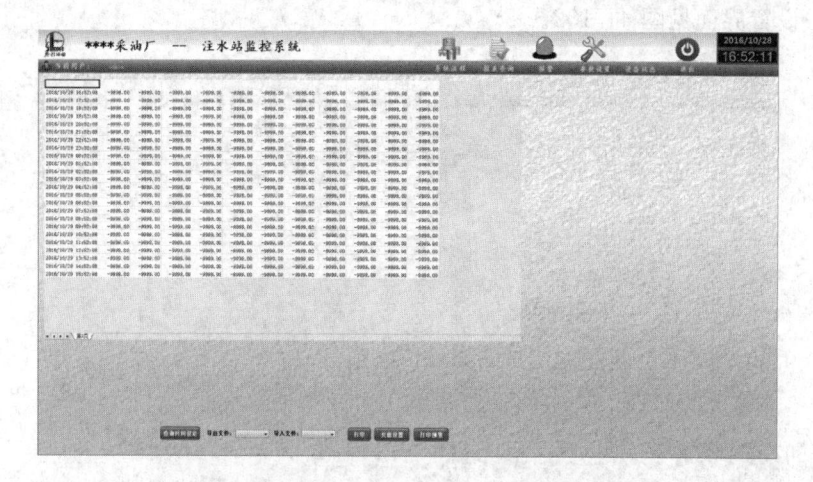

图 4-99　注水站监控系统——报表查询界面

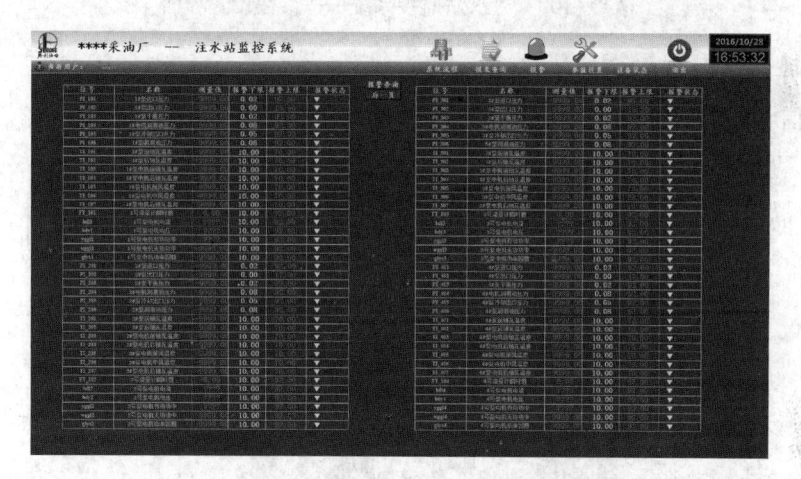

图 4-100　注水站监控系统——报警查询界面

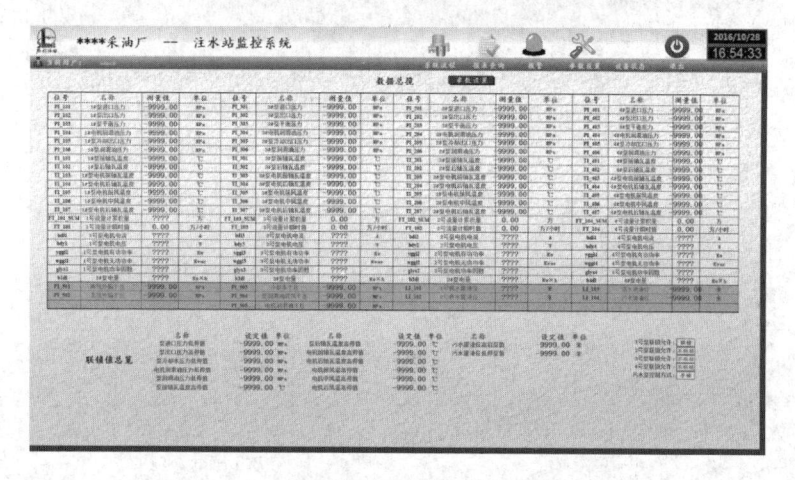

图 4-101　注水站监控系统——数据总览界面

(2)参数设置界面见图4-102。

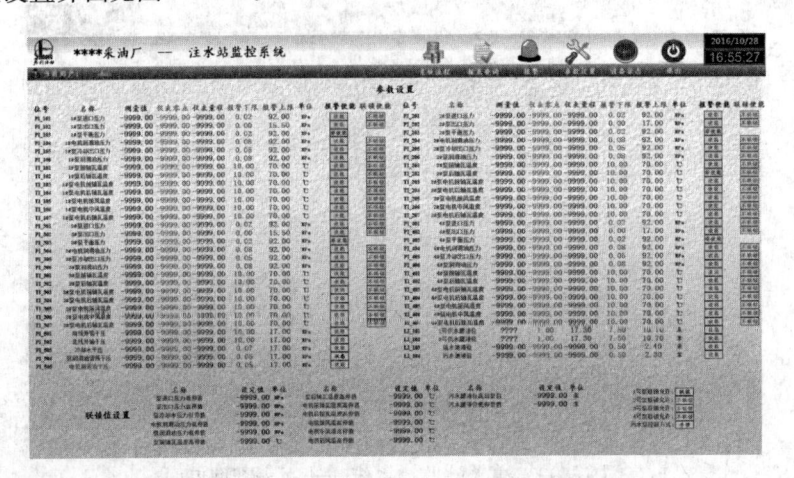

图4-102　注水站监控系统——参数设置界面

5. 设备通信状态

设备通信状态界面见图4-103。

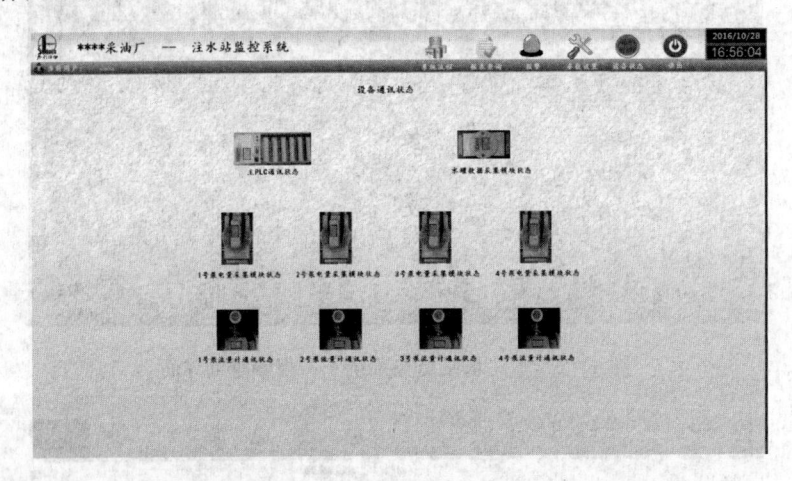

图4-103　注水站监控系统——设备通信状态界面

参 考 文 献

[1] 冯叔初,郭揆常,等. 油气集输与矿场加工. 东营:石油大学出版社,2006.
[2] 李振泰. 油气集输工艺技术. 北京:石油工业出版社,2007.
[3] 王光然. 油气集输. 北京:石油工业出版社,2006.
[4] 王克华,张继峰. 石油仪表及自动化. 北京:石油工业出版社,2006.
[5] 威廉斯 RI. 油气工业监控与数据采集(SCADA)系统. 北京:石油工业出版社,1995.
[6] 王克华. 油气集输仪表自动化. 北京. 石油工业出版社,2012.
[7] 陈晓竹,陈宏. 物性分析技术及仪表. 北京:机械工业出版社,2002.
[8] 余成波,等. 传感器与自动检测技术. 2版. 北京:高等教育出版社,2009.
[9] 杨丽明. 化工自动化及仪表. 北京:化学工业出版社,2004.
[10] 左国庆,明赐东. 自动化仪表故障处理实例. 北京:化学工业出版社,2006.
[11] 张建宏. 自动检测技术与装置. 2版. 北京:化学工业出版社,2010.
[12] 柳桂国. 检测技术及应用. 北京:电子工业出版社,2006.
[13] 蔡武昌,等. 流量测量方法和仪表的选用. 北京:化学工业出版社,2001.
[14] Gibbs S G. 利用井下泵示功图实现有杆泵油井的监测和控制. 冯国强,等,译. 世界石油科学,1995,68(3):61-68.
[15] 杨巍. 单井计量技术的现状及发展. 油气田地面工程,2009,28(9):49-50.
[16] 薛国民,沈毅. 电容、短波法测量三相流含水率研究. 油气田地面工程,2008,27(10):11-12.
[17] 颜承玺,等. 自动化计量盘库系统在原油集输中的应用. 国外油田工程,2003,19(8):33-34.
[18] 纪红,宋磊,张彦林. 油井多相流计量技术. 石油规划设计,2008,19(5):44-45.
[19] 马龙博. 油水两相流量测量研究及在三相流量测量中的应用. 浙江大学,2006.
[20] 付启刚. PCP压流可调自动化注水泵站系统. 西安石油大学,2004.